# 非饱和土力学原理

翟 钱 戴国亮 王 浩 杨少军 朱益瑶 著

中国建筑工业出版社

**图书在版编目（CIP）数据**

非饱和土力学原理 / 翟钱等著. -- 北京 ： 中国建筑工业出版社, 2025. 2. -- ISBN 978-7-112-30838-5

Ⅰ. TU43

中国国家版本馆 CIP 数据核字第 2025ME9411 号

本书汇集了作者及其学术团队二十年来在非饱和土力学领域的科研成果，系统阐述了非饱和土中渗流、强度和变形三大核心问题。全书以严谨的学术态度，深入解析了非饱和土力学与饱和土力学的内在联系，从土-水相互作用到土-水特征曲线，再到非饱和渗流、变形和抗剪强度理论，逐步揭示了非饱和土力学的科学本质。本书虽未涉及地基承载力、侧向土压力和边坡稳定等理论，但其对非饱和土相关工程问题分析提供了宝贵的参考价值，适合岩土工程领域的教学、科研人员及学生阅读。

责任编辑：杨　允
文字编辑：王　磊
责任校对：芦欣甜

**非饱和土力学原理**
翟　钱　戴国亮　王　浩　杨少军　朱益瑶　著
*
中国建筑工业出版社出版、发行（北京海淀三里河路 9 号）
各地新华书店、建筑书店经销
国排高科（北京）人工智能科技有限公司制版
建工社（河北）印刷有限公司印刷
*
开本：787 毫米 × 1092 毫米　1/16　　印张：11¾　字数：255 千字
2024 年 12 月第一版　　2024 年 12 月第一次印刷
定价：**58.00** 元
ISBN 978-7-112-30838-5
（44057）



如有内容及印装质量问题，请与本社读者服务中心联系
电话：（010）58337283　　QQ：2885381756
（地址：北京海淀三里河路 9 号中国建筑工业出版社 604 室　邮政编码：100037）

# Foreword I

Climate change and environmental issues dominate the landscape of geotechnical problems around the world. Central to these issues are the problems associated with unsaturated soils that are highly influenced by environmental changes. In natural conditions, unsaturated soil is the soil zone which is in direct interaction with the environment. The effects of climate change on geotechnical structures are quantifiable in unsaturated soil zone. Against this backdrop numerous research and publications on unsaturated soil have been developed in many parts of the world.

"The principles of unsaturated soil mechanics" book provides a thorough understanding of the mechanics of unsaturated soil starting with the fundamentals to the advanced theories. The book explains the historical background of the development of unsaturated soil mechanics, major engineering problems involving unsaturated soils and basic theories for solving the problems. The solutions to the problems are often complex and non-linear in nature, requiring advanced theoretical approaches. Advanced theories that are recently developed are described in depth in the book, providing a refreshing update on the current progress in the solution for unsaturated soil problems.

Soil-water characteristic curve is fundamental for a complete understanding of unsaturated soil behavior. The book provides a comprehensive treatment of this topic from the basic to the advanced theories. The importance of soil-water characteristic curve is further elaborated in its role in affecting permeability, volume change and shear strength of unsaturated soil, offering advanced solutions to major geotechnical problems.

The authors and their institutions must be commended and congratulated in writing this book that provides a smooth bridge between the existing theories of unsaturated soils and the advanced theories that are recently developed. This publication will be an excellent textbook for engineers and scientists who work with unsaturated soils and interested in keeping abreast with the recent theoretical development.

Harianto Rahardjo
Emeritus Professor, Nanyang Technological University, Singapore

# 序 I
Foreword

气候变暖和环境问题在全球范围内主导着岩土工程的科学问题提出及研究方向确定。这些问题中，与环境变化高度相关的非饱和土问题尤为突出。在自然条件下，非饱和土与大气环境直接接触且相互作用。气候变化对岩土结构的影响在非饱和土中尤为突出。因此，全球范围内涌现出众多关于非饱和土的学术论文和科研专著。

《非饱和土力学原理》这本书全面系统地阐述了从基础到高阶的非饱和土力学理论。该书回顾了非饱和土力学发展的历史进程，总结了非饱和土相关的主要工程问题及相应解决思路。解决这类复杂问题，通常需要借助先进的理论方法，且这些方法通常较为复杂且非线性。本书详细剖析了非饱和土力学的前沿理论，为解决非饱和土相关的工程问题提供了新颖且独特的视角。

土-水特征曲线是理解非饱和土-水力学行为的一把金钥匙。本书深入浅出地阐述了这一关键命题。并且进一步强调了土-水特征曲线在影响非饱和土渗透性、体积变形和剪切强度方面的重要性，为解决重大岩土工程问题提供了先进的解决方案。

作者及其团队值得表扬和庆贺，他们编撰的这本书，成功地将非饱和土的现有理论与当今前沿理论融会贯通。对于致力于非饱和土研究的工程师和科学家，以及希望掌握最新理论进展的读者而言，此书无疑是一部优秀的参考教材。

Harianto Rahardjo
新加坡南洋理工大学，终身荣誉教授

# Foreword II

Recent geotechnical infrastructure failures of slopes, foundations, pavements and retaining walls in many regions of the world can be predominantly attributed to climate changes associated with the global warming trends. The impact of these geohazards can be alleviated or significantly reduced by proposing rational design procedures extending the principles of unsaturated soil mechanics. While significant research advances have been made in unsaturated soil mechanics over the past two decades, their application in geotechnical practice remains limited. This gap is largely due to the complexity and time-intensive nature of unsaturated soil testing and the challenges of field suction measurements. Recent contributions have aimed to address these challenges through simplified estimation procedures and non-linear property models. These contributions are valuable. However, another factor that is required to facilitate the application of unsaturated soil mechanics into practice is possible by introducing the key concepts in the education curriculum at the undergraduate level and provide simple tools for training the practicing engineers. This can be only achieved by lucidly explaining both the basic and advanced theoretical concepts of unsaturated soils with practical examples for those who have only conventional soil mechanics background. This textbook entitled, "The principles of unsaturated soil mechanics" achieves this important objective. I congratulate the authors of the textbook and the publisher for their outstanding contributions.

Most importantly, the textbook emphasizes the use of the soil-water characteristic curve (SWCC), which is defined as the relationship between water content or degree of saturation and soil suction, as a unifying tool to explain hydraulic and mechanical properties. The efforts by the authors for explaining the soil-atmosphere interactions using the SWCC as a tool in a lucid way deserve commendation. This textbook will be a valuable resource for both the undergraduate and graduate students, researchers and the practitioners aiming to understand and apply unsaturated soil mechanics in geotechnical and geo-environmental engineering.

Sai K. Vanapalli, Ph.D., P.Eng.
Professor
Department of Civil Engineering
University of Ottawa, OTTAWA, Canada

# 序 Ⅱ

Foreword

全球许多地区的边坡、基础、路面及挡土墙等基础设施的失效，主要可归因于与全球变暖趋势相关的气候变化。在岩土工程设计中考虑非饱和土力学的相关理论，可以减轻或显著降低这些地质灾害的影响。尽管在过去二十年中，非饱和土力学的研究取得了显著进展，但其相关原理在工程实践中的应用仍然相对有限。非饱和土力学在工程应用中面临的主要挑战包括：非饱和土测试过程复杂且耗时，以及土吸力的现场原位测定困难。当前研究致力于提出简化的估算方法和非线性物理模型来解决这些难题，因此具有重要的工程价值。然而，为了进一步促进非饱和土力学在工程实践中的应用，还需要在本科教育课程中引入非饱和土力学相关的关键概念，并为一线工程师提供简单的培训。这需要结合实际工程案例，对非饱和土的基本和高级原理做出清晰解释。这对于那些只有传统土力学背景的专业人员来说尤为重要。《非饱和土力学原理》这本专著实现了这一重要目标。我向这本专著的作者和出版社表示衷心祝贺，感谢他们所做出的杰出贡献。

尤为重要的是，这本专著强调了使用土-水特征曲线（SWCC）作为统一工具来解释非饱和土的水力和力学特性。SWCC 定义了土中水分含量或饱和度与土吸力之间的关系。作者们以 SWCC 为工具，清晰地解释了土体-大气相互作用，这十分值得称赞。这本专著将成为土木工程和环境工程专业的本科生、研究生、研究人员和从业人员学习和应用非饱和土力学的宝贵资源。

Sai K. Vanapalli 教授

加拿大 渥太华大学 土木工程学院

# 前　言
Introduction

时光荏苒，自跟随 Rahardjo 教授学习非饱和土力学，到如今站在东南大学的讲台上讲授《非饱和土力学原理》这门课，不觉间 15 年悄然而逝。在授课的过程中，尽管很多同学是初次接触这门学科，但他们常常提出一些极具启发性的问题。这些问题促使我思考，并最终决定编写一本书来系统介绍非饱和土基本原理，既可以帮助学生深入理解相关知识，也能为学界同行提供参考。

非饱和土力学的很多理论是在经典饱和土力学理论的基础上进一步发展而来的。经典土力学理论在分析岩土工程问题时，通常忽略了环境因素的影响，而非饱和土力学则更关注环境变化对土体工程特性的影响。例如，降雨可能诱发的滑坡、蒸发引起的土层开裂以及黄土遇水后发生湿陷等问题。对此类问题的分析，正是依赖于非饱和土力学的原理和方法。

此外，岩土工程中常用数学模型来描述土体工程特性与某些变量的关系。这些数学模型可以对一些复杂特性进行简化描述，且能在特定区间提供一个连续的函数表达，因而得到了广泛应用。然而，纯粹的数学模型如果脱离了物理背景，便如同缺乏灵魂的躯壳，其参数的物理意义难以解释。这类模型在工程应用中存在较大的不确定性，甚至可能带来潜在的工程隐患。因此，本书在介绍非饱和土相关的数学模型时，特别强调物理模型的重要性，通过简化的物理模型推导构建相应的数学模型。这样构建的模型不仅具有实际物理意义，更具备可持续发展和应用的生命力。

本书共分为 6 个章节。各章节主要内容包括：第 1 章，绪论，主要介绍非饱和土力学的历史及其在工程中的应用场景；第 2 章，状态变量及土-水相互作用，主要介绍状态变量的定义及土颗粒对土中水的作用机制；第 3 章，土-水特征曲线，主要介绍土-水特征曲线形态、简化毛细管模型及相应的预测数学模型；第 4 章，非饱和土渗透特性，主要介绍毛细水、膜态水和气态水在土中的迁移规律；第 5 章，非饱和土体积变形特性，主要介绍非饱和土体积变形相关的本构模型；第 6 章，非饱和土抗剪强度理论，主要在饱和土抗剪强度理论的基础上，扩展延伸出非饱和土的抗剪强度。本书重点阐述非饱和土相关的基本原理，对与试验相关的仪器、手段以及方法并未涉及。

本书中相关理论和见解主要基于作者在非饱和土领域近15年的科研积累，同时作者还参考查阅了相关文献和其他优秀教材，并在参考文献中一一列出，在此向相关作者致以诚挚的谢意。此外，特别感谢叶为民教授、杜延军教授、童小东教授、孙文静教授以及韩仲教授在编写过程中提出的宝贵建议，也要感谢徐之鹏、陈煜辉、马儒琛以及赵睿函等同学对本书的图文编辑。由于作者水平有限，书中难免存在疏漏与不足，恳请各位读者及同行批评指正。

翟 钱

2024年10月

# 目 录

Contents

# 第 1 章

# 绪　　论

## 1.1 非饱和土力学的发展史

土力学是研究土的水力、力学性能的一门学科，包括渗流、应力、应变、强度等方面。1776年，法国科学家库仑（Coulomb）首次采用静力平衡分析，介绍了刚性挡土墙无黏性土的侧向土压力计算方法，该方法通常被称为库仑土压力理论。1856年，法国工程师达西（Darcy）分析试验数据发现，水流通过土体的速率与水头成正比，并提出土体层流的渗流理论，即达西定律。自此，土中水的渗流引起了工程师的广泛关注。1857年，英国学者朗肯（Rankine）采用塑性平衡理论，提出挡土墙的主动和被动土压力公式，即朗肯土压力理论。1885年，法国学者布辛纳斯克（Boussinesq）将土体视为弹性半空间无限体，采用弹性理论，求解得到集中力作用下土体中应力和应变的分布规律。这些古典理论对土力学的发展起到很大的推动作用，但这些理论往往只是针对工程中的某个问题，并未形成一套系统的理论框架。直到1926年，奥地利学者太沙基（Terzaghi）出版了著作《土力学》（*Erdbaumechanik*），标志着对土的研究进入了现代土力学时代。随后，太沙基分别于1943年和1948年发表了《理论土力学》（*Theoretical Soil Mechanics*）和《土力学原理在工程实践中的应用》（*Soil Mechanics in Engineering Practice*），系统介绍了土力学的相关理论，并全面总结了土力学理论在工程实践中的应用经验。

太沙基的**有效应力原理**和**渗流固结理论**几乎贯穿了整个土力学的理论框架，构成了经典土力学的基石。然而，这些理论的建立都是基于一个重要的假设：土体处于完全饱和的状态。在工程实践中，我们经常遇到非饱和土，即土体中的孔隙并未完全被水所填充（部分被气体填充），土样饱和度通常低于100%。这种情况下，太沙基的有效应力原理难以全面解释非饱和土的力学行为。此外，多位学者（如：Buckingham，1907；Richards，1928；Russell，1942等）的试验研究揭示了非饱和土的渗透系数会随着饱和度的变化而产生剧烈改变，这使得非饱和土的渗透性能评估成为工程应用中的一大难题。直至1993年，弗雷德隆德（Fredlund）和拉哈尔佐（Rahardjo）的著作《非饱和土土力学》（*Soil Mechanics for Unsaturated Soils*）出版，为非饱和土渗流、强度和固结等问题提供了全面且系统的解释。这本著作的问世标志着非饱和土力学已成为现代土力学的一个重要分支，推动了非饱和土力学理论在过去几十年在岩土工程领域的迅速发展。

1997年，清华大学陈仲颐教授将Fredlund和Rahardjo于1993年出版的《非饱和土土力学》译成中文，促进了非饱和土力学理论在我国的广泛传播和高速发展。2012年，韦昌富教授翻译了Lu和Likos在2004年的著作《非饱和土力学》，进一步丰富了该领域的中文资源；2015年，谢定义教授撰写了《非饱和土土力学》，为理论的实践应用提供了新的视角；2018年，孙文静和孙德安教授出版了《非饱和土力学试验技术》，为非饱和土力学的试验研究提供了宝贵指导；2021年，陈正汉教授编写了《非饱和土与特殊土力学：理论创新、科研方法及治学感悟》，为后来者提供了宝贵的理论和技术参考。这些著作的陆续出版，不仅极大地推动了我国非饱和土力学领域的研究和发展，同时促进了非饱和土力学理论框架的不断完善和深化。

## 1.2 与非饱和土相关的工程问题

Fredlund 和 Rahardjo（1993）提出了与非饱和土相关的八大典型工程问题，通过对这些问题的深入研究，工程师能够理解非饱和土力学原理在解决实际工程中所起的关键作用。

### 1.2.1 蓄水库土坝的建造与安全运行

在土坝的建设过程中，工程师需要遵循自下而上的顺序，逐层进行土层的填筑和压实，如图 1-1 所示。为了确保各层土达到最优的压实效果，通常控制其初始饱和度在 75%～85% 之间（对应最优含水率）。在压实作用下，土层内的孔隙气压往往会大于或等于大气压，而孔隙水压则表现为负值（$u_w < 0$）。由于土坝的施工是从底部向上逐层进行的，上层土的堆载及压实作用会导致下层土的孔隙气压、孔隙水压以及孔隙比都发生连续变化。考虑到土坝的修筑速度比较快，坝体内的土体大多在不排水状态下产生体积变形。在填筑过程中，部分孔隙气压会消散，孔隙水压则会因蒸发和入渗的作用而产生变化。这些孔隙压力的变化对坝体内土体的应力状态有着直接的影响，进而会改变土体的水力和力学性能，并会影响坝体的承载性能。

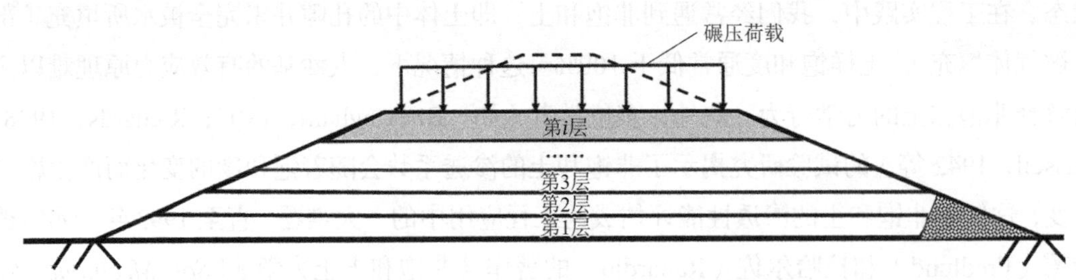


图 1-1　填筑过程中，坝体内不同土层孔隙气压（$u_a$）和孔隙水压（$u_w$）示意图

在土坝修筑的早期阶段，坝内土体的孔隙压力以及整体坝体的稳定性是工程师关注的要点。可能提出以下问题：

（1）在第i层土填筑压实的过程中，如何量化计算该土层以下各层土孔隙气压（$\Delta u_a$）和孔隙水压（$\Delta u_w$）的变化？

（2）各土层中的孔隙气压和孔隙水压对实际工程有哪些具体的意义？

（3）孔隙气压和孔隙水压的变化如何影响坝体内土体的水力、力学性能？

（4）孔隙气压的增加对土坝的稳定性是起到积极作用还是不利影响？

随着土坝的完工和水库的蓄水，坝体内孔隙气压和孔隙水压将从初始状态，过渡到一个新的平衡态。这种平衡是动态的，会受水库水位的变化和气候条件的影响。进一步的问题包括：

（1）当水库开始蓄水，孔隙气压和孔隙水压将如何随时间变化？它们将达到什么样的新平衡？

（2）在水库蓄水过程中，土坝的稳定安全系数会发生怎样的变化？

（3）水库水位稳定后，土坝的浸润面（Phreatic surface）位置如何确定？

（4）水库中的蓄水会不会越过浸润面穿透坝体？

（5）长时间的干旱或降雨对坝内土体孔隙压力会产生什么样的影响，是否对坝体的稳定性构成威胁？

解答上述问题需要理解非饱和土力学的相关原理，掌握非饱和土的工程特性，包括土体在饱和-非饱和状态下的渗流特性、抗剪强度和体积变形特性的全面认识。深入学习非饱和土力学的基本原理，有助于工程师运用非饱和土渗流理论计算浸润面的位置（图 1-2），并分析孔隙水压在坝体中的分布，进而结合孔隙水压的分布和非饱和土抗剪强度，评估坝体的稳定性。

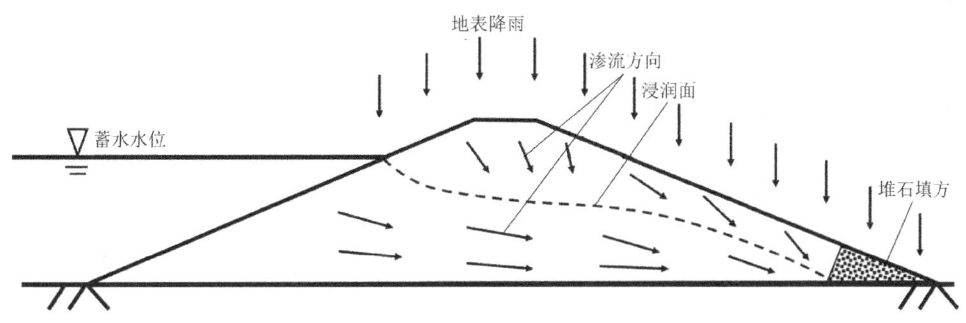


图 1-2　降雨条件下蓄水库土坝中浸润面示意图

### 1.2.2　降雨条件下边坡的稳定性评估

一方面，天然边坡通常长期受到自然环境的影响，如降雨冲刷、雨水入渗、水分蒸发，以及不同类型的植被其根系对边坡表面的破坏及土体的加固作用等。我们会发现部分地区（尤其我国西北地区）很多天然边坡的坡角和坡高都相对较大，但它们仍能长期保持稳定。当采用经典土力学的方法评估边坡稳定性时，工程师通常假设一个特定的地下水位线，但对地下水位位置的假定合理性往往是有待验证的。另一方面，在评估边坡的稳定性时，需要考虑土体的抗剪强度。根据现有的地质勘察手段，土体的抗剪强度指标大部分是通过饱和土样的剪切试验获取的。然而，大部分天然边坡的潜在滑移面位于地下水位以上，即滑移面上的土体处于非饱和状态。饱和土样得到的抗剪强度指标不一定能够正确表达潜在滑移面上土体的抗剪性能。因此，在评估降雨条件下边坡的稳定性时（图 1-3），经典土力学理论呈现出一定的局限性。

在评估天然边坡的稳定性，需要考虑以下问题：

（1）连续降雨条件下（考虑降雨的不同强度、时长、类型），边坡土体的孔隙水压力会产生什么样的变化？

（2）潜在滑移面的深度会不会随着降雨的强度、时长、类型而产生改变？

（3）在计算过程中，如果忽略土体内的负孔隙水压，对边坡稳定安全系数的评估结果有多大的影响？

（4）在降雨期间及降雨结束后，天然边坡的稳定安全系数随时间如何变化？

（5）土体中的孔隙水压力的变化是否会导致边坡的侧向位移？

对于坡度较缓的土坡，降雨引起的入渗较为明显，因此其孔隙水压力的波动也更为显著，导致降雨入渗对坡角较缓的边坡稳定性影响更为明显。近年来，因降雨入渗诱发的天然边坡失稳问题受到国内外的广泛关注。确定边坡土体的孔隙水压力已成为评估天然边坡稳定性的关键环节。此外，天然边坡向坡角方向也是缓慢蠕动的，这种蠕动与季节性的环境气候变化密切相关。干湿和冻融循环是导致这种蠕动的主要因素。工程师必须深入学习并掌握非饱和土的工程特性及非饱和土力学的相关原理，才能更为科学评估降雨条件下边坡的安全稳定性。

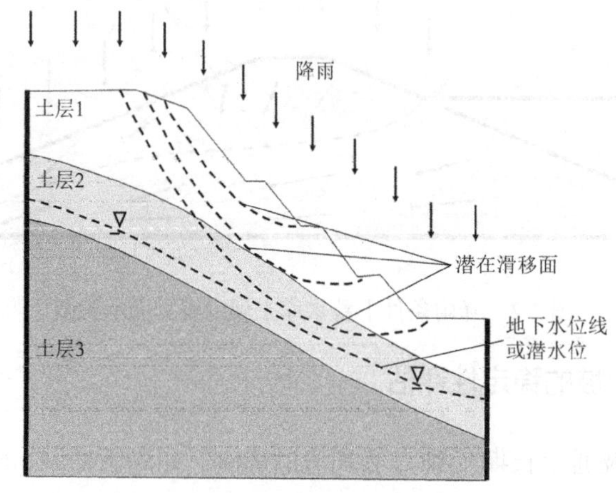


图 1-3 降雨条件下天然边坡潜在滑移面示意图

### 1.2.3 废料池下卧土层中的水位变化

尾矿及工业废料常被处理并存储在低围堤构筑的废料池中。这类废料池多建造在地下水位较深的区域，其周围土体大多处于非饱和土状态。传统观点认为，由于废料池周围的非饱和土处于低含水量、高吸力的状态，其渗透系数非常低，液体透过非饱和土层的量非常有限，因此能在废料池中稳定存放。然而，近期研究发现，即使周围土层保持非饱和土状态，废料池下卧土层中的水位仍有可能出现局部上升，如图 1-4 所示。这一现象表明，非饱和土的渗透系数较低但并不意味水分无法在非饱和土中迁移。在非饱和土中水分迁移速率较低，但是如果有足够的时间积累，流经非饱和土的水分量也可能非常可观。因此，在岩土工程中非饱和土的渗流问题应该得到足够的重视。

在评估废料池对地下水位的影响时，需要考虑以下几个关键问题：

（1）如何模拟下卧非饱和土层中的渗流，以及应如何设定模型的边界条件？

（2）如何计算非饱和土的渗透系数，并确定该系数随土吸力变化的状态方程？

（3）如何将液态污染物迁移的数值模拟和非饱和土的渗流模拟有效结合？

为合理解答这些问题，工程师需要掌握非饱和土的水力特性，了解水分在非饱和土体中的迁移规律。

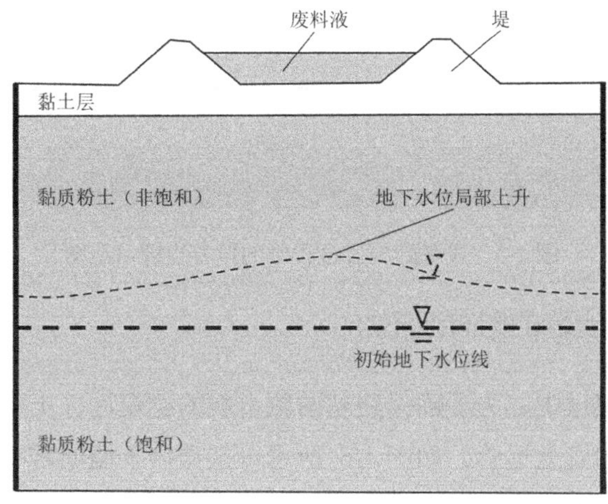


图1-4　废料池造成下卧土层中地下水位的局部上升

### 1.2.4　挖方边坡的稳定性评估

在浅基础或承台施工过程中，放坡开挖是一种较为常规且经济的施工方案。在一些区域，为了有效减少土方开挖量，挖方边坡的坡角通常设计得比较陡峭，很多情况下大于60°，如图1-5所示。在地下水位较深的粉土或黏土环境中，竖直的挖方边坡也能在一定时间内保持稳定（比如考古挖掘）。挖方边坡的稳定性由多个因素所控制，包括土的种类、开挖深度、裂缝深度以及降雨情况等。如果挖方边坡长时间暴露或遭遇暴雨等极端天气，边坡的稳定性就可能会受到威胁，这不仅会带来严重的安全隐患，还可能导致工程事故，危及生命安全。

在评估挖方边坡稳定性时，可能提出以下问题：

（1）挖方边坡能够在多长时间内保持稳定而不发生失稳？

（2）如何在挖方边坡稳定性评估中综合考虑环境因素，如降雨和水分蒸发的影响？如何开展相应的数值模拟？边界条件又该如何确定？

（3）对挖方边坡进行稳定性评估时，需要土的哪些关键特性参数？

（4）在表层覆盖塑料薄膜是否长期有助于提高挖方边坡的稳定性？

（5）对挖方边坡的稳定性进行现场监测时，需要哪些监测设备？

在回答这些问题之前，工程师需要学习非饱和土力学的基本原理，包括理解土吸力对土体抗剪强度的影响、非饱和土边坡的渗流分析，以及安全系数计算的方法和步骤。

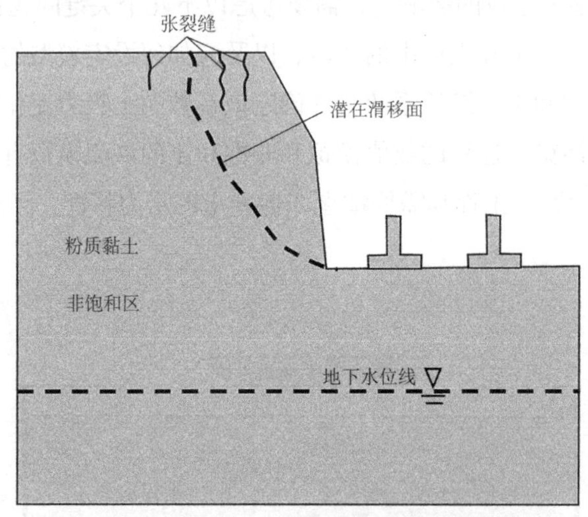


图 1-5 浅基础施工过程中的挖方边坡示意图

### 1.2.5 非饱和区域挡土墙的侧向土压力

在公路和铁路的建设中，为了确保路基两侧土坡的稳定性，工程师通常在坡角处修建挡土墙，以维护道路的安全运营，如图 1-6 所示。这类挡土墙通常高于路基，并且挡土墙后侧的回填土均处于非饱和状态。在设计此类挡土墙时，需要考虑以下问题：

（1）朗肯土压力公式和库仑土压力公式是否能够准确描述作用在挡土墙上的侧向土压力？

（2）非饱和土的主动土压力和被动土压力应该如何计算？

（3）在降雨条件下，非饱和土的主动土压力和被动土压力将如何变化？

（4）在降雨条件下，非饱和土产生的侧向压力和膨胀压力之间是否存在某种联系？

（5）如果墙后回填土达到完全饱和状态，挡土墙的侧向位移会有多大？

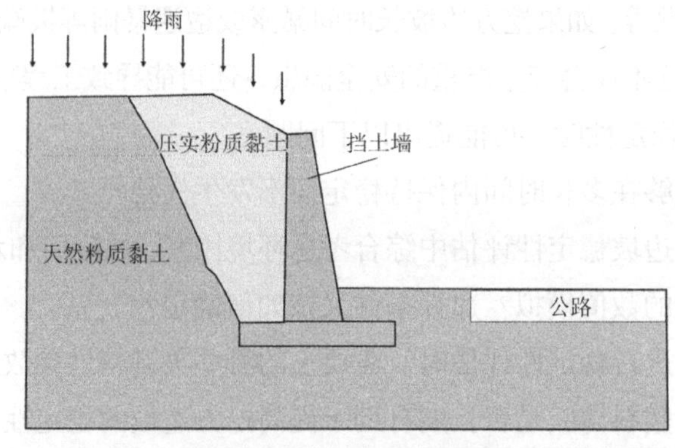


图 1-6 公路旁挡土墙示意图

为了解答这些问题，工程师需要了解土吸力对侧向土压力的影响，以及土体在浸润过程中可能会产生的体积变形及膨胀压力。这些内容都是非饱和土力学这门课程研究的重点。

### 1.2.6　非饱和区域浅基础承载力

对于层高较低的轻型建筑，浅基础是一种较为经济合理的设计方案，如图 1-7 所示。在大多数情况下，浅基础的选址会倾向于地下水位较深的区域，以利用基础底面以下土体中存在的较大负孔隙水压力（即土吸力）。在极限破坏状态下，基础底部土体形成的潜在滑移面位于非饱和区域，滑移面处土体抗剪强度将直接影响浅基础承载能力。在工程设计中，通常采用无侧限抗压强度评估地基的承载力，并作为此类浅基础的设计依据。

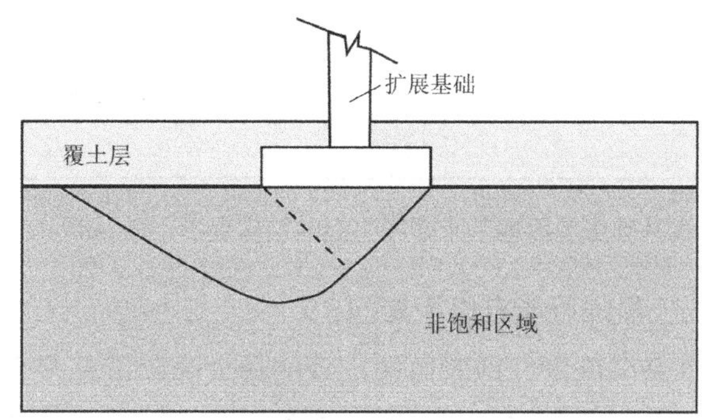


图 1-7　在非饱和区域建造浅基础示意图

在设计此类浅基础时，可能会面临以下问题：

（1）如何准确测定基础底面以下不同深度处土体的孔隙水压（$u_w$）？

（2）负孔隙水压和无侧限抗压强度之间存在何种联系？应如何解读非饱和土的无侧限抗压强度？

（3）对浅基础周围的草坪浇水对地基的强度和沉降会产生怎样的影响？

（4）如果建筑物的给水排水系统发生泄漏，会对基础产生什么影响？

（5）降雨等气候条件对浅基础的承载性能会产生什么影响？

无侧限抗压强度通常反映土体的不排水抗剪强度。值得注意的是，土样含水率不同，所测得的无侧限抗压强度也会有所差异。另外，由于非饱和土浸润过程中持水性能的滞后效应，即使是含水率相同，脱湿过程中的无侧限抗压强度也可能与浸润过程中的压强度存在差异。为了解决这些问题，工程师需要掌握非饱和土的持水特性，以及非饱和土在脱湿和浸润过程中表现出的水力和力学特性。学习非饱和土力学的基本原理，将有助于工程师更加科学地分析并解决非饱和土地区的地基承载力问题。

### 1.2.7　膨胀土造成的底面隆起及结构破坏

膨胀土有遇水膨胀、失水收缩的工程特性。当道路或者房屋建造在此类地基上时，地基土可能会因为降雨或者周围植被的过量灌溉而产生膨胀，导致结构遭受严重破坏，如图 1-8 所示。将地基土中常年经历体积膨胀的区域称为“活动区”，而“活动区”以下的土层称为“非活动区”。地基土的膨胀性越强，其引起的土体隆起量和结构变形量也越显著。

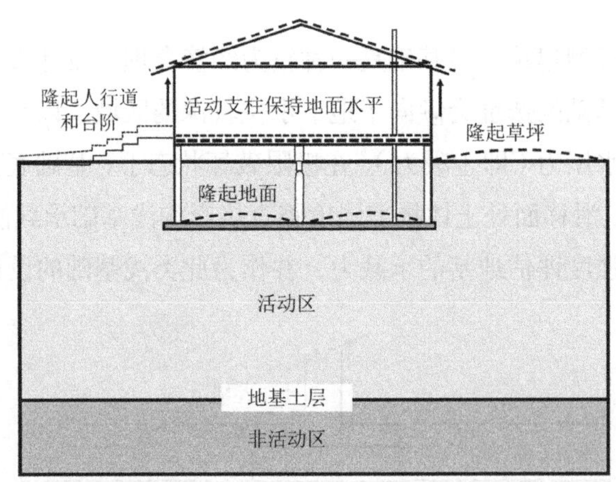


图 1-8 浅基础房屋因地基土膨胀引起的结构变形（Hamilton，1977）

针对膨胀土地基，工程师可能有以下疑问：

（1）如果土层被水完全淹没，地表可能出现的最大隆起量是多少？

（2）如果土体中的负孔隙水压（土吸力）逐渐减小并趋向于 0 时，这将导致地表发生多少隆起量？

（3）如何合理地评估地基土中的孔隙水压？

（4）在基础施工前，对地层预浸水处理后将产生何种效果？

（5）在膨胀土地基上施加压力能够减少多少潜在的隆起量？

（6）如果建筑物周围存在大型植被，这将如何影响膨胀土地基的膨胀特性？

膨胀土的膨胀特性与非饱和土力学原理紧密相连，土颗粒表层吸附水含量与颗粒的吸附力有着密不可分的关系。土的矿物成分和颗粒粒径对水分吸附能力有着显著影响。掌握非饱和土力学理论，能够帮助工程师准确评估吸附力的大小以及吸附水含量。这些原理对于解决膨胀土相关的工程问题具有十分重要的意义。

### 1.2.8 湿陷性土相关的工程问题

湿陷性土在众多方面展现出与膨胀土截然不同的工程特性。湿陷性土通常具有较大的初始孔隙，且内部多为开放式、大直径的孔隙。这些土在遇水后，孔隙会产生塌陷，导致收缩变形，即体积减小或孔隙比降低。普遍观点认为，湿陷性土具有亚稳结构（Metastable structure）。Dudley（1970）在其研究中提出，湿陷性土在浸润过程中，三种黏合作用会随着外部水分的渗透而逐渐减弱，三种作用包括①毛细黏合作用［图 1-9（a）］；②粗颗粒间的桥架作用，这种桥架可能是由粉土颗粒构成［图 1-9（b）］，也可能是由胶体颗粒（如黏土颗粒）构成［图1-9（c）］；③颗粒间的化学吸附作用。Dudley（1970）进一步指出，这三种黏合作用在遇水后失效的速率各不相同，毛细黏合作用的失效几乎是瞬时的，桥架的失效也相对比较快，而化学吸附作用的失效则需要较长时间。因此，大部分湿陷性土的湿陷现象主要归因于毛细黏合作用的失效。

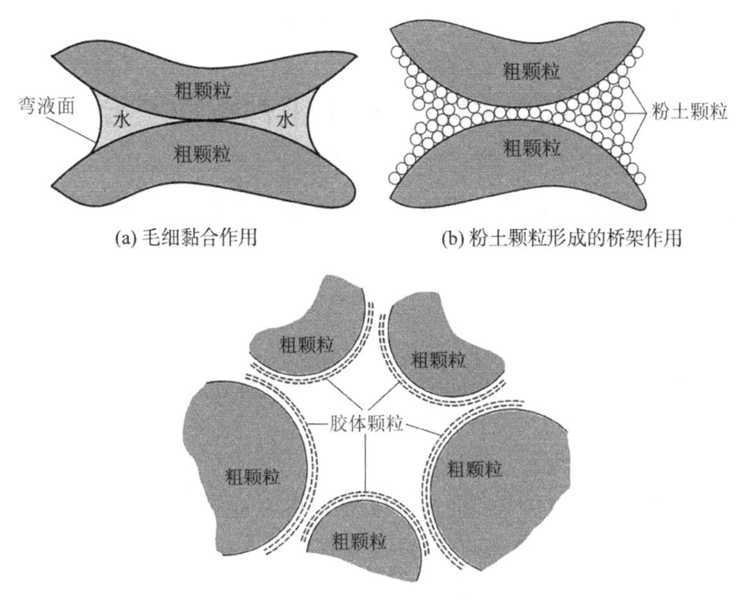


(a) 毛细黏合作用　　(b) 粉土颗粒形成的桥架作用

(c) 胶体颗粒形成的桥架作用（Dudley，1970）

图1-9　湿陷性土颗粒间的黏合作用

在处理湿陷性土地基时，工程师可能会面临以下问题：

（1）在降雨条件下，地基可能出现的最大湿陷深度是多少？

（2）对于设置在湿陷土地基中的桩基，湿陷引起的负摩阻力有多大？

（3）如何准确预估湿陷作用下的最大深度？

（4）土体经历湿陷后，其水力-力学性能将发生什么样的变化？

湿陷性土的水力-力学性能与非饱和土力学原理密切相关。如果弯液面存在两个粗颗粒之间，两个粗颗粒会存在毛细黏聚作用，这种作用通常比较弱。但是随着颗粒粒径变小，这种毛细黏聚作用就越发明显。如果两个粗颗粒由细颗粒粘结成骨架（即细颗粒充当两个粗颗粒的桥架），细颗粒的强度会影响两个粗颗粒之间的桥架作用。学习非饱和土力学基本原理有助于工程师从全面认识湿陷性土的工程特性及湿陷机理，从而更有效地进行工程设计和风险评估。

### 1.2.9　与非饱和土相关的其他工程问题

机场跑道的填土压实工作完成后，其土壤通常呈现非饱和状态。此外，港口平台、管道等离岸工程的地基土，通常是含生物气（如甲烷）的海相沉积土，因孔隙中生物气的存在，这类土也常常处于非饱和状态；另外，深层土样从采样器中取出时，由于应力状态从高应力降低为低应力，会引起土样体积膨胀，导致原本饱和的土样转变为非饱和状态。由此可见，非饱和土问题是工程实践中较为常见的挑战。对于岩土工程师而言，学习和掌握非饱和土力学的基本原理不仅能够增强他们对非饱和土工程特性的理解，而且还能为他们提供解决非饱和土相关的工程问题的科学方法和全新的理论视角。

## 1.3 饱和土的工程特性和非饱和土工程特性差异

渗流、强度及形变问题一直是经典土力学关注的三大核心问题，非饱和土力学的理论框架也是围绕这三个基本问题构建的。然而，在非饱和土力学中，这些问题的求解相较于经典土力学更为复杂。

### 1.3.1 土体渗透特性

无论是经典饱和土力学还是非饱和土力学，在评估水分在土中迁移的量化分析（即渗流分析）时，都是采用了达西定律。在二维渗透分析中，经典土力学认为$x$、$y$方向可能因为土体的各向异性，饱和土在$x$、$y$方向的渗透系数可能不同，但是在这个渗流分析过程中，这两个方向的渗透系数不会随时间或者孔隙水压而产生变化，如式(1-1)所示。在整个渗流分析过程中，土体单元始终处于饱和状态，即土体单元内含水率始终没有产生任何变化，这就导致式(1-1)等号右边恒等于0。

$$\frac{\partial\left(k_x\frac{\partial H}{\partial x}\right)}{\partial x}+\frac{\partial\left(k_y\frac{\partial H}{\partial y}\right)}{\partial y}+Q=0 \tag{1-1}$$

式中：$k_x$——饱和土在$x$方向的渗透系数；

$k_y$——饱和土在$y$方向的渗透系数，一般情况下，如果不考虑体积变形，饱和土的渗透系数通常认为是恒定值；

$Q$——土体单元外界施加的边界条件，当有水流入土体单元时，$Q$为正值，当水流出土体单元时，$Q$为负值；

$H$——土体单元孔隙水压的总水头。

在二维渗透分析中，非饱和土力学认为非饱和土在$x$和$y$方向的渗透系数会随孔隙水压而产生变化。在整个渗流分析过程中，需要考虑土体在$x$和$y$方向随土吸力变化呈非线性的渗透系数方程。另外，在渗流分析过程中，土体单元的含水率可能因为进出水分量的不同而产生浸润或者脱湿现象，所以式(1-2)等号右边并非恒等于 0，采用了体积含水率随时间的微增量表达土体单元的浸润或者脱湿。

$$\frac{\partial\left[k_x(\psi)\frac{\partial H}{\partial x}\right]}{\partial x}+\frac{\partial\left[k_y(\psi)\frac{\partial H}{\partial y}\right]}{\partial y}+Q=\frac{\partial\theta}{\partial t} \tag{1-2}$$

式中：$k_x(\psi)$——在吸力等于$\psi$状态下非饱和土在$x$方向的渗透系数；

$k_y(\psi)$——在吸力等于$\psi$状态下非饱和土在$y$方向的渗透系数，无论是在$x$向还是$y$方向，非饱和渗透系数会随土吸力的改变呈指数变化；

$\theta$——体积含水率；

$T$——时间。

在求解方程(1-2)时通常把$k_x(\psi)$和$k_y(\psi)$作为输入值。$k_x(\psi)$和$k_y(\psi)$是描述土体渗透系数随土吸力变化的状态方程，一般称之为非饱和土的渗透系数方程。在整个渗流过程中，土单元的饱和度是动态变化的。当流入土单元的水体积大于流出的体积，土体饱和土将会增大（即浸润过程），式(1-2)右边项为正值；相反，当流出水体积大于流入体积，土体饱和度将会减小（即脱湿过程），式(1-2)右边项为负值。

工程师在解决渗流问题时，通常采用商用软件求解式(1-1)和式(1-2)。这些软件都内置了计算程序，用以求解偏微分方程。在求解过程中，边界条件，土-水特征曲线［Soil-Water Characteristic Curve，SWCC，图 1-10（a）］以及渗透系数方程［图 1-10（b）］是关键的输入参数。由此可见，渗流问题难点并不是偏微分方程的求解。对于饱和土的渗流而言，关键在于边界条件的合理选择。而在非饱和土的渗流问题中，除了边界条件外，还需要额外考虑非饱和土渗透系数和持水特征描述方程的准确性。由于非饱和渗透系数随土吸力的增加呈指数降低，准确描述和预测非饱和土的渗透性能已成为当前非饱和土研究领域的热点议题。

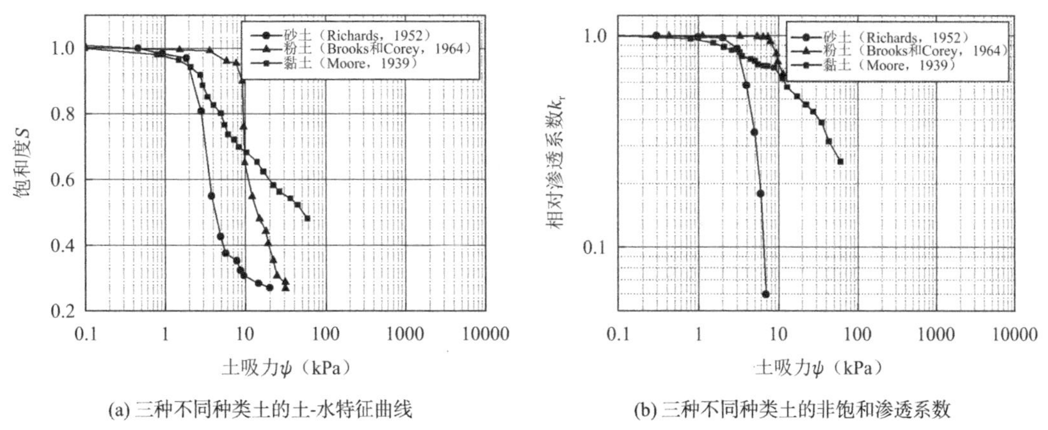


(a) 三种不同种类土的土-水特征曲线　　(b) 三种不同种类土的非饱和渗透系数

图 1-10　非饱和土土-水特征曲线和非饱和渗透系数

## 1.3.2　土体抗剪特性

饱和土的应力破坏包络图，如图 1-11 所示，通常可采用莫尔-库仑（Mohr-Coulomb）强度破坏准则来定义，如式(1-3)所示。

$$\tau_{\mathrm{f}} = c' + (\sigma_{\mathrm{f}} - u_{\mathrm{w}}) \tan \varphi' \tag{1-3}$$

式中：$\tau_{\mathrm{f}}$——当土体刚产生破坏时，土体中的剪切应力；

$c'$——有效黏聚力；

$\sigma_{\mathrm{f}}$——土体破坏面上的法向正应力；

$u_{\mathrm{w}}$——孔隙水压力；

$\varphi'$——有效内摩擦角。

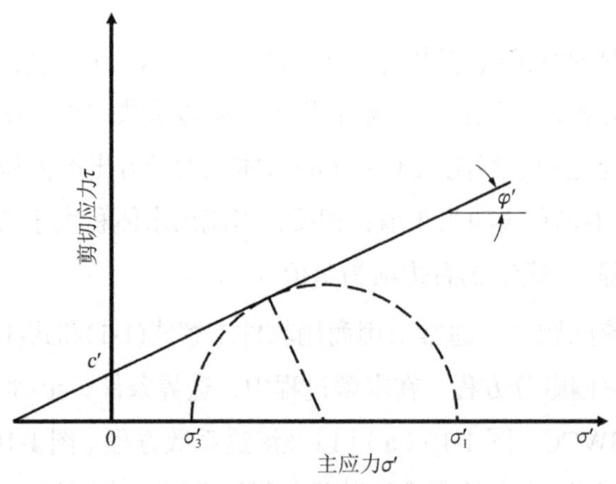


图 1-11 饱和土应力破坏包络图

非饱和土的应力破坏包络线，如图 1-12 所示，通常可采用单应力模型的 Bishop 公式(1-4)和双应力模型的 Fredlund 公式(1-5)表达：

$$\tau_{\mathrm{f}} = c' + [(\sigma_{\mathrm{f}} - u_{\mathrm{a}}) + \chi(u_{\mathrm{a}} - u_{\mathrm{w}})] \tan\varphi' \tag{1-4}$$

式中：$\chi$——模型参数，与饱和度有关；

$u_{\mathrm{a}}$——孔隙气压；

$(u_{\mathrm{a}} - u_{\mathrm{w}})$——基质吸力。

$$\tau_{\mathrm{f}} = c' + (\sigma_{\mathrm{f}} - u_{\mathrm{a}}) \tan\varphi' + (u_{\mathrm{a}} - u_{\mathrm{w}}) \tan\varphi^{\mathrm{b}} \tag{1-5}$$

式中：$\tan\varphi^{\mathrm{b}}$——非饱和土抗剪强度随土吸力的变化率，$\varphi^{\mathrm{b}}$并非内摩擦角，其本身没有实质性的物理意义。

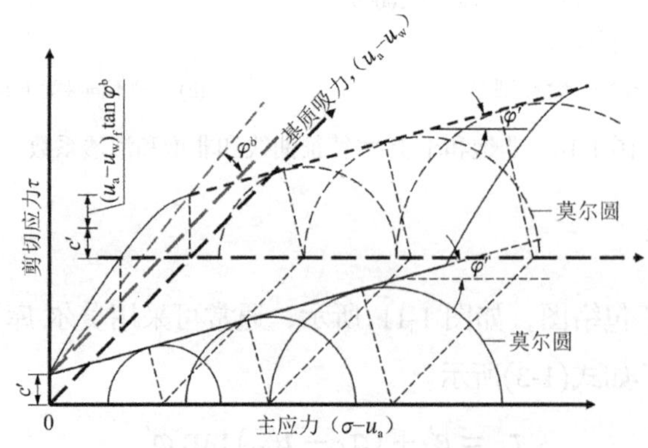


图 1-12 非饱和土应力破坏包络图

如式(1-3)～式(1-5)所示，非饱和土的抗剪强度通常大于饱和土。在非饱和土抗剪强度的计算中，$\chi$和$\varphi^{b}$的取值决定了非饱和特性对土体抗剪强度的影响。因此，近年来对非饱和土抗剪强度的研究主要集中在$\chi$和$\varphi^{b}$的取值上。众多学者提出通过 SWCC 来确定$\chi$和$\varphi^{b}$，以预测非饱和土的抗剪强度。

### 1.3.3　土体变形特性

土体的形变特性与其模量的关系密不可分。固结试验和三轴试验是确定土样模量的两种常用方法。在固结试验中，通过限制侧向变形，可以得到压缩模量（$E_s$）。在三轴试验中，由于不限制侧向变形，能够测量得到变形模量（$E_0$）。在压缩试验中，随轴向应变的增加，$E_s$会逐渐增大；相反，在三轴试验中，随着轴向应变的增加，$E_0$会逐渐减小。观察饱和土样在三轴试验中的偏差应力与轴向应变关系，如图 1-13（a）所示，可以发现随着围压的增大，变形模量也会随之增大；在相同的围压条件下，非饱和土的变形模量则显示出与土吸力的正相关性，如图 1-13（b）所示。因此，当土体处于非饱和状态时，其变形模量与饱和状态下的土样存在显著差异。

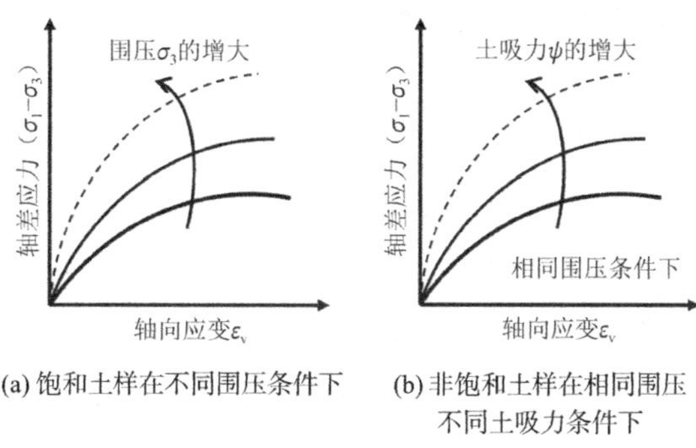


(a) 饱和土样在不同围压条件下　　(b) 非饱和土样在相同围压不同土吸力条件下

图 1-13　偏差应力-轴向应变关系图

基于初始变形模量$E_i$随围压$\sigma_3$变化的规律，Janbu（1963）、Duncan 和 Chang（1970）提出了一个双曲线本构模型，如式(1-6)所示，该模型在工程界得到了广泛认可和应用。

$$E_i = Kp_a\left(\frac{\sigma_3}{p_a}\right)^n \tag{1-6}$$

式中：$E_i$——初始变形模量；

$p_a$——标准大气压（101.3kPa）；

$\sigma_3$——围压；

$K$——因围压变化引起初始变形模量变化的模型系数；

$n$——模型参数。

Lloret 和 Alonso（1985）在双曲线模型的基础上，提出非饱和土初始变形模量的数学表达，如式(1-7)所示。

$$E_i = K_\sigma p_a\left(\frac{\sigma_3}{p_a}\right)^{n_\sigma} + K_\psi p_a\left(\frac{u_a-u_w}{p_a}\right)^{n_\psi} + K_{\sigma,\psi}p_a\left[\frac{\sigma_3(u_a-u_w)}{{p^2}_a}\right]^{n_{\sigma,\psi}} \tag{1-7}$$

式中：$E_i$——初始变形模量；

$K_\sigma$——因围压变化引起初始变形模量变化的模型系数；

$K_\psi$——因土吸力变化引起初始变形模量变化的模型系数；

$K_{\sigma,\psi}$——因围压土吸力共同作用引起初始变形模量变化的模型系数；

$n_\sigma$——与围压相关的模型参数；

$n_\psi$——与土吸力相关的模型参数；

$n_{\sigma,\psi}$——与围压和土吸力共同作用相关的模型参数。

综合以上分析发现，非饱和土与饱和土在渗流、强度和形变等工程特性方面都呈现出明显的差异。非饱和土呈现的这些差异性并不是对经典土力学理论的否定，而是对经典土力学理论的补充和完善。例如，在确定非饱和土的渗透系数时，通常会采用饱和渗透系数作为参考点；非饱和土的抗剪强度方程也是在饱和土的抗剪强度方程上进行改进；非饱和土的形变参数也是基于饱和土的形变参数进行推导的。

## 1.4 非饱和土的相关物理参数

在处理非饱和土相关的工程问题时，我们不可避免地需要用到与非饱和土特性相关的物理参数。本小节系统性地介绍非饱和土的相关参数。在经典土力学教材的开篇章节中就介绍了三相图，如图 1-14 所示，来阐释土颗粒、水和气之间的体积-质量关系。在饱和土力学中，孔隙比（$e$）、孔隙率（$n$）、重力含水率（$w$）是常用的参数，而在非饱和土力学中，我们则更频繁地使用体积含水率（$\theta$）、饱和度（$S$）、天然密度（$\rho_n$）或天然重度（$\gamma_n$）以及干密度（$\rho_d$）等物理参数。根据图 1-14，可以将上述参数之间的关系进行推导。

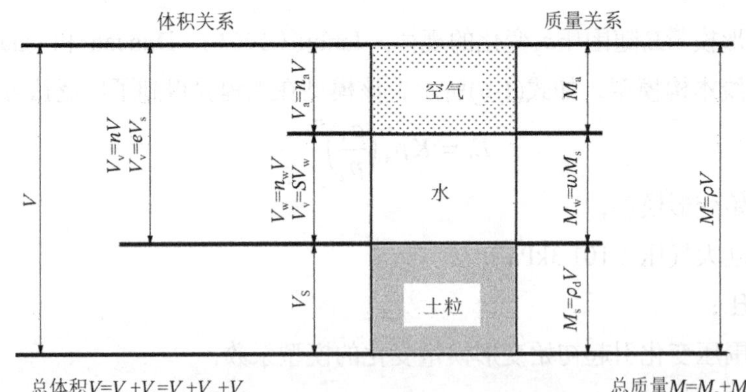


图 1-14 土体单元三相图

孔隙比（$e$）定义了土中孔隙的体积和土颗粒的体积之比，如式(1-8)所示。

$$e=\frac{V_{孔隙}}{V_{土粒}} \tag{1-8}$$

式中：$V_{孔隙}$——土体单元中孔隙的体积；

$V_{土粒}$——土体单元中土颗粒的体积。

孔隙率（$n$）定义了土中孔隙的体积和整个土样的体积之比，如式(1-9)所示。

$$n=\frac{V_{孔隙}}{V_{土样}}=\frac{V_{孔隙}}{V_{土粒}+V_{孔隙}} \tag{1-9}$$

式中：$V_{土样}$——土体单元中土单元的总体积等于土粒体积加上孔隙体积。

将式(1-8)代入式(1-9)可以得到孔隙比和孔隙率的相互转换关系可表达如式(1-10)和式(1-11)所示。

$$n=\frac{e}{1+e} \tag{1-10}$$

$$e=\frac{n}{1-n} \tag{1-11}$$

重力含水率（$w$）定义了土体单元中水的质量和土粒质量之比，如式(1-12)所示。

$$w=\frac{M_{水}}{M_{土粒}} \tag{1-12}$$

式中：$M_{水}$——土体单元中水的质量；

$M_{土粒}$——土体单元中土粒的质量。

体积含水率（$\theta$）定义了土体单元中水的体积和土样体积的比值，如式(1-13)所示。

$$\theta=\frac{V_{水}}{V_{土样}} \tag{1-13}$$

式中：$V_{水}$——土体单元中水的质量；

$V_{土样}$——土体单元土的总质量。

饱和度（$S$）定义了孔隙中水的体积和孔隙体积的比值，如式(1-14)所示。

$$S=\frac{V_{水}}{V_{孔隙}} \tag{1-14}$$

根据饱和度的定义，$V_{水}$等于$V_{孔隙}$乘以$S$，由此，式(1-13)可以整理为：

$$\theta=\frac{V_{水}}{V_{土样}}=\frac{SV_{孔隙}}{V_{土粒}+V_{孔隙}}=\frac{S}{\frac{V_{土粒}}{V_{孔隙}}+1}=\frac{S}{\frac{1}{e}+1}=\frac{Se}{1+e} \tag{1-15}$$

同理，式(1-12)可整理为式(1-16)：

$$w=\frac{\rho_{水}V_{水}}{\rho_{土粒}V_{土粒}}=\frac{V_{水}}{G_s V_{土粒}}=\frac{SV_{孔隙}}{G_s V_{土粒}}=\frac{Se}{G_s} \tag{1-16}$$

式中：$\rho_{水}$——水的密度；

$\rho_{土粒}$——土粒的密度；

$G_s$——土粒的相对密度。

天然密度（$\rho_n$）定义了土体单元的整体密度，如式(1-17)所示。

$$\rho_n = \frac{M_{土样}}{V_{土样}} \tag{1-17}$$

式(1-17)也可以采用饱和度和孔隙比的表达形式如式(1-18)所示。

$$\rho_n = \frac{M_{土样}}{V_{土样}} = \frac{M_{土粒} + M_{水}}{V_{土粒} + V_{孔隙}} = \frac{\rho_{土粒}V_{土粒} + \rho_{水}SV_{孔隙}}{V_{土粒} + V_{孔隙}} = \frac{\rho_{土粒} + \rho_{水}Se}{1+e} = \frac{G_s + Se}{1+e}\rho_{水} \tag{1-18}$$

干密度（$\rho_d$）定义了土体单元中土颗粒的质量与土体单元的体积的比值如式(1-19)所示。

$$\rho_d = \frac{M_{土粒}}{V_{土样}} \tag{1-19}$$

与式(1-18)类似，式(1-19)也可以用孔隙比和饱和度的形式进行表达如式(1-20)所示。

$$\rho_d = \frac{M_{土粒}}{V_{土样}} = \frac{\rho_{土粒}V_{土粒}}{V_{土粒} + V_{孔隙}} = \frac{G_s}{1+e}\rho_{水} \tag{1-20}$$

Fredlund 和 Rahardjo（1993）、Hough（1969）给出不同种类土的孔隙比、孔隙率及干密度的典型值如表 1-1 所示。

**孔隙率、孔隙比及干密度的典型值（对 Hough 的修正，1969）　　表 1-1**

| 土的种类 | 孔隙比$e$ | | 孔隙率$n$ | | 干密度$\rho_d$（kg/m$^3$） | |
|---|---|---|---|---|---|---|
| | 最大值 | 最小值 | 最大值 | 最小值 | 最大值 | 最小值 |
| 粒状材料 1 均匀材料 | | | | | | |
| ①等径球体（理论值） | 0.92 | 0.35 | 47.6 | 26.0 | — | — |
| ②标准渥太华砂 | 0.80 | 0.50 | 44.0 | 33.0 | 1762 | 1474 |
| ③干净均匀砂（细或中砂） | 1.00 | 0.40 | 50.0 | 29.0 | 1890 | 1330 |
| ④均匀、非有机质粉土 | 1.10 | 0.40 | 52.0 | 29.0 | 1890 | 1281 |
| 粒状材料 2 级配良好材料 | | | | | | |
| ①粉质砂 | 0.90 | 0.30 | 47.0 | 23.0 | 2034 | 1394 |
| ②干净、细至粗砂 | 0.95 | 0.20 | 49.0 | 17.0 | 2210 | 1362 |
| ③云母砂 | 1.20 | 0.40 | 55.0 | 29.0 | 1922 | 1217 |
| ④粉质砂与砾石 | 0.85 | 0.14 | 46.0 | 12.0 | 2239 | 1426 |
| 混合土 | | | | | | |
| ①砂质或粉质黏土 | 1.80 | 0.25 | 64.0 | 20.0 | 2162 | 961 |
| ②漏级粉质黏土含石头或岩屑 | 1.00 | 0.20 | 50.0 | 17.0 | 2243 | 1346 |
| ③级配良好砾石、砂、粉土和黏土混合物 | 0.70 | 0.13 | 41.0 | 11.0 | 2371 | 1602 |
| 黏性土 | | | | | | |
| ①黏土（30%～50%黏粒） | 2.40 | 0.50 | 71.0 | 33.0 | 1794 | 801 |
| ②胶粒黏土（−0.002mm，≥50%） | 12.00 | 0.60 | 92.0 | 37.0 | 1698 | 308 |
| 有机土 | | | | | | |
| ①有机粉土 | 3.00 | 0.55 | 75.0 | 35.0 | 1762 | 641 |
| ②有机黏土（30%～50%黏粒） | 4.40 | 0.70 | 81.0 | 41.0 | 1602 | 481 |

注：表中列的数值按$G_s = 2.65$（粒状土）、$G_s = 2.70$（黏土）和$G_s = 2.60$（有机土）计算。

Fredlund 和 Rahardjo（1993）绘制了一系列关系曲线，展示了不同重力含水率条件下，天然密度和干密度之间的关联，如图 1-15 所示。根据美国国有公路运输管理员协会（AASHTO）规范，不同压实条件下的压实曲线，如图 1-16 所示。根据图 1-16，夯实土的最大干密度所对应的饱和度通常介于 70%～80%。由此可知，所有经过夯实处理的土都表现为非饱和状态，其饱和度均小于 100%。

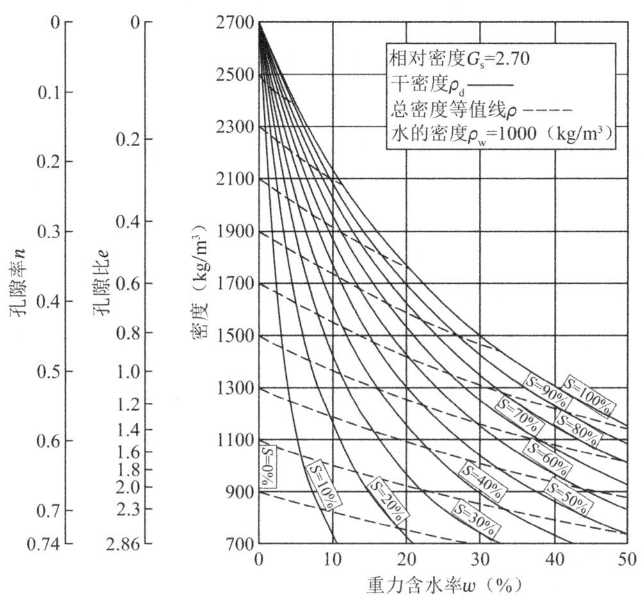


图 1-15 非饱和土的关系曲线图

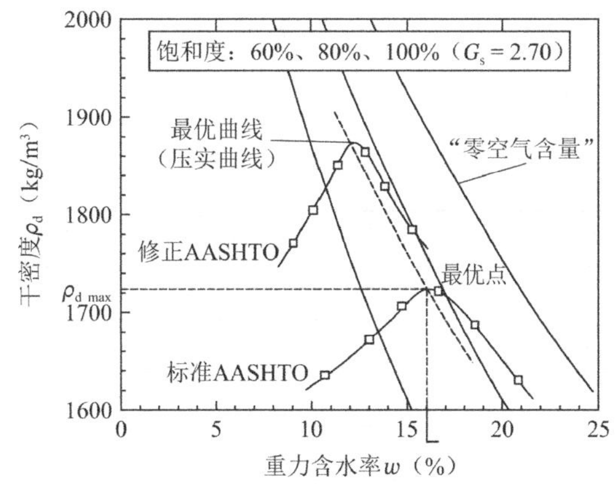


图 1-16 依据标准及修正 AASHTO 规范得到压实曲线

## 1.5 非饱和土力学与其他学科的交叉

Buckingham（1907）首次引入毛细管势能（Capillary potential）的概念，以此解释水分在土体中的迁移规律。Russell（1942）从力学视角出发，建议采用化学势（Chemical potential）的概念替代毛细管势能。Edlefsen 和 Anderson（1943）首次采用热力学相关理论，系统地阐释了化学势或自由能状态（Free energy state）的定义及其组成。到了 1974 年，第二届国际土壤科学学会第一委员会术语委员会，采用了总势（Total potential）的概念定义土中水的状态（State of water）。纵观这些专有名词的起源和演化，可以发现土壤物理学较早地对土中水的状态展开了全面研究。Buckingham（1907）是针对单纯的水（Pure water）提出了毛细管势能这一概念，而 Russell（1942）则是将土和水看成一个整体系统，提出了化学势的概念。在此之后，Edlefsen 和 Anderson（1943）、Wadleigh 和 Ayers（1945）、Day（1947）等学者通过热力学理论，进一步明确了总势的定义。

1805 年 Thomas Young 提出了表面张力的定性理论，次年 Pierre-Simon Laplace 对该理论进行了数学描述，从而发展出著名的 Young-Laplace 理论或者 Young-Laplace 方程，如式(1-21)所示。该理论用于描述两种静态流体（如水和空气）之间界面上持续存在的毛细管压力差。Young-Laplace 方程在物理学和化学都有较为广泛的应用。开尔文（Kelvin）1871 年提出了弯曲的液-气界面（水气分界面）引起的蒸汽压的变化理论。罗伯特·冯·亥姆霍兹（Robert von Helmholtz）在 1886 年对该理论进行了深化，并提出了开尔文方程，即式(1-22)。

$$(u_a - u_w) = T_s\left(\frac{1}{R_1} + \frac{1}{R_2}\right) \tag{1-21}$$

$$(u_a - u_w) = \frac{2T_s \cos\alpha}{r} \tag{1-22}$$

式中：$u_a$、$u_w$——弯液面两侧的气压和水压；

$T_s$——表面张力，水在不同温度条件下的表面张力如表 1-2 所示；

$R_1$、$R_2$——弯曲的液-气界面的正交半径；

$\alpha$——弯液面与毛细管壁的切向夹角；

$r$——毛细管半径。

**不同温度条件下水的表面张力** **表 1-2**

| 温度（℃） | 表面张力$T_s$（mN/m） |
|---|---|
| 0 | 75.70 |
| 10 | 74.20 |
| 20 | 72.75 |
| 30 | 71.20 |
| 40 | 69.60 |
| 60 | 66.20 |
| 80 | 62.60 |
| 100 | 58.80 |

Iwata 等（1994）对土-水相互作用，土与水中溶质的相互作用，以及土颗粒在溶液中的相互作用进行了系统的阐述。这些理论对揭示水分在非饱和土中迁移规律及其力学性能有

着十分重要的意义。早在 1950 年，Childs 和 Collis-George 首次引入孔径分布的概念，用以计算非饱和土的渗透系数，这一理论为后续研究奠定了基础。随后，Marshall（1958）、Kunze 等（1968）、Mualem（1986）、Fredlund 等（1994）、Zhai 和 Rahardjo（2015）、Zhai 等（2017）对这一理论进行了改进，并以不同的数学表达式呈现。这些研究表明，水分在土体中的迁移规律不仅与土水之间的相互作用有关，还和土体中的孔径分布密切相关。Zhai 等（2018）进一步指出，无论饱和土还是非饱和土，其渗透性在本质上与孔径分布有着密切的关系，即使孔隙比相同，不同的孔径分布也会导致土体展现出不同的渗透特性。

采矿业较早地采纳并发展了孔径分布的概念。Ходот*（1961）依据气体分子与不同尺寸孔隙的相互作用，将矿体孔隙划分为：微孔（孔径 < 10nm）、过渡孔（孔径 10～100nm）、中孔（孔径 100～1000nm）和大孔（孔径 > 1000nm）。微孔中气体分子主要通过吸附作用而存留；过渡孔中在气体分子通过毛细管凝结、吸附作用存留；在中孔和大孔中，气体主要以层流或紊流的形态迁移。1966 年，国际纯粹与应用化学联合会（International Union of Pure and Applied Chemistry，IUPAC）也提出了类似的孔径分类系统，将孔径 < 2nm 的孔隙定义为微孔，介于 2～50nm 的孔隙定义为中孔，孔径 > 50nm 的孔隙定义为大孔，同样为孔隙尺寸的分类提供了科学依据。鉴于岩土材料的特性，采矿业的孔径分类系统在研究土体的液相、气相的渗透性能上，更具有参考价值。

综上所述，非饱和土力学的相关理论涉及热力学、土壤物理学、电化学、水文学以及土力学等多个学科。与传统的经典土力学相比，非饱和土力学提供了更为微观细化的研究视角。需要指出的是，非饱和土的渗透系数，抗剪强度，以及变形模量等指标参数都是以饱和土的相关指标为参考的。

## 本章小结

非饱和土力学是在经典土力学的基础上发展起来的，其相关理论涉及多个学科领域。与饱和土力学相比，非饱和土力学的研究视角更为微观和精细，能够更加合理地解释土体的一些工程特性。

一方面，非饱和土相比饱和土会表现出更低的渗透系数、更高的抗剪强度及更大的变形模量。然而，当非饱和土逐渐吸水并趋向于饱和时，其渗透系数将逐渐增大，抗剪强度和变形模量则相应减小。因此，在描述非饱和土的渗透系数、抗剪强度和变形模量时，必须明确对应的土吸力状态。否则，单纯非饱和的渗透系数、抗剪强

注：Ходот*为俄语，英文翻译为 Hodot，该书 1966 年被翻译为中文。

度以及变形模量会变成模糊不清的概念。另一方面，非饱和土的工程挑战主要体现在其工程特性上，包括：渗透特性、抗剪强度和变形模量都会随着土吸力（或者含水率）的变化而发生显著变化。如果沿用传统饱和土的工程参数，会导致工程方案过于保守；而考虑非饱和土的工程特性，则会因为其参数的非恒定性，为设计和计算带来较大的困难。

总体而言，非饱和土力学不是对经典土力学理论的否定，而是重要的补充和扩展。该理论可以帮助岩土工程师更深入地理解经典土力学的原理，并准确地把握岩土材料在工程实践中展现的特性。

## 参考文献

[1] Aitchison G D. Moisture equilibria and moisture changes in soils beneath covered areas: A symposium in print[M]. London: Butterworths, 1965.

[2] Bishop A W.The principle of effective stress[J]. Teknisk Ukeblad, Norwegian Geotech Inst, 1959, 106(39): 859-863.

[3] Coulomb C A. Essai sur une application des règles de maximis & minimis à quelques problèmes de statique, relatifs à l'architecture[M]. Paris: De l'Imprimerie Royale, 1776.

[4] Childs E C, Collis-George N, Taylor G I. The permeability of porous materials[J]. Proceedings of the Royal Society of London. Series A. Mathematical and Physical Sciences, 1997, 201(1066): 392-405.

[5] Day P R. The moisture potential of soils[J]. Soil Science, 1942, 54(6): 391-400.

[6] Duncan J M, Chang C Y. Nonlinear analysis of stress and strain in soils[J]. Journal of the Soil Mechanics and Foundations Division, 1970, 96(5): 1629-1653.

[7] Edlefsen N, Anderson A. Thermodynamics of soil moisture[J]. Hilgardia, 1943, 15(2): 31-298.

[8] Fredlund D, Rahardjo H. Soil mechanics for unsaturated soils[M]. New York : Wiley, 1993.

[9] 弗雷德隆德, 拉哈尔佐. 非饱和土土力学[M]. 陈仲颐, 张在明, 陈愈炯, 等, 译. 北京: 中国建筑工业出版社, 1997.

[10] Fredlund D G, Xing A, Huang S. Predicting the permeability function for unsaturated soils using the soil-water characteristic curve[J]. Canadian Geotechnical Journal, 1994, 31(4): 533-546.

[11] Hough B K. Basic soils engineering[M]. New York: Ronald Press Co, 1969.

[12] Iwata S. Soil-water interactions: mechanisms applications[M]. 2nd ed. Boca Raton: CRC Press, 2020.

[13] Kunze R J, Uehara G, Graham K. Factors important in the calculation of hydraulic conductivity[J]. Soil Science Society of America Journal, 1968, 32(6): 760-765.

[14] Lloret A, Alonso E. State surfaces for partially saturated soils[C]//The eleventh international conference on soil mechanics and foundation engineering: Vol. 2. San Francisco, 1985: 557-562.

[15] Lu N, Likos W J. Unsaturated soil mechanics[M]. New York: John Wiley, 2004.

[16] Lu N, Likos W J. 非饱和土力学[M]. 韦昌富, 侯龙, 简文星, 译. 北京: 高等教育出版社, 2012.

[17] Marshall T J. A relation between permeability and size distribution of pores[J]. Journal of Soil Science, 1958, 9(1): 1-8.

[18] Moore R E. Water conduction from shallow water tables[J]. Hilgardia, 1939,12: 383-426.

[19] Rankine W J M. On the stability of loose earth[M]. London: Royal Society of London, 1857.

[20] Russell M B. The utility of the energy concept of soil moisture[J]. Soil Science Society of America Journal, 1943, 7: 90-94.

[21] Terzaghi K. Theoretical soil mechanics[M]. New York: John Wiley & Sons, Inc., 1943.

[22] Terzaghi K, Peck R B, Ralph B. Soil mechanics in engineering practice[M]. New York: John Wiley & Sons, Inc., 1948.

[23] Von H R. Untersuchungen über dämpfe und nebel, besonders über solche von lösungen[J]. Annalen der Physik, 1886, 263(4): 508-543.

[24] Wadleigh C H, Ayers A D. Growth and biochemical composition of bean plants as conditioned by soil moisture tension and salt concentration[J]. Plant Physiology, 1945, 20(1): 106-132.

[25] 谢定义. 非饱和土土力学[M]. 北京: 高等教育出版社, 2015.

[26] Young T. An essay on the cohesion of fluids[C]//Abstracts of the papers printed in the philosophical transactions of the royal society of London. London: The Royal Society, 1832(1): 171-172.

[27] Zhai Q, Rahardjo H. Estimation of permeability function from the soil–water characteristic curve[J]. Engineering Geology, 2015, 199: 148-156.

[28] Zhai Q, Rahardjo H, Satyanaga A, et al. Effect of bimodal soil-water characteristic curve on the estimation of permeability function[J]. Engineering Geology, 2017, 230: 142-151.

02

# 第 2 章

# 状态变量及土-水相互作用

## 2.1 状态变量

在描述一个物体时，我们通常依赖一系列状态变量，例如长度、高度、体积、速度、温度、应力和应变等。这些状态变量具有一个共同的特征：不受材料属性的影响。Fung（1965）指出在多项连续介质力学中，状态变量的定义即要求其与材料属性保持独立。此外，这些状态变量都具有明确的唯一性。例如，在描述一个物体的长度为 1m 时，这一度量在不同观察者和不同地区之间都是一致的，不会因为观察者或观察地点的差异而发生改变。同样，应力或者应变这些状态变量也展现出这种唯一性。然而，当我们讨论孔隙率或者饱和度这些参数时，它们是否符合状态变量的定义呢？答案是不符合的。这些参数与材料的特定属性有关，并且可能因条件和环境的不同而变化，因此不具备前述状态变量所具有的普遍唯一性。

如图 2-1 所示，以方形代表土样，圆形则代表土样内部的孔隙。孔隙率（$n$）是通过圆形面积与方形面积的比例来定义。观察图 2-1 所示的四个不同工况，虽然它们的孔隙率（$n$）都相等，但这四种工况展示了不同的孔隙分布模式。这种不同的孔隙分布会对土体的水力和力学特性产生直接影响。由此可见，孔隙率（或孔隙比）并不完全符合状态变量的严格定义。同样，含水率以及饱和度也不是严格意义上的状态变量。然而，需要强调的是，尽管这些参数不满足状态变量的必备条件，它们仍然是描述岩土体工程特性的重要参数。

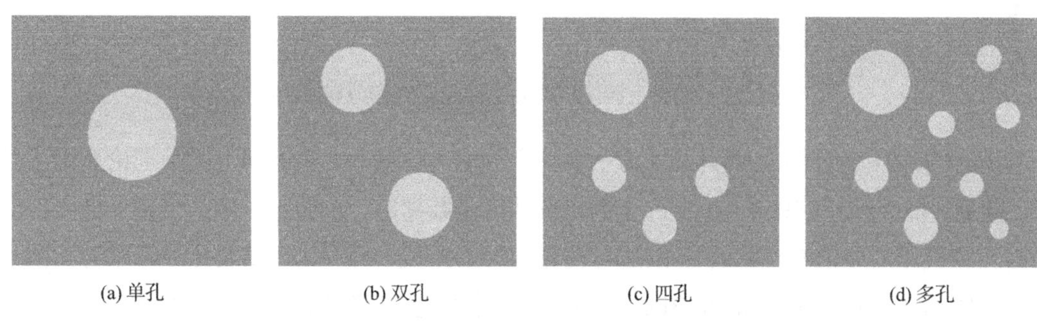

(a) 单孔　(b) 双孔　(c) 四孔　(d) 多孔

图 2-1　相同的孔隙率，不同的孔隙分布示意图

岩土工程师通常会采用代表体积单元（Representative volume element）分析岩土工程中的应力-应变问题。在代表体积单元的六个面上存在法向正应力与切向剪切应力。相应地，这些应力会引起该单元内与之对应的法向正应变和剪切应变。为描述代表体积单元的应力和应变状态，可引入应力状态变量，如式(2-1)所示，以及应变状态变量，如式(2-2)所示。这些变量的引入简化了复杂应力和应变状态的量化和分析，如图 2-2 所示。

$$\begin{bmatrix} \sigma_x & \tau_{yx} & \tau_{zx} \\ \tau_{xy} & \sigma_y & \tau_{zy} \\ \tau_{xz} & \tau_{yz} & \sigma_z \end{bmatrix} \tag{2-1}$$

$$
\begin{bmatrix} \varepsilon_x & \gamma_{yx} & \gamma_{zx} \\ \gamma_{xy} & \varepsilon_y & \gamma_{zy} \\ \gamma_{xz} & \gamma_{yz} & \varepsilon_z \end{bmatrix} \tag{2-2}
$$

式中：$\sigma_x$——垂直于$x$轴平面上的方向正应力；

$\tau_{yx}$——垂直于$y$平面，$x$方向上的剪切应力；

$\tau_{zx}$——垂直于$z$平面，$x$方向上的剪切应力；

$\varepsilon_x$——沿$x$轴方向与$\sigma_x$所对应的轴向应变；

$\gamma_{yx}$——与$\tau_{yx}$所对应的剪切应变；

$\gamma_{zx}$——与$\tau_{zx}$所对应的剪切应变，以此类推其他参数。

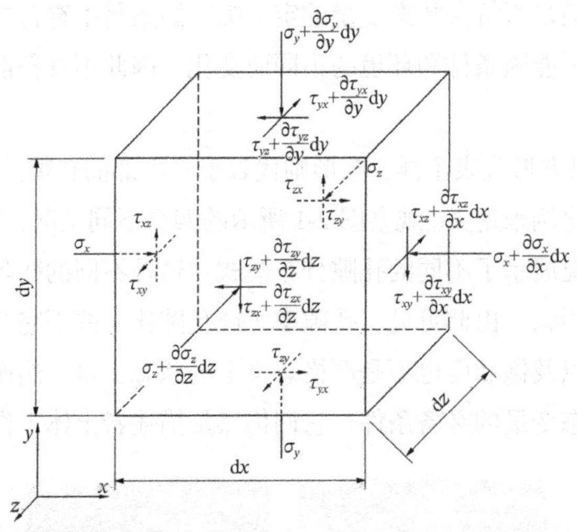


图 2-2 饱和土体体积单元上法向应力和剪切应力

Biot（1941）首次将土吸力引入为一个独立的应力变量，为非饱和土固结理论奠定了基础。随后，Coleman（1962）在分析非饱和三轴试验数据时，采用三个应力变量：最大正应力与孔隙气压的差值（$\sigma_1-u_a$）、围压与孔隙气压的差值（$\sigma_3-u_a$）以及孔隙气压与孔隙水压的差值（$u_a-u_w$）。Bishop 和 Blight（1963）通过非饱和土剪切试验，发现由土吸力（$u_a-u_w$）变化引起的非饱和土抗剪强度变化，与由（$\sigma-u_a$）变化引起的抗剪强度变化并不相等。这一发现对于理解非饱和土的力学行为至关重要。Fredlund（1973）、Fredlund 和 Morgenstern（1977）基于连续多孔介质理论，系统地提出了可能作为应力状态变量的组合，包括：①（$\sigma-u_a$）和（$u_a-u_w$）；②（$\sigma-u_w$）和（$u_a-u_w$）；③（$\sigma-u_a$）和（$\sigma-u_w$）。其中组合①（$\sigma-u_a$）和（$u_a-u_w$）通常被岩土工程界广泛接受，并应用于非饱和土的相关理论中。Fredlund 和 Morgenstern（1977）进一步提出，非饱和土体积单元上的法向应力和剪切应力可以通过图 2-3 得到直观的描述。

图 2-3 展示了在对非饱和土体积单元进行应力分析时，需要额外考虑六个面上法向的附加吸力作用。值得注意的是，这种附加吸力作用的具体数值与土吸力值（$u_a-u_w$）是两

个截然不同的概念。Bishop（1959）认为附加吸力作用等于$\chi(u_a-u_w)$，其中$\chi$为与饱和度相关的参数。Fredlund 等（1978）则提出另一种观点，认为附加吸力作用等于$(u_a-u_w)\tan\varphi^b/\tan\varphi'$。Lu 和 Likos（2006）引入了吸力应力曲线的概念，并揭示了吸力作用随（$u_a-u_w$）的变化规律。根据图 2-3，非饱和土体积单元上的应力状态变量可以用两个相互独立的变量表示，如式(2-3)和式(2-4)所示。

$$\begin{bmatrix} \sigma_x-u_a & \tau_{yx} & \tau_{zx} \\ \tau_{xy} & \sigma_x-u_a & \tau_{zy} \\ \tau_{xz} & \tau_{yz} & \sigma_x-u_a \end{bmatrix} \tag{2-3}$$

$$\begin{bmatrix} (u_a-u_w) & 0 & 0 \\ 0 & (u_a-u_w) & 0 \\ 0 & 0 & (u_a-u_w) \end{bmatrix} \tag{2-4}$$

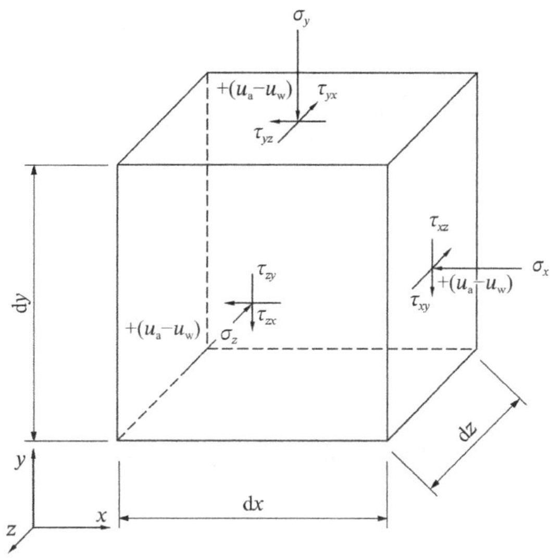


图 2-3　非饱和土体体积单元上法向应力和剪切应力

图 2-3 所示的应力状态变量是针对非饱和土体积单元构建的，考虑了土体的骨架结构。土体骨架是由土颗粒构成，其颗粒间的孔隙可能被水或者空气填充。土颗粒之间的相互作用，以及土颗粒与孔隙中的水或空气之间的相互作用，都可能对土骨架的水力、力学性能产生显著影响。

## 2.2　土和水的相互作用

Israelachvili（2011）通过图 2-4 直观地阐释了一个普遍现象：地表的自然景观及人类活动无一不受到重力场的作用。要脱离地球引力的束缚，必须要借助外力做足够的功。例如，当物体达到或超过第二宇宙速度（11.2km/s）时，它便可以脱离地球的引力场。类似地，在岩土工程中，自重应力正是因为重力场作用的直接结果。除了重力场，自然界中还存在其他类型的场，如电场、磁场、温度场、引力场，密度场等。土中水与土颗粒之间是否也会受到这些场的作用呢？答案是肯定的。

在电场理论中，库仑理论是最为基本且广为人知的原理，如图 2-5 所示。在真空环境下，假设存在两个点电荷 A、B，它们各自带有电荷量$q_1$和$q_2$。根据库仑定律，电荷 A 与 B 之间会有产生相互的吸引力或者排斥力$F$，并且可以通过式(2-5)来进行计算。

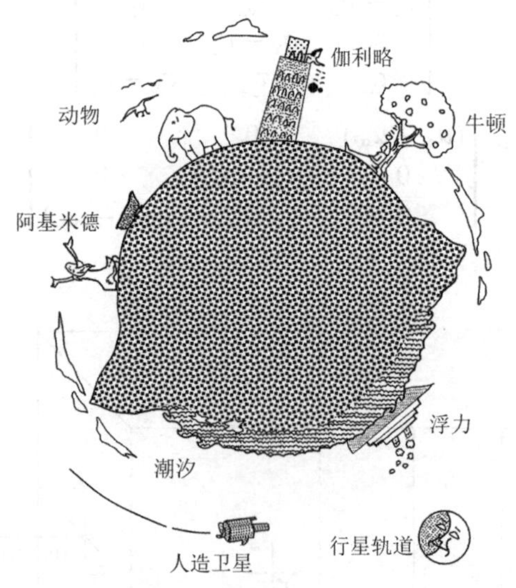


图 2-4 重力场的作用对地表活动的影响（Israelachvili，2011)

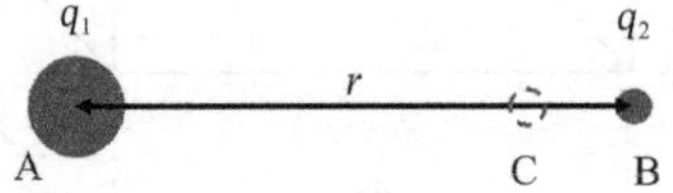


图 2-5 两个带电电荷之间作用力示意图

$$F=\frac{1}{4\pi\varepsilon}\frac{q_1q_2}{r^2}=k\frac{q_1q_2}{r^2} \tag{2-5}$$

式中：$F$——两个点电荷之间的相互作用力，同号为排斥力，异号为吸引力；

$q_1$、$q_2$——两个点电荷的电荷量；

$r$——两个点电荷之间的距离；

$\varepsilon$——介电常数；

$k$——静电力常量。

围绕点电荷 A 的空间，存在一个由 A 产生的电场。电场势在距离电荷 A 不同的位置上呈现出不同的等级。当两个点电荷 A 和 B 处于平衡状态时，如果要将其中一个点电荷移动到新的位置 C，就需要施加外力并对其做功以克服电场力的束缚。许多黏土颗粒的表面带有电荷，这类土颗粒可以被视为点电荷 A，如图 2-6 所示。水分子作为极性分子（图 2-7）其行为会受到电场势的影响。当水分子从图 2-6 中 B 点移动至 C 点时，需要外力做功以克服土颗粒 A 周围电场势的束缚。这种电荷对水分子的作用力直接影响了水在土中的迁移速率。当考虑点 B、C 位置为带有电荷的土颗粒时，土颗粒的位移同样需要外力做功。例如，土颗粒从点 B 移动到点 C 反映了土体积的膨胀，通常伴随着从外界吸收水分；相反，土颗粒从点 C 到点 B 则反映了土体积的压缩，通常伴随着向外界排出水分。库仑定律是在绝对真空的基本假定下建立的，当两个电荷之间的介质不是真空时，它们的相互作用力也会因介质的介电常数的差异而有所变化。表 2-1 提供了不同介质的介电常数值，如果将空气和水的介电常数代入式(2-5)，可以反映土体在完全干燥和完全饱和状态下土颗粒之间的相互作用力差异。

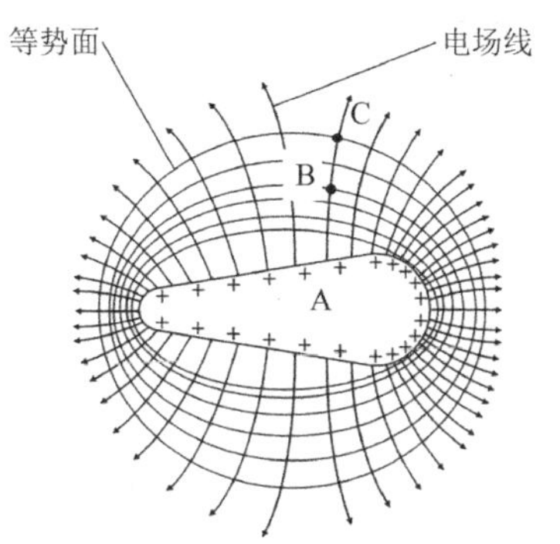


图 2-6　两个带电颗粒示意图

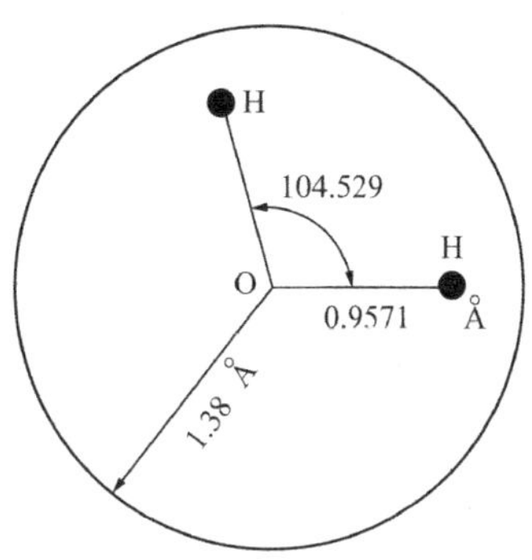


图 2-7　水分子中氢氧原子分布示意图

**不同介质的介电常数**　　表 2-1

| 气/液体 | 相对介电常数 | 气/液体 | 相对介电常数 | 固体 | 相对介电常数 | 固体 | 相对介电常数 |
|---|---|---|---|---|---|---|---|
| 水蒸气 | 1.00785 | 乙醇 | 25.7 | 固体氨固体醋酸 | 4.01～4.1 | 虫胶（紫胶） | 3.3 |
| 气态溴 | 1.0128 | 水 | 81.5 | 石蜡 | 2.0～2.3 | 赛璐珞 | 4～11 |
| 氦 | 1.000074 | 液态氨 | 16.2 | 聚苯乙烯 | 2.4～2.6 | 玻璃 | 5～10 |
| 氢 | 1.000264 | 液态氦 | 1.058 | 无线电瓷 | 6～6.5 | 黄磷 | 4.2 |
| 氧 | 1.00051 | 液态氢 | 1.22 | 超高频瓷 | 7～8.5 | 硫 | 5.5～16.5 |
| 氮 | 1.00058 | 液态氧 | 1.465 | 二氧化钡 | 106 | 碳 | 6～8 |
| 氩 | 1.00056 | 液态氮 | 2.28 | 橡胶 | 2～3 | 云母 | 6～8 |
| 气态汞 | 1.00074 | 液态氯 | 1.9 | 硬橡胶 | 4.3 | 花岗石 | 8.3 |
| 空气 | 1.000585 | 煤油 | 2～4 | 纸 | 2.5 | 大理石 | 6.2 |
| 硫化氢 | 1.004 | 松节油 | 2.2 | 干砂 | 2.5 | 食盐 | 7.5 |
| 真空 | 1 | 苯 | 2.283 | 15%水湿砂 | 约 2～8 | 氧化铍 | 9 |
| 乙醚 | 4.335 | 油漆 | 3.5 | 木头 | 2.8 | 聚氯乙烯 | 3.1～3.5 |
| 液态二氧化碳 | 1.585 | 甘油 | 45.8 | 琥珀 | 2.8 | | |
| 甲醇 | 33.7 | | | 冰 | 3～4 | | |

通常，我们将由土壤颗粒周围电场引起的作用力称为静电力。除了静电力之外，土壤颗粒间还存在着由分子间作用力引起的相互吸引的范德华力（van der Waals force）和相互排斥的双电层力（Electrostatic double-layer force）。Israelachvili（2011）详细探讨了不同形态颗粒接触时的范德华力（表 2-2）和双电层力（表 2-3）。吸引力和排斥力是同时存在的，当颗粒间的距离很近时，颗粒间的合力表现为斥力；当颗粒间的距离大于一定值时，颗粒间的合力表现为引力，如图 2-8 所示。

**不同形态物体之间相互吸引的范德华力** **表 2-2**

| 物体几何形态（颗粒表面净距远小于颗粒粒径） | | 范德华力作用 | |
|---|---|---|---|
| | | 势能$W$ | 力$F=-\frac{dW}{dD}$ |
| 两个原子或分子 | **水中的两个原子** 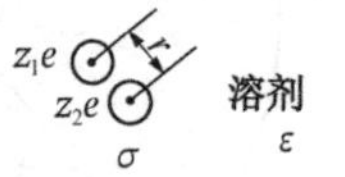<br>$z_1e$ $z_2e$ $r$ $\sigma$ 溶剂 $\varepsilon$<br>$r\geqslant\sigma$ | $-\frac{C}{r^6}$ | $-\frac{6C}{r^7}$ |
| 两个扁平表面（每单元面积） | **两个扁平接触面** 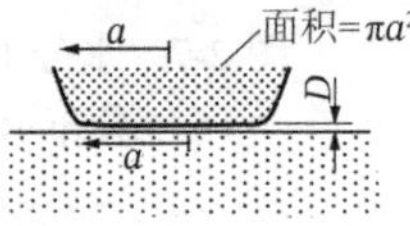<br>$a$ 面积$=\pi a^2$ $D$ $a$<br>$r\gg D$ | $W_{扁平}=-\frac{A}{12\pi D^2}$ | $-\frac{A}{6\pi D^3}$ |
| 两个球体或者半径为$R_1$和$R_2$的大分子 | **两个球体** 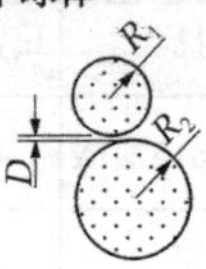<br>$R_1$ $R_2$ $D$<br>$R_1, R_2\gg D$ | $-\frac{A}{6D}\left(\frac{R_1R_2}{R_1+R_2}\right)$ | $-\frac{A}{6D^2}\left(\frac{R_1R_2}{R_1+R_2}\right)$或者<br>$2\pi\left(\frac{R_1R_2}{R_1+R_2}\right)W_{扁平}$ |
| 球体或者半径为$R$的分子在平面附近 | **球面接触** 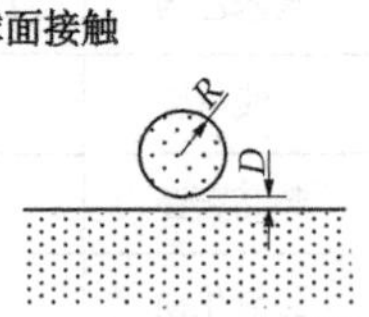<br>$R$ $D$<br>$R\gg D$ | $-\frac{AR}{6D}$ | $-\frac{AR}{6D^2}$或者 $2\pi RW_{扁平}$ |
| 两个平行的圆柱或者半径为$R_1$和$R_2$的平行棒体 | **两个平行圆柱** 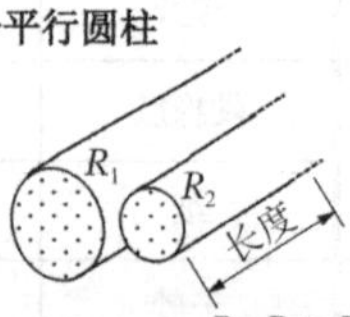<br>$R_1$ $R_2$ 长度<br>$R_1, R_2\gg D$ | $-\frac{A}{12\sqrt{2}D^{1.5}}\left(\frac{R_1R_2}{R_1+R_2}\right)^{0.5}$ | $-\frac{A}{8\sqrt{2}D^{2.5}}\left(\frac{R_1R_2}{R_1+R_2}\right)^{0.5}$ |
| 圆柱体或者半径为$R$的棒体在平面附近（每单元长度） | **圆柱体靠近平面** 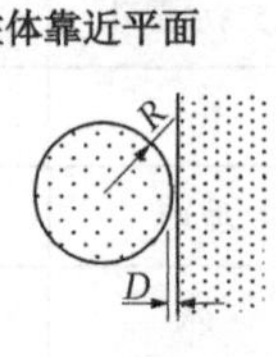<br>$R$ $D$<br>$R>D$ | $-\frac{A\sqrt{R}}{12\sqrt{2}D^{1.5}}$ | $-\frac{A\sqrt{R}}{8\sqrt{2}D^{2.5}}$ |

续表

| 物体几何形态（颗粒表面净距远小于颗粒粒径） | | 范德华力作用 | |
|---|---|---|---|
| | | 势能$W$ | 力$F=-\frac{dW}{dD}$ |
| 半径为$R_1$和$R_2$的平行棒体十字交叉 | 圆柱体十字交叉 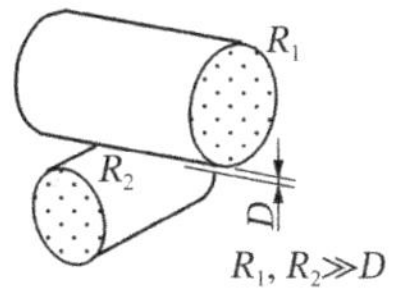<br>$R_1$, $R_2 \gg D$ | $-\frac{A\sqrt{R_1R_2}}{6D}$ | $-\frac{A\sqrt{R_1R_2}}{6D^2}$或者<br>$2\pi\sqrt{R_1R_2}W_{扁平}$ |

注：$C$为粒子-粒子对相互作用的系数；$A$为 Hamaker 常数，$A=\pi^2C\rho_1\rho_2$；$\rho_1$、$\rho_2$为两个相互作用的物体单位体积内的原子数；$\sigma$为分子直径；$e$为基本电子电荷（Elementary electron charge）；$z_1$、$z_2$为离子价（Ionic valency）；$\varepsilon$为绝对介电常数。

**不同形态物体之间相互排斥的双电层力** **表 2-3**

| 物体几何形态（颗粒表面净距远小于颗粒粒径） | | 双电层力作用 | |
|---|---|---|---|
| | | 势能$W$ | 力$F=-\frac{dW}{dD}$ |
| 两个原子或分子 | 水中的两个原子 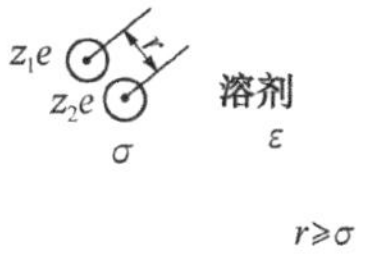<br>$r \geqslant \sigma$ | $\frac{z_1z_2e^2}{4\pi\varepsilon_0\varepsilon r}\frac{e^{-k(r-\sigma)}}{(1+k\sigma)}$ | $\frac{z_1z_2e^2}{4\pi\varepsilon_0\varepsilon r^2}\frac{(1+kr)e^{-k(r-\sigma)}}{(1+k\sigma)}$ |
| 两个扁平表面（每单元面积） | 两个扁平接触面 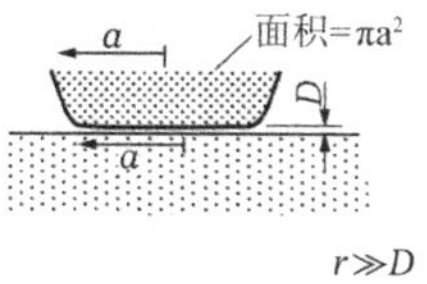<br>$r \gg D$ | $W_{扁平}=\left(\frac{k}{2\pi}\right)Ze^{-kD}$ | $\left(\frac{k^2}{2\pi}\right)Ze^{-kD}$ |
| 两个球体或者半径为$R_1$和$R_2$的大分子 | 两个球体 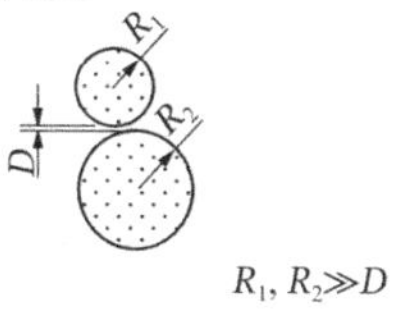<br>$R_1$, $R_2 \gg D$ | $Ze^{-kD}\left(\frac{R_1R_2}{R_1+R_2}\right)$ | $Zke^{-kD}\left(\frac{R_1R_2}{R_1+R_2}\right)$或者<br>$2\pi\left(\frac{R_1R_2}{R_1+R_2}\right)W_{扁平}$ |
| 球体或者半径为$R$的分子在平面附近 | 球面接触 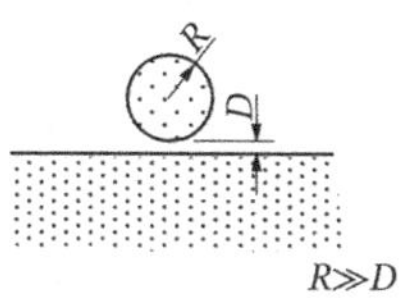<br>$R \gg D$ | $RZe^{-kD}$ | $kRZe^{-kD}$或者$2\pi RW_{扁平}$ |
| 两个平行的圆柱或者半径为$R_1$和$R_2$的平行棒体 | 两个平行圆柱 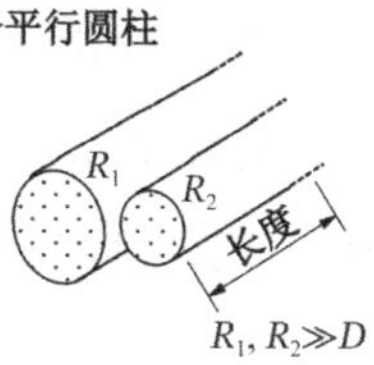<br>$R_1$, $R_2 \gg D$ | $\frac{k^{0.5}}{\sqrt{2\pi}}\left(\frac{R_1R_2}{R_1+R_2}\right)^{0.5}Ze^{-kD}$ | $\frac{k^{1.5}}{\sqrt{2\pi}}\left(\frac{R_1R_2}{R_1+R_2}\right)^{0.5}Ze^{-kD}$ |

**续表**

| 物体几何形态（颗粒表面净距远小于颗粒粒径） | | 双电层力作用 | |
|---|---|---|---|
| | | 势能$W$ | 力$F=-\frac{\mathrm{d}W}{\mathrm{d}D}$ |
| 圆柱体或者半径为$R$的棒体在平面附近（每单元长度） | **圆柱体靠近平面**<br>$R$<br>$D$<br>$R>D$ | $k^{0.5}\sqrt{\frac{R}{2\pi}}Ze^{-kD}$ | $k^{1.5}\sqrt{\frac{R}{2\pi}}Ze^{-kD}$ |
| 半径为$R_1$和$R_2$的平行棒体十字交叉 | **圆柱体十字交叉**<br>$R_1$<br>$R_2$<br>$D$<br>$R_1, R_2 \gg D$ | $\sqrt{R_1R_2}Ze^{-kD}$ | $k\sqrt{R_1R_2}Ze^{-kD}$或者$2\pi\sqrt{R_1R_2}W_{扁平}$ |

注：$k^{-1}$为 Debye 长度，具体计算公式可参考 Israelachvili（2011）；$Z$为交互常数（Interaction constant）；$\varepsilon_0$为相对介电常数。

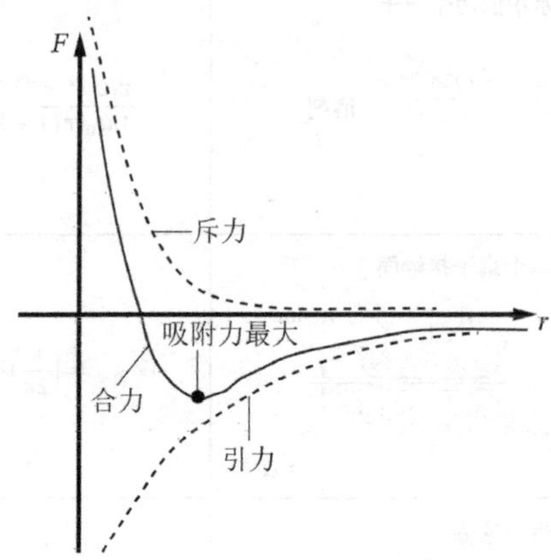


图 2-8　颗粒间的吸引力、排斥力以及合力与颗粒距离的示意图

我们通常将土颗粒对水分子的吸附作用，包括静电力、范德华力以及双电层力，统称为吸附力（Adsorptive force）。在吸附力的作用下，土颗粒表面能够吸附多层水分子，形成一层紧密结合的水膜。在岩土工程中，我们将土中无法自由流动的水分统称为结合水。

除了土颗粒对土中水的作用外，土骨架也会对土中水产出影响。当颗粒间的水形成弯液面时，弯液面的表面张力会影响土中水的压强。当土中孔隙水的水气分界面接近平面时，A 点孔隙水压记为$u_{w0}$，如图 2-9（a）所示，当水气分界面发生弯曲时，孔隙水压则记为$u_w$，如图 2-9（b）所示。弯液面的三维视图进一步阐释了这一现象，如图 2-10 所示，翘曲内侧代表孔隙气压$u_a$，翘曲外侧代表孔隙水压$u_w$。孔隙气压$u_a$与孔隙水压$u_w$的差值$(u_a-u_w)$与弯液面的曲率半径之间的关系可以用拉普拉斯方程来精确表达，如式(2-6)所示。

$$(u_a - u_w) = T_s\left(\frac{1}{R_x} + \frac{1}{R_y}\right) \tag{2-6}$$

式中：$(u_a - u_w)$——孔隙气压与孔隙水压的差值，通常称为基质吸力；

$T_s$——水气分界面的表面张力；

$R_x$和$R_y$——翘曲薄膜在正交平面$xz$、$yz$方向的曲率半径。

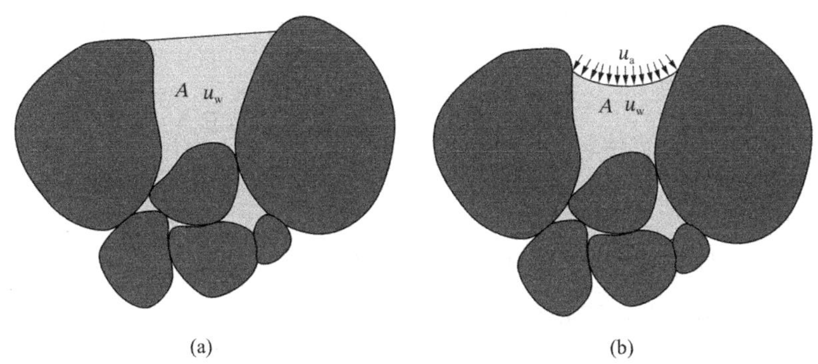


图 2-9　颗粒间孔隙水在不同弯液面下的孔隙水压示意图

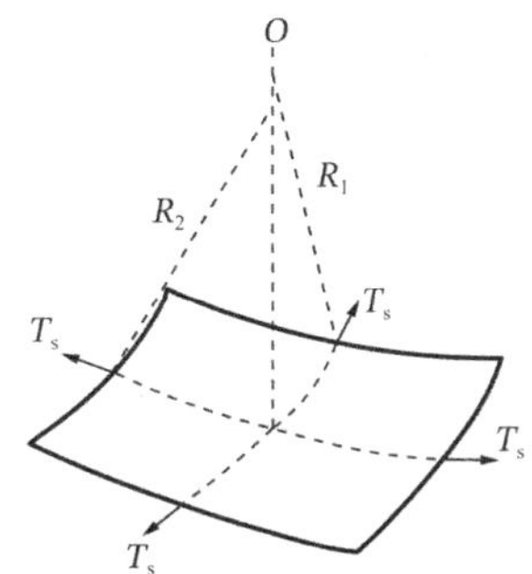


图 2-10　翘曲薄膜上的表面张力示意图

如图 2-9 所示，弯液面的产生依赖于周围土壤颗粒的支撑，否则弯液面无法形成其特有的弯曲形态。在弯液面形成的过程中，土颗粒提供了必要的支撑点，用以平衡薄膜上的孔隙气压和孔隙水压之间的差值（$u_a - u_w$）。由此可见，弯液面的存在会对周围的土颗粒施加一定的荷载，最终导致整个土骨架承受额外的各向同性的荷载。这揭示了土吸力变化与土体体积变形之间的内在联系，当土体中的土吸力增大或含水率降低时，土体会产生收缩变形。

从上述分析中我们可以清晰地看到，对于单个土颗粒，它会因颗粒周围的电场的作用，范德华力引起的吸引力以及双电层造成的排斥力，从而对周围的水分子产生吸附作用。同时，孔隙中水和空气的存在会导致颗粒间介质的不同，即存在介电常数的差异，会显著影响土颗粒之间的相互作用。对于由多个土颗粒组成的土骨架，情况则更为复杂。孔隙气压和孔隙水压的差值（$u_a - u_w$）不仅会改变孔隙中水的压强，还会对土骨架施加额外的各向同性的荷载，进而可能引起土骨架的变形。

## 2.3 土中水的自由能状态

根据热力学理论，Edlefsen 和 Anderson（1943）引入吸力的概念用以描述土中水的能量状态，也就是其自由能状态。Richards（1965）进一步阐述了如何通过测定土体孔隙中空气的相对密实度来确定土的总吸力大小。他提出吸力与相对密实度之间的关系可以用式(2-7)来表达。

$$\psi = -\frac{RT}{\nu_{w0}\omega_v}\ln(\mathrm{RH}) = -\frac{RT}{\nu_{w0}\omega_v}\ln\left(\frac{\overline{u}_v}{\overline{u}_{v0}}\right) \tag{2-7}$$

式中：$\psi$——土的总吸力（kPa）；

$R$——通用气体常数［$R = 8.31432\text{J/(mol}\cdot\text{K)}$］；

$T$——绝对温度（$T = 273.16 + t$，K）；

$t$——温度（℃）；

RH——相对湿度（%）；

$\nu_{w0}$——水的比体积或水的密度倒数（$\nu_{w0} = 1/\rho_w$，$\text{m}^3/\text{kg}$）；

$\rho_w$——水的密度（$\rho_w = 998\text{kg/m}^3$）；

$\omega_v$——水蒸气的单位摩尔质量［$\omega_v = 18.016\text{kg/(K}\cdot\text{mol)}$］；

$\overline{u}_v$——孔隙水的部分蒸汽压（kPa）；

$\overline{u}_{v0}$——在同一温度下，纯水面上方的饱和蒸汽压（kPa）。

Kaye 和 Laby（1973）列出水蒸气在不同温度条件的饱和蒸汽压力，如表 2-4 所示。

**水蒸气在不同温度条件的饱和蒸汽压力值** 表 2-4

| 温度$t$（℃） | 饱和蒸汽压（kPa） | 温度$t$（℃） | 饱和蒸汽压（kPa） | 温度$t$（℃） | 饱和蒸汽压（kPa） |
|---|---|---|---|---|---|
| 0 | 0.61129 | 51 | 12.970 | 102 | 108.77 |
| 1 | 0.65716 | 52 | 13.623 | 103 | 112.66 |
| 2 | 0.70605 | 53 | 14.303 | 104 | 116.67 |
| 3 | 0.75813 | 54 | 15.012 | 105 | 120.79 |
| 4 | 0.81359 | 55 | 15.752 | 106 | 125.03 |
| 5 | 0.87260 | 56 | 16.522 | 107 | 129.39 |
| 6 | 0.93537 | 57 | 17.324 | 108 | 133.88 |
| 7 | 1.0021 | 58 | 18.159 | 109 | 138.50 |
| 8 | 1.0730 | 59 | 19.028 | 110 | 143.24 |
| 9 | 1.1482 | 60 | 19.932 | 111 | 148.12 |
| 10 | 1.2281 | 61 | 20.873 | 112 | 153.13 |
| 11 | 1.3129 | 62 | 21.851 | 113 | 158.29 |

续表

| 温度t（℃） | 饱和蒸汽压（kPa） | 温度t（℃） | 饱和蒸汽压（kPa） | 温度t（℃） | 饱和蒸汽压（kPa） |
|---|---|---|---|---|---|
| 12 | 1.4027 | 63 | 22.868 | 114 | 163.58 |
| 13 | 1.4979 | 64 | 23.925 | 115 | 169.02 |
| 14 | 1.5988 | 65 | 25.022 | 116 | 174.61 |
| 15 | 1.7056 | 66 | 26.163 | 117 | 180.34 |
| 16 | 1.8185 | 67 | 27.347 | 118 | 186.23 |
| 17 | 1.9380 | 68 | 28.576 | 119 | 192.28 |
| 18 | 2.0644 | 69 | 29.852 | 120 | 198.48 |
| 19 | 2.1978 | 70 | 31.176 | 121 | 204.85 |
| 20 | 2.3388 | 71 | 32.549 | 122 | 211.38 |
| 21 | 2.4877 | 72 | 33.972 | 123 | 218.09 |
| 22 | 2.6447 | 73 | 35.448 | 124 | 224.96 |
| 23 | 2.8104 | 74 | 36.978 | 125 | 232.01 |
| 24 | 2.9850 | 75 | 38.563 | 126 | 239.24 |
| 25 | 3.1690 | 76 | 40.205 | 127 | 246.66 |
| 26 | 3.3629 | 77 | 41.905 | 128 | 254.25 |
| 27 | 3.5670 | 78 | 43.665 | 129 | 262.04 |
| 28 | 3.7818 | 79 | 45.487 | 130 | 270.02 |
| 29 | 4.0078 | 80 | 47.373 | 131 | 278.20 |
| 30 | 4.2455 | 81 | 49.324 | 132 | 286.57 |
| 31 | 4.4953 | 82 | 51.342 | 133 | 295.15 |
| 32 | 4.7578 | 83 | 53.428 | 134 | 303.93 |
| 33 | 5.0335 | 84 | 55.585 | 135 | 312.93 |
| 34 | 5.3229 | 85 | 57.815 | 136 | 322.14 |
| 35 | 5.6267 | 86 | 60.119 | 137 | 331.57 |
| 36 | 5.9453 | 87 | 62.499 | 138 | 341.22 |
| 37 | 6.2795 | 88 | 64.958 | 139 | 351.09 |
| 38 | 6.6298 | 89 | 67.496 | 140 | 361.19 |
| 39 | 6.9969 | 90 | 70.117 | 141 | 371.53 |
| 40 | 7.3814 | 91 | 72.823 | 142 | 382.11 |
| 41 | 7.7840 | 92 | 75.614 | 143 | 392.92 |
| 42 | 8.2054 | 93 | 78.494 | 144 | 403.98 |
| 43 | 8.6463 | 94 | 81.465 | 145 | 415.29 |
| 44 | 9.1075 | 95 | 84.529 | 146 | 426.85 |

**续表**

| 温度t（℃） | 饱和蒸汽压（kPa） | 温度t（℃） | 饱和蒸汽压（kPa） | 温度t（℃） | 饱和蒸汽压（kPa） |
|---|---|---|---|---|---|
| 45 | 9.5898 | 96 | 87.688 | 147 | 438.67 |
| 46 | 10.094 | 97 | 90.945 | 148 | 450.75 |
| 47 | 10.620 | 98 | 94.301 | 149 | 463.10 |
| 48 | 11.171 | 99 | 97.759 | 150 | 475.72 |
| 49 | 11.745 | 100 | 101.32 | | |
| 50 | 12.344 | 101 | 104.99 | | |

式(2-7)可通过热力学相关理论推导得出，具体推导如下：

当气体压强和体积产生变化时，始终遵循理想气体状态方程，如式(2-8)所示。

$$PV = nRT \tag{2-8}$$

式中：$P$——理想气体的压强；

$V$——理想气体的体积；

$n$——理想气体的摩尔数。

理想气体的卡诺循环图如图 2-11 所示，当理想气体从 A 点到 B 点时，始终处于恒温状态，内能变化量就等于外力所做的功，则可以得到式(2-9)如下：

$$\Delta f = (f_B - f_A) = \int_{p_A}^{p_B} V\,\mathrm{d}p = nRT\int_{p_A}^{p_B}\frac{\mathrm{d}p}{p} = \frac{RT}{V_{w0}\omega_v}\ln\left(\frac{p_B}{p_A}\right) \tag{2-9}$$

式中：$\Delta f$——理想气体两点内能差；

$f_A$——A 点气体的内能；

$f_B$——B 点气体的内能；

$p_A$——A 点气体的压强；

$p_B$——B 点气体的压强。

考虑 A 点对应饱和水蒸气，压强为$\overline{u}_{v0}$，B 点为非饱和水蒸气，其压强为$\overline{u}_v$，代入式 (2-9) 即可得到式(2-7)。由此可见，吸力在本质上是参考饱和水蒸气的自由能状态，定义了非饱和水蒸气的相对能量状态。吸力值越大，代表非饱和水蒸气的能力状态越低。

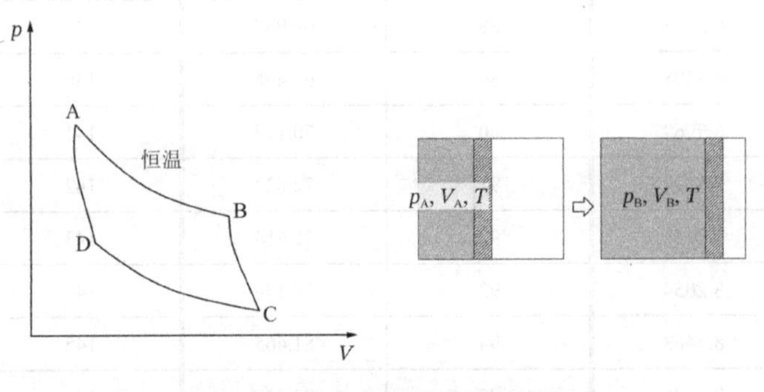


图 2-11 理想气体的卡诺循环图

Iwata 等（1994）对土-水相互作用开展了系统而深入的研究，并采用状态变量化学势，用以描述土中水的能量状态。在之前的研究中，Bolt 和 Miller（1958）就曾指出，影响土中水的化学势的因素众多，主要包括：①水气分界面的表面张力；②土中水的矿物浓度；③土颗粒表面的电势场；④土颗粒表面的范德华力场；⑤内部压强；⑥外界压强；⑦重力场；⑧含水率；⑨温度场。

Bolt 和 Miller（1958）指出当水气分界面由平面状态弯曲成半径为$r$的曲面时，会造成水的自由能减小，减小量$\Delta\mu_c$可以用式(2-10)来描述：

$$\Delta\mu_c = \int_{\infty}^{r} \frac{\partial}{\partial r}\left(\frac{2T_s}{r}V_w\right) dr = \frac{2T_s}{r}V_w \tag{2-10}$$

式中：$\Delta\mu_c$——弯液面从平面到曲率为$r$造成水的自由能减小量；

$r$——弯液面曲率半径；

$V_w$——水的体积。

当纯净的水中添加溶质，且摩尔浓度为$n_{mol}$时，溶液中水的自由能会相较于纯净水发生减小，这种自由能的减少量$\Delta\mu_0$，可以用式(2-11)表示。

$$\Delta\mu_0 = \frac{RT}{100}n_{mol} = \pi V_w \tag{2-11}$$

式中：$\Delta\mu_0$——纯净水中溶质摩尔浓度增加至$n_{mol}$时，引起水的自由能减小量；

$n_{mol}$——溶质的摩尔浓度；

$\pi$——渗透吸力。

当颗粒表面电场势发生从 0 到$D$的电位移，会对水的自由能产生影响，可以采用 Iwata 方程来描述这种影响，其数学表达如式(2-12)所示。

$$\Delta\mu_e = \int_{0}^{D} \frac{DV_w}{4\pi}\left(\frac{1}{\varepsilon} - 1\right) dD \tag{2-12}$$

式中：$\Delta\mu_e$——电位移从 0 到$D$引起水中自由能的改变量；

$D$——电位移；

$\varepsilon$——介电常数。

颗粒表面与水分子之间存在吸引力和排斥力，其总势能可通过兰纳-琼斯势（Lennard-Jones potential）量化表达，如式(2-13)所示。

$$\mu(r) = -\frac{A}{r^6} + \frac{B}{r^{12}} \tag{2-13}$$

式中：$A$、$B$——模型参数，可通过试验数据确定；

$r$——水分子距离土颗粒的距离。

因此，综合考虑上述影响因素，土中水的自由能状态$\mu_{总}$可以被理解为这些因素作用的总和，即由$\mu_c$、$\mu_0$、$\mu_e$和$\mu(r)$共同组成，如式(2-14)所示。

$$\mu_{总} = \mu_c + \mu_0 + \mu_e + \mu(r) \tag{2-14}$$

需要注意的是，$\mu_c$的作用通常与弯液面的形成有关，而弯液面的形成需要孔隙气压和孔隙水压之间的差异，以及土骨架的支撑来平衡弯液面的表面张力。其次，$\mu_0$的作用主要受到土中水的矿物浓度影响，这一作用与土颗粒及土骨架无直接关联。$\mu_e$的作用主要是由于颗粒表面的电场势，同样与土骨架没有直接联系。$\mu(r)$的作用则是包含了土颗粒表面范德华力场的吸引力以及双电层的排斥力，这些作用也与土骨架没有直接关联。因此，土中水的自由能可根据影响因素的不同，有三种表达形态。土体结构（主要体现和弯液面的联合作用）对土中水的自由能影响，这部分通常用基质吸力（Matric suction）表示；土颗粒表面的静电场和范德华力场对土中水的自由能影响，这部分通常用吸附力（Adsorptive force）表示；土中水的矿物含量对土中水的自由能影响，这部分通常用渗透吸力（Osmotic suction）表示。岩土工程也是沿用了吸力这一概念来描述土中水的自由能状态，并将总吸力定义为由毛细吸力、渗透吸力和吸附力组成，如式(2-15)所示。

$$\psi = (u_a - u_w) + \pi + \psi_{ad} \tag{2-15}$$

式中：$\psi$——土的总吸力（kPa）；

$(u_a - u_w)$——毛细吸力（kPa）；

$\pi$——渗透吸力（kPa）；

$\psi_{ad}$——吸附力（kPa）。

从式(2-15)可能难以理解毛细吸力和渗透吸力与水的自由能关系，下文将 Edlefsen 和 Anderson（1943）对这两个概念的介绍作详细解释。当毛细管插入水中时，毛细管中会形成一个高出水面的毛细水柱，如图 2-12 所示。假设水蒸气压强与高程呈线性关系，可用式(2-16)表示。

$$\mathrm{d}p = -\rho g\,\mathrm{d}y \tag{2-16}$$

式中：$p$——水蒸气的压强（kPa）；

$\rho$——水蒸气的密度（kg/m$^3$）；

$g$——重力加速度（m/s$^2$）；

$y$——高程（m）。

水蒸气是一种气态物质，遵循理想气体状态方程，将式(2-8)整理如下：

$$p = \frac{n}{V}RT = \frac{\rho}{\omega_v}RT \tag{2-17}$$

将式(2-16)和式(2-17)左右两侧各自相除得到：

$$-\frac{\mathrm{d}p}{p} = \frac{\omega_v g\,\mathrm{d}y}{RT} \tag{2-18}$$

考虑自由水面上的水蒸气压强为$\overline{u}_{v0}$，A 点出的水蒸气压强为$\overline{u}_v$，对式(2-18)左右两侧各自积分，得到：

$$-\ln p|_{\bar{u}_{v0}}^{\bar{u}_v} = \frac{\omega_v g}{RT} y|_0^y \tag{2-19}$$

整理可以得到：

$$\frac{RT}{\rho_w \omega_v} \ln\left(\frac{\bar{u}_v}{\bar{u}_{v0}}\right) = -\rho_w g y \tag{2-20}$$

式(2-20)左侧定义了水的自由能状态，等式右侧定义了一个负水头，即毛细水头或者毛细吸力（通常采用$u_a - u_w$表示）。所以，毛细水头或毛细吸力是表征水自由能状态的一种更为直观表达。

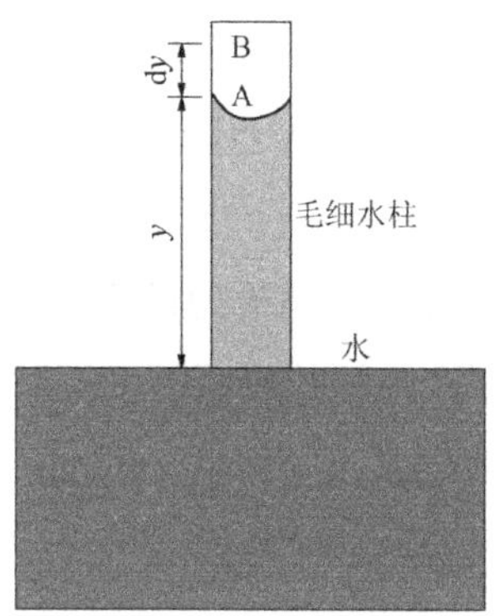


图 2-12　毛细水柱示意图

另外，纯净水和溶液表面的水蒸气压强也是不同的。纯净水与空气的接触面上，所有分子都是水分子，都能够扩散到空气中；而溶液与空气接触面上有水分子和溶质离子，只有水分子可以扩散到空气中，如图 2-13 所示。这样，溶液表面的水蒸气压强就会比纯净水表面水蒸气压强来得小。Raoult 提出拉乌尔定律，即一定温度下，稀溶液水的蒸汽压等于纯净水的蒸汽压乘以溶液中水的摩尔分数，如式(2-21)所示。

$$p = p_0 x \tag{2-21}$$

式中：$p_0$——纯净水的蒸汽压；

$p$——溶液中水的蒸汽压；

$x$——溶液中水的摩尔分数。

这样溶剂水的自由能和纯净水的自由能差可表示为：

$$\Delta f = \frac{RT}{V_{w0}\omega_v} \ln\left(\frac{p}{p_0}\right) = \frac{RT}{V_{w0}\omega_v} \ln x \tag{2-22}$$

范特霍夫（Van't Hoff）于 1886 年提出渗透压定律，对稀溶液来说，渗透压与溶液的浓度和温度，其数学表达为：

$$\pi = \frac{RT}{V_{w0}\omega_v} \ln\left(\frac{p}{p_0}\right) = \frac{RT}{V_{w0}\omega_v} x' \tag{2-23}$$

式中：$x'$——溶液溶质的摩尔分数（$x' = 1 - x$）。

对于稀溶液，式(2-22)计算结果较为接近式(2-23)的计算结果。

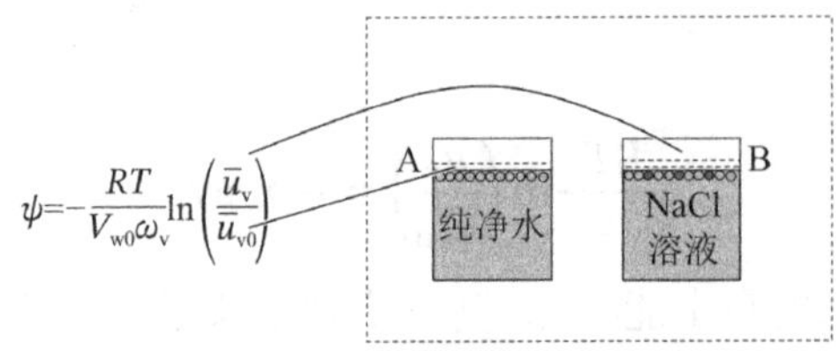


图 2-13　纯净水和溶液表面水蒸气压强示意图

理解土中水的自由能状态及其影响因素对岩土工程实践有什么实际意义呢？例如，在土吸力较低时，颗粒周围的水分分布情况如图 2-14（a）所示。在达到平衡态时，点 A、B、C 和 D 处土中水的自由能是相等的。但是 A 点距离土颗粒最远，其自由能主要受水气分界面的表面张力影响，而 D 点距离土颗粒最近，其自由能主要受吸附力主导。随着毛细吸力的增大，弯液面的翘曲对 A 点自由能的影响最为显著，导致 A 点处的水会最先从土体中排出。随着吸力的进一步增大，吸附在土颗粒表面的水膜厚度会持续减小，B、C、D 点的水也会随着吸力的增大而排出。换言之，吸附力在土中水的自由能占比越高，该部分水分对外界作用的响应就越不敏感，迁移也就越困难。

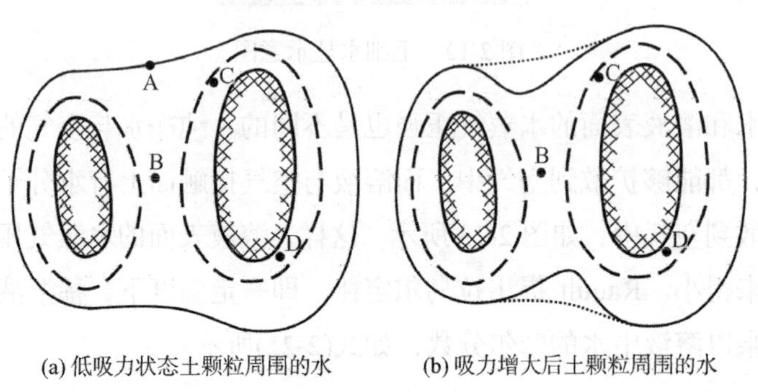


(a) 低吸力状态土颗粒周围的水　　(b) 吸力增大后土颗粒周围的水

图 2-14　颗粒间孔隙水在不同吸力状态下的示意图

图 2-14 揭示了随着土中水的自由能（即土吸力）的改变，土颗粒周围的水会依次逐步排出。在不同的自由能状态下，土体所能保留的水分含量是土壤物理学和农学研究中的一个热点问题。通过改变吸力的方式来改变土中水的自由能状态，残留在土中的水分含量和吸力的关系定义为**土-水特征曲线**（Soil-Water Characteristic Curve，SWCC）；通过改变温度的方式改变土中水的自由能状态，残余在土中液态水分含量和温度的关系定义为土壤的**冻结曲线**（Soil Frozen Characteristic Curve，SFCC）。土-水特征曲线的概念最早由土壤物理学和农学的研究者提出，并被岩土工程吸收采纳，沿用至今。实际上，单纯的土吸力或者含水率（无论重力含水率、体积含水率还是饱和度）并不足以全面反映非饱和土和冻土的特性。只有通过土-水特征曲线或土壤冻结曲线，我们才能准确掌握非饱和土或冻土的复杂特性。因此，在后续介绍非饱和土的渗透特性、体积变形和抗剪强度理论中，土-水特征曲线

将发挥不可或缺的作用。

## 参考文献

[1] Biot M A. General theory of three-dimensional consolidation[J]. Journal of Applied Physics, 1941, 12(2): 155-164.

[2] Bishop A W. The principle of effective stress[J]. Teknisk Ukeblad, 1959, 106(39): 859-863.

[3] Bishop A W, Blight G E. Some aspects of effective stress in saturated and partly saturated soils[J]. Géotechnique, 1963, 13(3): 177-197.

[4] Bolt G H, Miller R D. Calculation of total and component potentials of water in soil[J]. Eos, Transactions American Geophysical Union, 1958, 39(5): 917-928.

[5] Edlefsen N, Anderson A. Thermodynamics of soil moisture[J]. Hilgardia, 1943, 15(2): 31-298.

[6] Fredlund D G. Volume change behavior of unsaturated soils[D]. Edmonton: University of Alberta, 1973.

[7] Fredlund D G, Morgenstern N R. Stress state variables for unsaturated soils[J]. Journal of the Geotechnical Engineering Division, 1977, 103(5): 447-466.

[8] Fredlund D G, Morgenstern N R, Widger R A. The shear strength of unsaturated soils[J]. Canadian Geotechnical Journal, 1978, 15(3): 313-321.

[9] Fung Y C, Drucker D C. Foundation of solid mechanics[J]. Journal of Applied Mechanics, 1966, 33: 238-238.

[10] Israelachvili J. Intermolecular and surface forces [M]. 3rd ed. Netherlands: Academic Press, 2011.

[11] Iwata S. Soil-water interactions: mechanisms applications, second edition, revised expanded[M]. Boca Raton: CRC Press, 2020.

[12] Lennard-Jones J E. Cohesion[J]. Proceedings of the Physical Society, 1931, 43(5): 461-482.

[13] Lu N, Likos W J. Suction stress characteristic curve for unsaturated soil[J]. Journal of Geotechnical and Geoenvironmental Engineering, 2006, 132(2): 131-142.

[14] Richards B G. Measurement of free energy of soil moisture by the psychrometric technique, using thermistors[J]. Moisture Equilibria and Moisture Changes in Soils Beneath Covered Areas, 1965: 39-46.

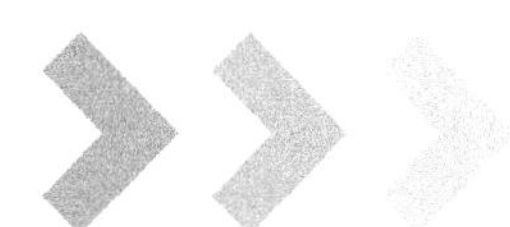

# 第 3 章

# 土-水特征曲线

## 3.1 概述

土-水特征曲线描绘了土中水分含量（可用重力含水率、体积含水率或饱和度表示）随土吸力变化的关系，如图 3-1 所示。正如前文所述，土-水特征曲线的物理意义在于揭示在土中水不同自由能状态下，能够留存在土中的水分含量。在吸力增加的过程中，如果土体不发生体积变形，排出水的体积与相应吸力水平等效孔径的孔隙体积相匹配。因此，我们可以由土-水特征曲线推演出土体中不同尺寸孔隙的体积及其分布密度，即孔径分布。岩土工程师在工程实践中发现，不同种类土的土-水特征曲线会呈现不同的形态，且土样在脱湿（或者干燥）过程和浸润（或者吸湿）过程中的曲线形态也有所差异，如图 3-2 所示。另一方面，通过试验只能获取有限的数据点，这就需要借助数学模型来描述土中水分含量随土吸力变化的规律。因此，在过去几十年光景，不同学者提出形态各异的数学模型用以描述不同种类土的土-水特征曲线。近年来，随着对土-水相互作用的研究不断深入，岩土工程师对土中不同形态的水分有了更为清晰的认识。因土-水的相互作用，导致不同形态的水分对土的渗透和抗剪特性存在不同的影响。本节将系统介绍土-水特征曲线的数学模型、特征参数、滞后特性、与颗粒级配的内在联系，以及不同状态水分对土-水特征曲线的影响。

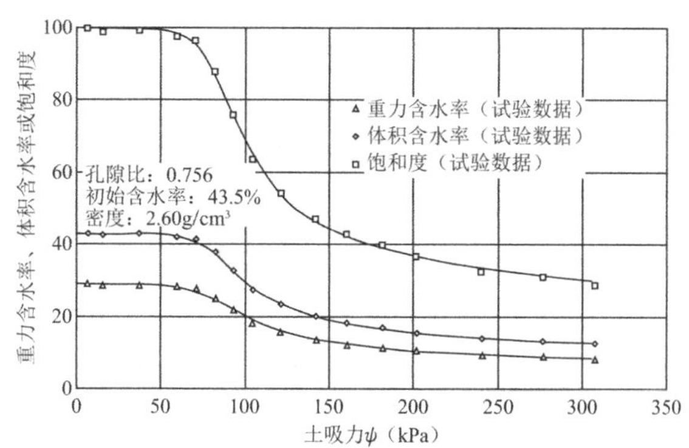


图 3-1　同一土样在不同含水率表达形式下的土-水特征曲线［修正自 Brooks 和 Corey（1964）］

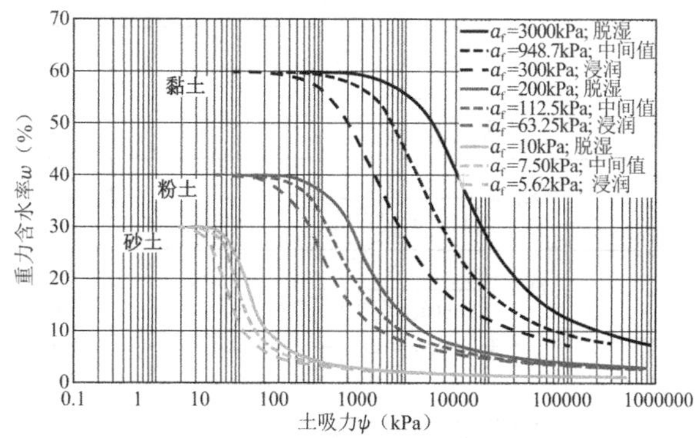


图 3-2　不同土类的土-水特征曲线示意图［Fredlund 等（2012）］

## 3.2 土-水特征曲线的数学模型

在进行土-水特征曲线（SWCC）的试验时，研究人员往往需要同步记录土吸力（$\psi$）及其对应的含水率，且含水率可以采用重力含水率（$w$）、体积含水率（$\theta$）或饱和度（$S$）来表示，最终在$w$-$\psi$、$\theta$-$\psi$或$S$-$\psi$平面上获得一系列不连续的数据点。为了在全吸力范围明确土中含水率与土吸力之间的相互关系，岩土工程师提出了多种的数学模型来描述这种关系，并利用试验采集的数据点校准模型参数。这些数学模型主要目的是描述不同类别的土在任一吸力下留存在土中的水分含量，而模型参数没有实质的物理意义。表 3-1 汇总了不同学者提出的 SWCC 数学模型。因重力含水率，体积含水率和饱和度可以相互转换，当土样体积保持不变时，无论采用哪一种含水率的表达形式，土-水特征曲线的形态是一致的。因此，表 3-1 中统一采用了体积含水率的表达方式。需要注意的是，当土样体积产生改变时，不同表达形式的土-水特征曲线形态也会产生改变。这种情况下，不同表达形式的土-水特征曲线所表示的物理意义是不同的。

**土-水特征曲线数学模型** **表 3-1**

| 文献 | 数学模型 | 备注 |
|---|---|---|
| Gardner（1958） | $\Theta_{\mathrm{n}}=\dfrac{\theta-\theta_{\mathrm{r}}}{\theta_{\mathrm{s}}-\theta_{\mathrm{r}}}=\dfrac{1}{1+a_{\mathrm{g}}\psi^{n_{\mathrm{g}}}}$ | $\Theta_{\mathrm{n}}$为有效体积含水率；$\theta_{\mathrm{s}}$为饱和体积含水率；$\theta$为体积含水率；$\theta_{\mathrm{r}}$为残余体积含水率；$a_{\mathrm{g}}$和$n_{\mathrm{g}}$为模型参数 |
| Brooks 和 Corey（1964） | 当$\psi<\psi_{\mathrm{AEV}}$时，$\theta=\theta_{\mathrm{s}}$或$\Theta_{\mathrm{n}}=1$<br>当$\psi>\psi_{\mathrm{AEV}}$时，$\Theta_{\mathrm{n}}=\left(\dfrac{\psi}{\psi_{\mathrm{AEV}}}\right)^{-\lambda_{\mathrm{bc}}}$ | $\psi_{\mathrm{AEV}}$为进气值；$\lambda_{\mathrm{bc}}$为孔径分布指数 |
| King（1965） | $\theta=\theta_{\mathrm{s}}\left[\dfrac{\cos\mathrm{h}(\psi/\psi_0)^b-\dfrac{\theta_{\mathrm{s}}-\theta_{\mathrm{r}}}{\theta_{\mathrm{s}}+\theta_{\mathrm{r}}}\cos\mathrm{h}(a)}{\cos\mathrm{h}(\psi/\psi_0)^b+\dfrac{\theta_{\mathrm{s}}-\theta_{\mathrm{r}}}{\theta_{\mathrm{s}}+\theta_{\mathrm{r}}}\cos\mathrm{h}(a)}\right]$ | $\psi_0$、$a$、$b$为模型参数；$\theta_{\mathrm{s}}$为饱和体积含水率；$\theta_{\mathrm{r}}$为残余体积含水率 |
| Brutsaert（1967） | $\Theta_{\mathrm{n}}=\dfrac{1}{1+\left(\dfrac{\psi}{a_{\mathrm{b}}}\right)^{n_{\mathrm{b}}}}$ | $a_{\mathrm{b}}$和$n_{\mathrm{b}}$为模型参数 |
| Laliberte（1969） | $\Theta_{\mathrm{n}}=\dfrac{1}{2}\mathrm{erfc}\left[a_l-\dfrac{b_l}{c_l+(\psi/\psi_{\mathrm{AEV}})}\right]$ | $a_l$、$b_l$、$c_l$假定为模型参数；erfc($x$)为互补误差函数 |
| Campbell（1974） | $\theta=\theta_{\mathrm{s}},\quad \psi<\psi_{\mathrm{AEV}}$<br>$\theta=\theta_{\mathrm{s}}\left[\dfrac{\psi}{\psi_{\mathrm{AEV}}}\right]^{-1/b_{\mathrm{c}}},\quad \psi\geqslant\psi_{\mathrm{AEV}}$ | $\psi_{\mathrm{AEV}}$为进气值；$b_{\mathrm{c}}$为模型参数 |
| van Genuchten（1980） | $\Theta_{\mathrm{n}}=\dfrac{1}{\left[1+(a_{\mathrm{vg}}\psi)^{n_{\mathrm{vg}}}\right]^{m_{\mathrm{vg}}}}$ | $a_{\mathrm{vg}}$、$n_{\mathrm{vg}}$、$m_{\mathrm{vg}}$为模型参数；<br>$a_{\mathrm{vm}}$、$n_{\mathrm{vm}}$、$m_{\mathrm{vm}}$为模型参数；<br>$a_{\mathrm{vb}}$、$n_{\mathrm{vb}}$、$m_{\mathrm{vb}}$为模型参数 |
| van Genuchten（1980）-Mualem（1976） | $\Theta_{\mathrm{n}}=\dfrac{1}{\left[1+(a_{\mathrm{vm}}\psi)^{n_{\mathrm{vm}}}\right]^{m_{\mathrm{vm}}}}$<br>式中，$m_{\mathrm{vm}}=1-\dfrac{1}{n_{\mathrm{vm}}}$ | |
| van Genuchten（1980）-Burdine（1953） | $\Theta_{\mathrm{n}}=\dfrac{1}{\left[1+(a_{\mathrm{vb}}\psi)^{n_{\mathrm{vb}}}\right]^{m_{\mathrm{vb}}}}$<br>式中，$m_{\mathrm{vb}}=1-\dfrac{2}{n_{\mathrm{vb}}}$ | |

续表

| 文献 | 数学模型 | 备注 |
| --- | --- | --- |
| Tani（1982） | $\theta=\theta_s\left(1+\frac{a_{Ta}-\psi}{a_{Ta}-n_{Ta}}\right)e^{-\frac{a_{Ta}-\psi}{a_{Ta}-n_{Ta}}}$ | $a_{Ta}$、$n_{Ta}$为模型参数 |
| Williams 等（1983） | $\ln\psi=a_{Wi}+b_{Wi}\ln\theta$ | $a_{Wi}$、$b_{Wi}$为模型参数 |
| McKee 和 Bumb（1984） | $\Theta_n=\exp\left[\frac{a_{m1}-\psi}{n_{m1}}\right]$ | $a_{m1}$、$n_{m1}$为模型参数 |
| McKee 和 Bumb（1987） | $\Theta_n=\frac{1}{1+\exp[(\psi-a_{m2})/n_{m2}]}$ | $a_{m2}$、$n_{m2}$为模型参数 |
| Fermi（1987） | $\theta=\frac{\theta_s}{1+e^{\frac{\psi-a_{Fe}}{n_{Fe}}}}$ | $a_{Fe}$、$n_{Fe}$为模型参数 |
| 陈正汉（1991） | $\theta=a_{Ch}+n_{Ch}\lg\left(\frac{\psi}{p_a}\right)$ | $a_{Ch}$、$n_{Ch}$为模型参数 |
| Fredlund 和 Xing（1994） | $\theta=C(\psi)\frac{\theta_s}{\{\ln[e+(\psi/a_f)^{n_f}]\}^{m_f}}$<br>式中，$C(\psi)=1-\frac{\ln(1+\psi/C_r)}{\ln[1+(10^6/C_r)]}$ | $\theta_s$为饱和体积含水率；$C_r$为对残余吸力的预估值；$a_f$、$n_f$、$m_f$为模型参数 |
| Kosugi（1994） | $\Theta_n=0.5\,\mathrm{erfc}\left[\frac{\ln\left(\frac{\psi_{ck}-\psi}{\psi_{ck}-\psi_{0k}}\right)-\sigma_k^2}{\sqrt{2}\sigma_k}\right],\quad \psi<\psi_{ck}$<br>$\Theta_n=1,\quad \psi\geqslant\psi_{ck}$ | $\psi_{ck}$、$\psi_{0k}$、$\sigma_k$为模型参数 |
| 沈珠江（1996） | $\Theta_n=e^{a_{Sh}\psi}$ | $a_{Sh}$为模型参数 |
| Assouline 等（1998） | $\frac{\theta-\theta_r}{\theta_s-\theta_r}=1-\exp\left[-\alpha_{As}\left(\psi^{-1}-\psi_L{}^{-1}\right)^{\mu_{As}}\right]$ | $\alpha_{As}$、$\mu_{As}$为模型参数 |
| 詹良通（1998） | $\Theta_n=p_z-q_z\lg(\psi)$ | $p_z$、$q_z$为模型参数 |
| Feng 和 Fredlund（1999） | $\theta=\frac{\theta_s b_{Fe}+c_{Fe}\psi^{d_{Fe}}}{b_{Fe}+\psi^{d_{Fe}}}$ | $b_{Fe}$、$c_{Fe}$、$d_{Fe}$为模型参数 |
| Pereira 和 Fredlund（2000） | $\Theta_n=\frac{1}{\left[1+(\psi/a_p)^{n_p}\right]^{m_p}}$ | $a_p$、$n_p$、$m_p$为模型参数 |
| Sugii 等（2002） | $\Theta_n=\frac{1}{1+e^{A_{Su}+B_{Su}\ln\psi}}$ | $A_{Su}$、$B_{Su}$为模型参数 |
| 刘艳华（2002） | $\theta=\theta_s,\quad 0\leqslant\psi\leqslant\psi_{AEV}$<br>$\theta=\theta_s-n\lg\left(\frac{\psi}{\psi_{AEV}}\right),\quad \psi>\psi_{AEV}$ | $n$为斜线段的斜率 |
| 徐永福（2002） | $\Theta_n=\left(\frac{\psi}{\psi_{AEV}}\right)^{D_v-3}$ | $D_v$为孔隙体积分布的分维 |
| 戚国庆（2004） | $\Theta=A_0+A_1\psi+A_2\psi^2+L+A_{n-1}\psi^{n-1}+A_n\psi^n+Q_n\psi$ | $A_0$、$A_1$、…、$A_n$、$Q_n$为多项式拟合参数 |
| 卢靖（2007） | $\theta=a_L\psi^{b_L}$<br>$a_L=0.31\rho_d+0.4$<br>$b_L=(0.0668-0.0012T)\rho_d+0.0014T-0.02651$ | $a_L$、$b_L$为模型参数；$\rho_d$为干密度；$T$为温度 |
| 王世梅（2007） | $\theta=\theta_0+B_w e^{-\psi/t_w}$ | $\theta_0$、$B_w$、$t_w$为模型参数 |

续表

| 文献 | 数学模型 | 备注 |
|---|---|---|
| Satyanaga 等（2013） | $\Theta_\mathrm{n}=\left[1-\frac{\ln\left(1+\frac{\psi}{C_\mathrm{r}}\right)}{\ln\left(1+\frac{10^6}{C_\mathrm{r}}\right)}\right]\left\{\begin{array}{l}1-\beta_1\mathrm{erfc}\left[\frac{\ln\left(\frac{\psi_\mathrm{a1}-\psi}{\psi_\mathrm{a1}-\psi_\mathrm{m1}}\right)}{s_1}\right]+\\ \frac{\theta_\mathrm{s2}}{\theta_\mathrm{s1}}\left\{1-\beta_2\mathrm{erfc}\left[\frac{\ln\left(\frac{\psi_\mathrm{a2}-\psi}{\psi_\mathrm{a2}-\psi_\mathrm{m2}}\right)}{s_2}\right]\right\}\end{array}\right\}$ | $C_\mathrm{r}$为对残余吸力的预估值；$\psi_\mathrm{a1}$、$\psi_\mathrm{a2}$、$\psi_\mathrm{m1}$、$\psi_\mathrm{m2}$为模型参数，一般情况下，$\psi_\mathrm{a1}$和$\psi_\mathrm{a2}$分别与第一段和第二段曲线进气值有关，$\psi_\mathrm{m1}$、$\psi_\mathrm{m2}$分别与第一段和第二段曲线拐点处吸力值有关；$s_1$和$s_1$分别为第一段和第二段曲线数据的几何标准差，$\psi_\mathrm{a1}<\psi<\psi_\mathrm{a2}$时，$\beta_1=1$，否则为0，$\psi\geqslant\psi_\mathrm{a2}$时，$\beta_2=1$，否则为0 |
| Satyanaga 等（2017） | $\Theta_\mathrm{n}=\left[1-\frac{\ln\left(1+\frac{\psi}{C_\mathrm{r}}\right)}{\ln\left(1+\frac{10^6}{C_\mathrm{r}}\right)}\right]\left\{1-\beta\mathrm{erfc}\left[\frac{\ln\left(\frac{\psi_\mathrm{a}-\psi}{\psi_\mathrm{a}-\psi_\mathrm{m}}\right)}{s}\right]\right\}$ | $C_\mathrm{r}$为对残余吸力的预估值；$\psi_\mathrm{a}$、$\psi_\mathrm{m}$为模型参数，一般情况下，$\psi_\mathrm{a}$与进气值有关，$\psi_\mathrm{m}$与拐点处吸力值有关；$s$为数据的几何标准差，$\psi<\psi_\mathrm{a}$时，$\beta=0$；$\psi\geqslant\psi_\mathrm{a}$时，$\beta=1$ |
| 陈勇（2017） | $\theta=\frac{\theta_\mathrm{s}}{1+a_\mathrm{c,n}\exp^{b_\mathrm{c,n}}(\lg\psi)}$<br>$a_{\mathrm{c},n}=-\left(\frac{1}{n+1}-\frac{1}{2}-a_\mathrm{c,1}\right),\ n\geqslant2$<br>$b_{\mathrm{c},n}=b_{n-1}+\frac{2n}{\mathrm{e}^{2n}},\quad n\geqslant2$ | $a_\mathrm{c,1}$为初始脱湿模型参数；$n$为干湿循环次数，当$n$次干湿循环之后模型参数$a_{\mathrm{c},n}$和$b_{\mathrm{c},n}$可以通过初始脱湿模型参数计算 |
| Zhao 等（2023） | $\theta=\theta_\mathrm{min}+\sum_{i=1}^{N-1}\left[\theta_{\mathrm{s}i}-\theta_{\mathrm{s}(i+1)}\right]\exp\left[-5\left(\frac{(\psi-\psi_{\mathrm{a}i})}{\psi_{\mathrm{a}i}^{0.3}\psi_{\mathrm{a}(i+1)}^{0.7}-\psi_{\mathrm{a}i}}\right)\right]+$<br>$(\theta_{\mathrm{s}N}-\theta_\mathrm{min})\exp\left[-5\left(\frac{\psi-\psi_{\mathrm{a}N}}{\psi_\mathrm{max}-\psi_{\mathrm{a}N}}\right)\right]$ | $N$为土-水特征曲线呈现出的$N$峰；$\theta_{\mathrm{s}i}$为每一段曲线的初始体积含水率；$\psi_{\mathrm{a}i}$为每一段曲线对应的进气值；$\psi_\mathrm{max}$试验数据最大吸力；$\theta_\mathrm{min}$为试验数据最小体积含水率 |

Leong 和 Rahardjo（1997）以及 Zapata（1999）通过对比不同土类的土-水特征曲线试验数据及多个 SWCC 数学模型，得出结论：van Genuchten（1980）、Fredlund 和 Xing（1994）模型能够适用大多数类别的土。因此，这两个模型被广泛接受并应用于工程实践中。近十年来，双峰和多峰土-水特征曲线引起了学者们的广泛关注。当前对这类复杂的土-水特征曲线数学模型主要采取分段处理的方法，即把曲线分成多个区间，并对每一区间分别应用数学公式进行拟合（Satyanaga 等，2013；Zhao 等，2023）。

与大多数基于经验的模型不同，Fredlund 和 Xing（1994）模型主要基于孔径分布的理论提出，具有坚实的理论基础。Fredlund 和 Xing（1994）采用了 Childs 和 Collis-George（1950）的孔径分布理论，将土中孔隙划分为一系列具有不同半径$r$的孔隙。这些孔隙的半径范围从最小值$R_\mathrm{min}$到最大值$R_\mathrm{max}$。在土体单元中，半径为$r$的孔隙体积占土单元总体积的比例由孔隙密度函数$f(r)$表示。如果假设所有半径小于等于$r$的孔隙都充满水，对$f(r)$进行积分就能得到土体的体积含水率，相关计算过程详见式(3-1)。

$$\theta=\int_{R_\mathrm{min}}^{r}f(r)\,\mathrm{d}r \tag{3-1}$$

如果对$[R_{\min}, R_{\max}]$全域进行积分，即可得到饱和体积含水率如式(3-2)所示。

$$\theta_s = \int_{R_{\min}}^{R_{\max}} f(r)\,dr \tag{3-2}$$

基于开尔文定律（Kelvin's law），如式(3-3)所示，式(3-1)可表示为式(3-4)。

$$r = \frac{2T_s \cos\alpha}{\psi} \tag{3-3}$$

式中：$\alpha$——水气分界面与土颗粒表面的接触角。

$$\begin{aligned}\theta &= \int_{\psi_{\max}}^{\psi} f\left(\frac{2T_s\cos\alpha}{\psi}\right) d\left(\frac{2T_s\cos\alpha}{\psi}\right) \\ &= \int_{\psi}^{\psi_{\max}} f\left(\frac{2T_s\cos\alpha}{\psi}\right) \frac{2T_s\cos\alpha}{\psi^2} d\psi\end{aligned} \tag{3-4}$$

如果能确定孔隙密度函数$f(r)$的数学表达式，并代入式(3-4)，我们就能准确得到土-水特征曲线的数学表达式。Fredlund 和 Xing（1994）考虑了多种分布函数来描述$f(r)$，包括均匀分布函数、孔径平方的倒数形式、幂函数、正态分布、伽马分布以及贝塔分布这些分布函数，最终提出了采用式(3-5)作为$f(\psi)$的数学表达式。

$$f(\psi) = \frac{m_f n_f \left(\frac{\psi}{a_f}\right)^{n_f - 1}}{a_f \left[e + \left(\frac{\psi}{a_f}\right)^{n_f}\right] \left\{\lg\left[e + \left(\frac{\psi}{a_f}\right)^{n_f}\right]\right\}^{m_f + 1}} \tag{3-5}$$

将其代入式(3-4)，得到土-水特征曲线方程如式(3-6)所示：

$$\theta = \frac{\theta_s}{\left\{\lg\left[e + \left(\frac{\psi}{a_f}\right)^{n_f}\right]\right\}^{m_f}} \tag{3-6}$$

为确保在吸力达到 $10^6$kPa 时体积含水率趋向于 0，Fredlund 和 Xing（1994）提出了一个修正函数，采用式(3-7)对土-水特征曲线方程进行修正。

$$C(\psi) = 1 - \frac{\ln\left(1 + \frac{\psi}{C_r}\right)}{\ln\left(1 + \frac{10^6}{C_r}\right)} \tag{3-7}$$

式中：$C_r$——一个输入值，是对残余吸力的预估。

最终，Fredlund 和 Xing（1994）提出的土-水特征曲线表达式如下：

$$\theta = C(\psi) \frac{\theta_s}{\left\{\lg\left[e + \left(\frac{\psi}{a}\right)^{n}\right]\right\}^{m}} = \left[1 - \frac{\ln\left(1 + \frac{\psi}{C_r}\right)}{\ln\left(1 + \frac{10^6}{C_r}\right)}\right] \frac{\theta_s}{\left\{\lg\left[e + \left(\frac{\psi}{a}\right)^{n}\right]\right\}^{m}} \tag{3-8}$$

## 3.3 土-水特征曲线特性及特征参数

土-水特征曲线描绘了在全吸力范围内，在土中水不同自由能状态下留存在土中的水分含量。土中水自由能的降低，即脱湿过程，通常伴随着土吸力的持续增大，如旱季土中水分的持续蒸发；而土中水自由能的增大，即浸润过程，则通常伴随着土吸力的持续减小，如雨季期间持续降雨对土的影响。如图 3-3 所示，土-水特征曲线在浸润过程中会呈现与脱湿过程不同的曲线形态，导致浸润曲线和脱湿曲线无法重合，形成一个滞回圈，这种现象被称为滞后现象。图 3-3 还揭示了一个重要现象：无论是脱湿曲线还是浸润曲线，都与土的初始状态紧密相关。如果初始的土吸力（或者饱和度）不同，那么相应的曲线也会有所差异。通常，将图 3-3 中的 $1-S_0$定义为**截留空气残余度**（%）。当土样在完全饱和状态下进行脱湿试验，所得到的土-水特征曲线被称为**初始脱湿曲线**；当土样达到最大吸力后继续进行浸润试验，此时得到的曲线则被称为**主浸润曲线**；当浸润试验完成，且吸力降低至最小值后再次进行脱湿试验，得到的曲线称为**主脱湿曲线**；如果在持续脱湿至某一特定吸力（低于试验的最大吸力）后继续进行浸润试验，得到的曲线则被称为**浸润扫描曲线**；同样，如果在浸润至某一较高吸力（该吸力大于试验最小吸力）后继续进行脱湿试验，得到的曲线则被称为**脱湿扫描曲线**。

Bear（1979）和 Klausner（1991）对土-水特征曲线滞后特性的影响因素进行了系统的总结和归纳，他们将这些因素归为四大类：①截留空气；②墨水瓶效应；③雨滴效应；④黏土颗粒的触变效应。其中，“雨滴效应”主要描述了在浸润过程和脱湿过程中，水气分界面与土颗粒表面接触角的差异。Iwata 等（1994）指出黏土颗粒表面的吸附力也可能对土-水特征曲线的滞后现象产生影响。此外，Ye 等（2009）和 Zhai 等（2020）指出，温度差异同样会导致土-水特征曲线的滞后现象。土-水特征曲线的滞后现象反映了土体在脱湿和浸润过程中不同的持水能力。同时，非饱和土的渗透特性和抗剪强度在浸润过程中也表现出一定的滞后现象。

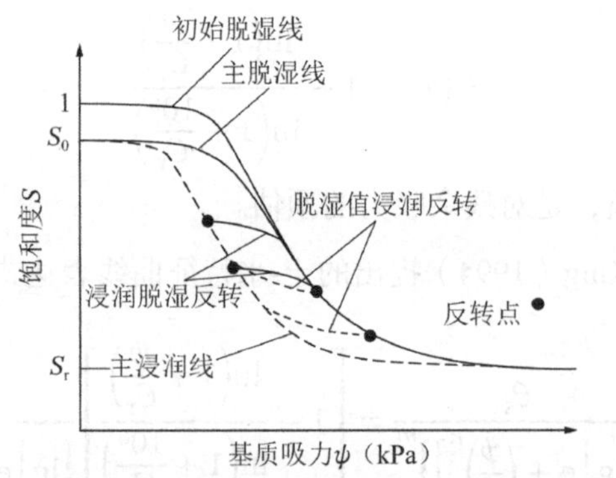


图 3-3 土-水特征曲线滞后现象示意图［Klute（1986），Zhai 等（2020）］

Vanapalli 等（1996）提出采用进气值（Air-entry value，AEV）和残余吸力（Residual suction，$\psi_r$）将整个脱湿曲线划分为三个区间。土吸力小于进气值的区间为边界效应区；土吸力介于进气值和残余吸力的区间为过渡区；土吸力大于残余吸力的区间为残余区。在边界效应区，土中水分处于连续状态，且在较小的土吸力下，土中没有空气。随着土吸力接近进气值时，土中开始出现不连续的空气。当土吸力进一步增大进入过渡区时，土中空气含量增加，但仍然保持不连续状态。而当土吸力超过拐点时（即第一过渡区和第二过渡区的分界点），气体开始形成连续状态。因此，在第一过渡区内，土中的毛细水处于连续状态，而土中气处于不连续状态。在第二过渡区内，土中毛细水和气体均处于连续状态。随着土吸力的持续增大并超过残余吸力后，土中的毛细水逐渐转变为不连续状态。需要注意的是，图 3-4 中对进气值和残余吸力的定义都是基于脱湿曲线而非浸润曲线。

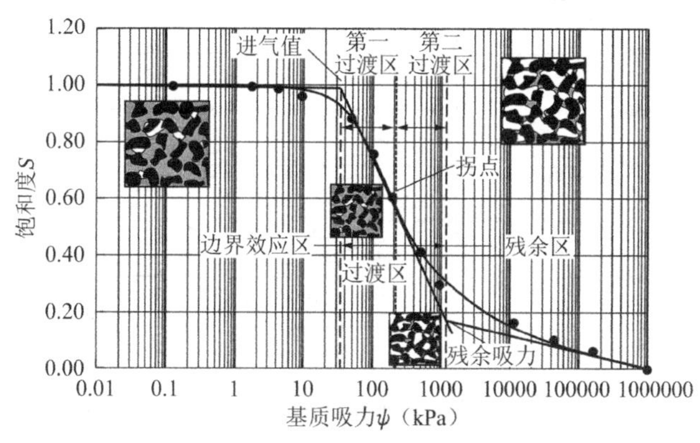


图 3-4　脱湿土-水特征曲线的特征参数

与脱湿过程的土-水特征曲线类似，浸润过程的土-水特征曲线同样会依次出现两个明显的弯曲点，参考这两个弯曲点可以把浸润土-水特征曲线划分为三个区域。参考 Vanapalli 等（1996）对脱湿曲线吸力区间的划分方法，浸润土-水特征曲线也可以分为三个区间：残余区、过渡区和边界效应区。不过，与脱湿过程不同，这些区间的分界不再由进气值和残余吸力界定，而是依据**进水值**（Water entry value，WEV）和**水恒吸力**（Water constant suction，$\psi_{wc}$）来确定。在浸润过程中，土吸力逐渐减小。在土吸力大于进水值时，土中水相呈现非连续状态，而土中气相则处于连续状态；随着土吸力的持续减小且达到进水值时，水分开始快速进入土体，并随着进入土体的水量增大，土中水相逐渐转变为连续状态；当土吸力降至水恒吸力时，土体无法再吸收额外的水分。由于土中存在的截留空气，尽管土体无法吸收额外的水分但是仍无法达到完全饱和状态，如图 3-5 所示。图 3-5 也揭示了一个现象，进水值小于残余吸力，而水恒吸力小于进气值，这也是土-水特征曲线滞后现象的另一种表现。

图 3-6 直观地描述了脱湿和浸润过程土-水特征曲线特征参数的物理意义。如果土柱初始状态饱和（即注满水），当它被放置在水箱中并打开底部阀门时，土柱中的水会逐渐排入水箱。当达到平衡状态后，土柱内会形成一条清晰的浸润界面。由于水是从土柱排出至水

箱，这一过程代表了脱湿过程，该浸润界面距离水面的高度差即为进气值（AEV）。在浸润界面之上，我们可以观察到水分含量的渐变区域，这一区域对应脱湿过程中的过渡区。不过一般情况下，通过土柱试验来标定残余吸力的难度较大。如果土柱初始状态是干燥的，当它被放置在水箱中并打开底部阀门，水箱中的水会逐渐渗透进土柱。当达到平衡状态后，土柱内同样会形成一条明显的浸润界面。由于水是从水箱进入至土柱，该过程代表了浸润过程，该浸润界面距离水面的高度差即为水恒吸力（$\psi_{wc}$）。同样，在浸润界面之上可以观察到水分含量的渐变区域，这一区域对应于浸润过程的过渡区。不过，通过土柱试验来标定进水值的难度同样较大。

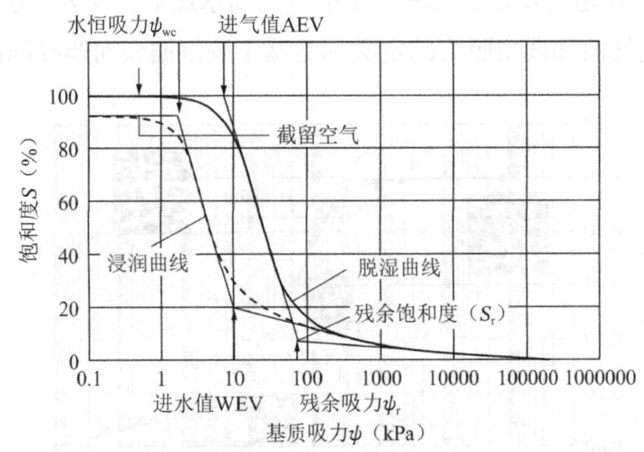


图 3-5 浸润土-水特征曲线的特征参数

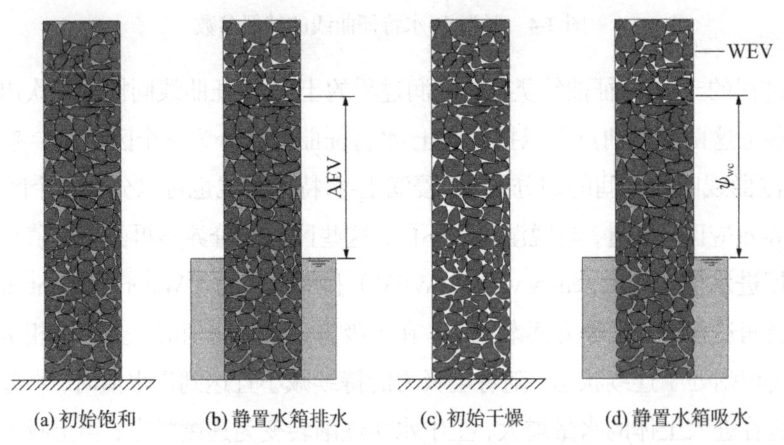


图 3-6 脱湿和浸润过程的土柱试验示意图

Vanapalli 等（1998）提出了一种采用作图法来确定土-水特征曲线特征参数的方法，具体步骤如下：

第一步，确定曲线上由两段弯曲决定的拐点$(\psi_i, S_i)$；

第二步，对拐点做切线 1，其斜率记为$S_1$；

第三步，对初始饱和点作切线，得到切线 2。如果采用饱和度形式的土-水特征曲线，切线 2 通常为一条水平线，其斜率为 0；

第四步，在曲线的第二段弯曲之后，曲线基本呈直线状态，对直线段任意取一点作切线 3，其斜率为$S_2$。

如图 3-7 所示，切线 2 与切线 1 的交点所对应的土吸力定义为进气值，切线 2 与切线 3 的交点所对应的土吸力定义为残余吸力，对应的饱和度则定义为残余饱和度。拐点处的切线斜率反映了土体的持水能力。

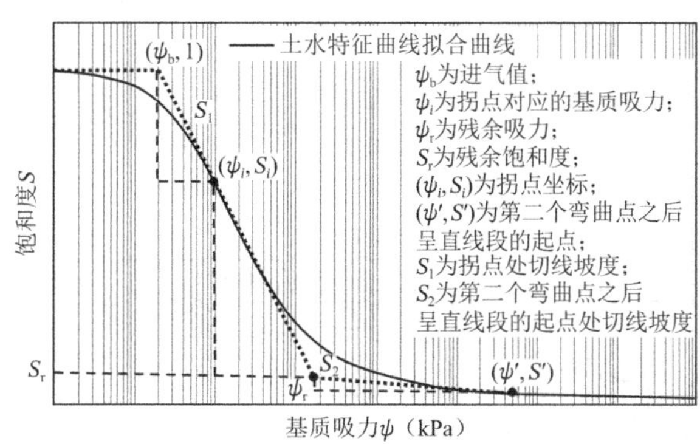


图 3-7　脱湿过程土-水特征曲线的特征参数定义［Zhai 和 Rahardjo（2012）］

Fredlund（2006）指出采用不同的含水率表达方式会导致土-水特征曲线会呈现不同的形态，其中饱和度形式的土-水特征曲线能够准确定义进气值。Fredlund（2019）进一步提出将采用重力含水率表达的土-水特征曲线记为$w$-SWCC，将用体积含水率表达的土-水特征曲线记为$\theta$-SWCC，将用饱和度表达的土-水特征曲线记为$S$-SWCC。Zhai 和 Rahardjo（2012）指出尽管作图法可以直观地确定土-水特征曲线的特征参数，但是传统作图法在确定拐点和切线时存在较大的主观性，这可能会造成较大的误差。因此，利用土-水特征曲线的数学方程表达，Zhai 和 Rahardjo（2012）提出了采用对数学模型求导的方法来确定曲线的拐点和切线。具体流程如下：

由于土-水特征曲线通常在半对数坐标系中绘制，因此在对数学模型求导时，需要进行坐标系的转换，如式(3-9)所示。

$$\frac{\partial S}{\partial(\lg\psi)}=\frac{\partial S}{\partial\psi}\ln(10)\,\psi \tag{3-9}$$

拐点的数学定义为二阶导数等于 0 所对应的点，由此对土-水特征曲线数学方程进行二阶求导，并令其等于 0，如式(3-10)所示。

$$\frac{\mathrm{d}^2S}{\mathrm{d}(\lg\psi)^2}=\ln(10)\,\psi\left[\frac{\mathrm{d}^2S}{\mathrm{d}\psi^2}\ln(10)\,\psi+\frac{\mathrm{d}S}{\mathrm{d}\psi}\ln(10)\right]=0 \tag{3-10}$$

对式(3-10)的求解可简化为式(3-11)：

$$\frac{\mathrm{d}^2S}{\mathrm{d}\psi^2}\psi+\frac{\mathrm{d}S}{\mathrm{d}\psi}=0 \tag{3-11}$$

如果采用 Fredlund 和 Xing（1994）的 SWCC 模型，如式(3-12)所示。

$$S=\left[1-\frac{\ln\left(1+\dfrac{\psi}{C_{\mathrm{r}}}\right)}{\ln\left(1+\dfrac{10^{6}}{C_{\mathrm{r}}}\right)}\right]\frac{1}{\left\{\ln\left[\mathrm{e}+\left(\dfrac{\psi}{a_{\mathrm{f}}}\right)^{n_{\mathrm{f}}}\right]\right\}^{m_{\mathrm{f}}}} \tag{3-12}$$

式(3-11)可整理如下：

$$\begin{aligned}&\left[1-\frac{\ln\left(1+\dfrac{\psi}{C_{\mathrm{r}}}\right)}{\ln\left(1+\dfrac{10^{6}}{C_{\mathrm{r}}}\right)}\right]\frac{m_{\mathrm{f}}n_{\mathrm{f}}}{a_{\mathrm{f}}}\frac{1}{\left[\ln\left(\mathrm{e}+\left(\dfrac{\psi}{a_{\mathrm{f}}}\right)^{n_{\mathrm{f}}}\right)\right]}\frac{1}{\mathrm{e}+\left(\dfrac{\psi}{a_{\mathrm{f}}}\right)^{n_{\mathrm{f}}}}\left(\frac{\psi}{a_{\mathrm{f}}}\right)^{n-1}\\&\left\{\frac{(m_{\mathrm{f}}+1)n_{\mathrm{f}}}{\left[\ln\left(\mathrm{e}+\left(\dfrac{\psi}{a_{\mathrm{f}}}\right)^{n_{\mathrm{f}}}\right)\right]}\frac{1}{\mathrm{e}+\left(\dfrac{\psi}{a_{\mathrm{f}}}\right)^{n_{\mathrm{f}}}}\left(\frac{\psi}{a_{\mathrm{f}}}\right)^{n_{\mathrm{f}}}+\frac{n_{\mathrm{f}}}{\mathrm{e}+\left(\dfrac{\psi}{a_{\mathrm{f}}}\right)^{n_{\mathrm{f}}}}\left(\frac{\psi}{a_{\mathrm{f}}}\right)^{n_{\mathrm{f}}}-n_{\mathrm{f}}\right\}+\\&\frac{\psi}{\ln\left(1+\dfrac{10^{6}}{C_{\mathrm{r}}}\right)}\left(\frac{1}{C_{\mathrm{r}}+\psi}\right)^{2}2\frac{m_{\mathrm{f}}n_{\mathrm{f}}}{\ln\left(1+\dfrac{10^{6}}{C_{\mathrm{r}}}\right)}\frac{1}{C_{\mathrm{r}}+\psi}\frac{1}{\left[\ln\left(\mathrm{e}+\left(\dfrac{\psi}{a_{\mathrm{f}}}\right)^{n_{\mathrm{f}}}\right)\right]}\\&\frac{1}{\mathrm{e}+\left(\dfrac{\psi}{a_{\mathrm{f}}}\right)^{n_{\mathrm{f}}}}\left(\frac{\psi}{a_{\mathrm{f}}}\right)^{n_{\mathrm{f}}}-\frac{1}{\ln\left(1+\dfrac{10^{6}}{C_{\mathrm{r}}}\right)}\frac{1}{C_{\mathrm{r}}+\psi}=0\end{aligned} \tag{3-13}$$

式(3-13)的求解可借助 Excel 规划求解功能来完成，求解得到的吸力值即为拐点对应的土吸力$\psi_i$。

对于部分土，将 Fredlund 和 Xing（1994）模型中的修正系数设为 1，会使得土-水特征曲线方程和试验数据的拟合和效果更佳。因此，式(3-14)也得到了广泛应用。如果将式(3-14)代入式(3-11)，可以得到式(3-15)。

$$S=\frac{1}{\left\{\ln\left[\mathrm{e}+\left(\dfrac{\psi}{a_{\mathrm{f}}}\right)^{n_{\mathrm{f}}}\right]\right\}^{m_{\mathrm{f}}}} \tag{3-14}$$

$$\left\{\frac{(m_{\mathrm{f}}+1)n_{\mathrm{f}}}{\left[\ln\left(\mathrm{e}+\left(\dfrac{\psi}{a_{\mathrm{f}}}\right)^{n_{\mathrm{f}}}\right)\right]}\frac{1}{\mathrm{e}+\left(\dfrac{\psi}{a_{\mathrm{f}}}\right)^{n_{\mathrm{f}}}}\left(\frac{\psi}{a_{\mathrm{f}}}\right)^{n_{\mathrm{f}}}+\frac{n_{\mathrm{f}}}{\mathrm{e}+\left(\dfrac{\psi}{a_{\mathrm{f}}}\right)^{n_{\mathrm{f}}}}\left(\frac{\psi}{a_{\mathrm{f}}}\right)^{n_{\mathrm{f}}}-n_{\mathrm{f}}\right\}=0 \tag{3-15}$$

除了 Fredlund 和 Xing（1994）模型，van Genuchten（1980）模型，如式(3-16)所示，也在岩土工程领域得到了广泛接受和应用。

$$\frac{S-S_{\mathrm{r}}}{1-S_{\mathrm{r}}}=\left[\frac{1}{1+(a_{\mathrm{v}}\psi)^{b_{\mathrm{v}}}}\right]^{c_{\mathrm{v}}} \tag{3-16}$$

式中：　$S_{\mathrm{r}}$——残余饱和度；

$a_{\mathrm{v}}$、$b_{\mathrm{v}}$、$c_{\mathrm{v}}$——van Genuchten 模型参数。

将式(3-16)代入式(3-11)，可以得到式(3-17)：

$$c_{\mathrm{v}}(a_{\mathrm{v}}\psi)^{b_{\mathrm{v}}}-1=0 \tag{3-17}$$

对比式(3-13)、式(3-15)、式(3-17)，我们可以发现式(3-15)和式(3-17)在表达形式上明显比式(3-13)更为简洁。但是如果采用 Excel 的规划求解功能，这三个公式的求解难度实际上没有太大差异。Croney 和 Coleman（1961）、Richards（1965）以及 Fredlund 和 Xing（1994）指出，当相对湿度趋于 0 时，土吸力值约为 $10^6$kPa。但是，式(3-14)和式(3-16)在很多情况下难以满足$\psi = 10^6$kPa 时，$S = 0$ 的条件。Fredlund 和 Xing（1994）模型通过引入修正系数方程，可以满足$\psi = 10^6$kPa 时，$S = 0$ 的条件。因此，尽管 Fredlund 和 Xing（1994）模型在数学表达式上相对复杂，仍然被岩土工程师广为接受和应用。本书采用 Fredlund 和 Xing（1994）模型展示确定土-水特征曲线特征参数的数学表达式。对于式(3-12)、式(3-14)以及式(3-16)在对数坐标系上求导，可以得到不同 SWCC 模型任一点的切线，如式(3-18)、式(3-19)及式(3-20)所示。将$\psi = \psi_i$代入式(3-18)～式(3-20)，就可得到不同 SWCC 模型在拐点处的切线斜率。

$$\frac{\mathrm{d}S}{\mathrm{d}\lg\psi} = \frac{\partial S}{\partial\psi}\psi\ln 10 = \psi\ln 10\left[\frac{1}{\ln\left(1+\frac{10^6}{C_\mathrm{r}}\right)\left(1+\frac{\psi}{C_\mathrm{r}}\right)C_\mathrm{r}\left\{\ln\left[\mathrm{e}+\left(\frac{\psi}{a_\mathrm{f}}\right)^{n_\mathrm{f}}\right]\right\}^{m_\mathrm{f}}} + \frac{m_\mathrm{f}n_\mathrm{f}\left(\frac{\psi}{a_\mathrm{f}}\right)^{n_\mathrm{f}-1}\left[1-\frac{\ln\left(1+\frac{\psi}{C_\mathrm{r}}\right)}{\ln\left(1+\frac{10^6}{C_\mathrm{r}}\right)}\right]}{a_\mathrm{f}\left[\mathrm{e}+\left(\frac{\psi}{a_\mathrm{f}}\right)^{n_\mathrm{f}}\right]\left\{\ln\left[\mathrm{e}+\left(\frac{\psi}{a_\mathrm{f}}\right)^{n_\mathrm{f}}\right]\right\}^{m_\mathrm{f}+1}}\right] \tag{3-18}$$

$$\frac{\mathrm{d}S}{\mathrm{d}(\lg\psi)} = \frac{\partial S}{\partial\psi}\psi\ln 10 = \frac{(-m_\mathrm{f})}{\{\ln[\mathrm{e}+(\psi/a_\mathrm{f})^{n_\mathrm{f}}]\}^{m_\mathrm{f}+1}}\frac{n_\mathrm{f}}{\left[\mathrm{e}+\left(\frac{\psi}{a_\mathrm{f}}\right)^{n_\mathrm{f}}\right]\left(\frac{\psi}{a_\mathrm{f}}\right)^{n_\mathrm{f}}}\ln 10 \tag{3-19}$$

$$\frac{\mathrm{d}S}{\mathrm{d}(\lg\psi)} = \frac{\partial S}{\partial\psi}\psi\ln 10 = -(1-S_\mathrm{r})\ln(10)\,c_\mathrm{v}\left[1+(a_\mathrm{v}\psi)^{b_\mathrm{v}}\right]^{-c_\mathrm{v}-1}(a_\mathrm{v}\psi)^{b_\mathrm{v}} \tag{3-20}$$

Zhai 和 Rahardjo（2012）建议在确定曲线几乎呈直线形态的起始土吸力$\psi'$时，对于砂土取$\psi' = 500$kPa，粉土取$\psi' = 1500$～3100kPa，而对于黏土则取$\psi'$大于 3100kPa。

分别将$\psi_i$和$\psi'$代入式(3-18)或式(3-19)或式(3-20)便得到两条切线的斜率$S_1$和$S_2$。根据图 3-7 所示的几何关系，可以推导出进气值和残余吸力的计算公式如下：

$$\mathrm{AEV} = \psi_i 0.1^{\frac{1-S_i}{S_1}} \tag{3-21}$$

$$\psi_\mathrm{r} = 10^{\frac{S_i-S'+S_1\lg\psi_i-S_2\lg\psi'}{S_1-S_2}} \tag{3-22}$$

$$S_\mathrm{r} = S_i - S_1\lg\left(\frac{\psi_\mathrm{r}}{\psi_i}\right) \tag{3-23}$$

式中：$\psi_i$——拐点对应的土吸力；

$S_i$——拐点对应的饱和度；

$\psi'$——曲线第二个弯曲点后呈直线的起始土吸力，对应部分黏土，第二弯曲点可能不明显，可根据曲线形态自行确定；

AEV——进气值（kPa）；

$\psi_r$——残余吸力（kPa）；

$S_r$——残余饱和度。

采用类似思路，我们可以确定浸润土-水特征曲线定义的进水值（WEV）和恒水吸力（$\psi_{wc}$）。而求解曲线的特征参数关键在于确定浸润过程的土-水特征曲线方程。

## 3.4 土-水特征曲线滞后特性及其预测方法

与脱湿过程相比，土-水特征曲线在浸润过程中表现出明显的差异，这种现象通常称之为土-水特征曲线的滞后特性，如图 2-14 所示，这种现象导致非饱和土的渗透特性和力学特性也呈现出一定的滞后性。自 20 世纪中叶以来，国内外众多学者，包括：Everett，1954；Everett，1955；Enderby，1955；Poulovassilis，1962；Philip，1964；Hanks 等，1969；Poulovassilis 和 Childs，1971；Topp，1971；Mualem，1973；Dane 和 Wierenaga，1975；Parlange，1976；Poulovassilis 和 EI-Ghamry，1978；Mualem，1984；Hogarth 等，1988；Liu 等，1995；Feng 和 Fredlund，1999；Kawai 等，2000；Wheeler 等，2003；Pham 等，2005；Zhai 等，2019；Zhai 等，2020；都提出了不同的模型用以评估土-水特征曲线的滞后特性。Pham 等（2005）将此前有关土-水特征曲线滞后特性的数学模型归纳为两大类，即域模型和经验模型。经验模型的计算结果在很大程度上依赖于模型参数的选取，这些模型参数往往是通过拟合或经验方法确定，因此参数本身没有实际的物理意义。相比之下，域模型基于试验结果分析土中水在不同孔径中的分布规律，因而具有更明确的物理意义。

域模型可以进一步细分为独立域模型和非独立域模型。域模型采用两种类型的元素定义分布函数：α 类元素和 β 类元素。α 类元素描述当吸力从$\psi_{wet}$，$p$减小了$\Delta\psi_{wet}$时，填充到孔隙中的水量（即土中水分增量）；β 类元素描述当吸力从$\psi_{dry}$，$p$增大了$\Delta\psi_{dry}$时，从孔隙中排出的水量（即土中水分减量）。Poulovassilis（1962）基于试验数据提出了确定土中水分布函数的方法，如图 3-8 所示。当土体分别从 D 点和 H 点开始浸润，遵从不同的浸润路径（即 DC 和 HC），最终得到两条不同的浸润曲线。当土体饱和时，HC 与 DC 汇聚于同一点 C，即最终的体积含水率相等。而 H 点的体积含水率比 D 点小 0.71，表明相比于 DC 路径，同样到达 C 点单位土体沿 HC 路径需要额外吸收 0.71 的水分。Poulovassilis（1962）根据 HC 和 DC 曲线的差异，进一步计算了这额外 0.71 水分在不同尺寸孔隙中的分布，如图 3-8（b）所示。沿 DC 路径，当土吸力从 16cm 水头降至 12cm 水头时，土体水分变化量为$\Delta V_{12\sim16,DC}$；沿路径 HC，在吸力变化相同的情况下土体水分变化量为$\Delta V_{12\sim16,HC}$，如图 3-8（a）所示。对比发现$\Delta V_{12\sim16,HC}$比$\Delta V_{12\sim16,DC}$多 0.09，表明额外 0.71 的水分有 0.09 分布在孔径与 12～16cm 水头相对应的孔隙中。以此类推，可以得到额外 0.71 的水分在孔径与 0～4cm、4～8cm、8～12cm、12～16cm 和 16～20cm 水头相对应的孔隙中的分布情况，分别为 0.04、0.18、0.36、0.09 和 0.04，如图 3-8（b）所示。如图 3-8 所示，域模型（包括独立域模型和非独立域模型）能够有效描述土-水特征曲线的滞后现象，但是无法考虑诱发滞后现象的各种因素，也难以实现对土-水特征曲线滞后特性的预测。

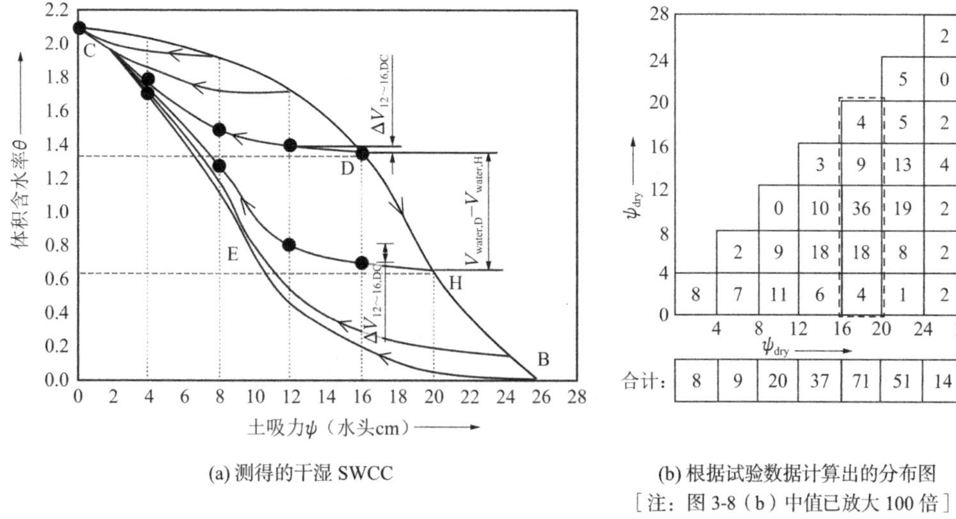


(a) 测得的干湿 SWCC

(b) 根据试验数据计算出的分布图
［注：图 3-8（b）中值已放大 100 倍］

图 3-8　Poulovassilis（1962）的分布函数测定方法示意图

Zhai 等（2020）深入研究了截留空气、脱湿和浸润过程水气分界面与土颗粒表面接触角的差异（雨滴效应）以及墨水瓶效应对土-水特征曲线滞后特性的影响，并提出相应的量化计算公式。最终综合这三种因素，提出通过脱湿土-水特征曲线预测浸润土-水特征曲线的计算模型。下面对 Zhai 等（2020）提出的计算模型作完整介绍。

### 3.4.1　修正毛细模型

Childs（1940）、Childs 和 Collis-George（1950）在研究中首次引入了孔径分布的概念，认为土中水分含量可以通过分析不同孔径大小的孔隙来细化，并通过累加所有孔隙中的水分来计算土中的总水分含量。为了建立土中孔隙分布和土-水特征曲线之间的联系，他们引入了毛细模型。毛细模型中，依据开尔文毛细定律，土中孔隙被简化为一系列的毛细管。"毛细管束"模型（Bundle of cylindrical capillaries，BCC）因其在描述土-水特征曲线上的有效性被广泛接受和采用，但是它在描述土中水分迁移规律方面存在一定的局限性。

Zhai 等（2019）指出"毛细管束"模型的局限性主要体现在以下几个方面：①模型中毛细管都是互相独立的，无法描述水分在土体中的迁移；②毛细管中水头能够代表土吸力，但是毛细管中水的体积并不能准确描述土中水的实际含量；③因为毛细管之间缺乏相互连通，无法有效模拟浸润过程中"墨水瓶"效应。为了克服这些局限性，Zhai 等（2019）对传统毛细模型进行了如下改进。首先，土中孔隙通常呈现不规则形态，不应该简单地视为单个毛细管，而应视为由多个毛细管组成的系统，如图 3-9 所示；其次，将单元截面上的不规则孔隙简化为不同孔径的毛细管集合，各孔径的毛细管数量与孔径密度相关，且在单元截面上是随机分布，如图 3-10 所示；最后，为了模拟土体中孔隙的连通性，一个土体单元可以视为由两个单元截面的组成，且两个单元截面上的毛细管随机分布并相互连通。

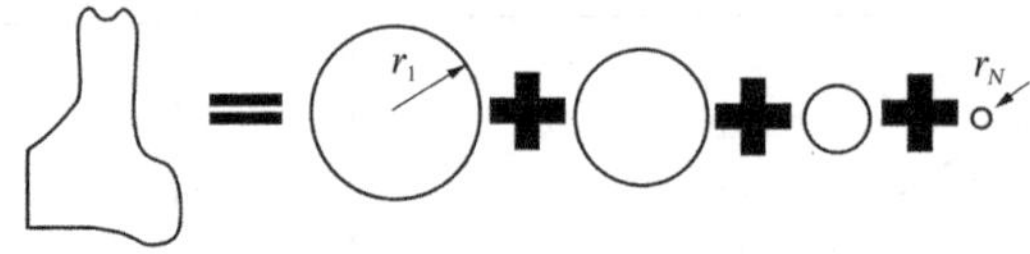


图 3-9 不规则形态孔隙简化为一系列不同孔径的毛细管

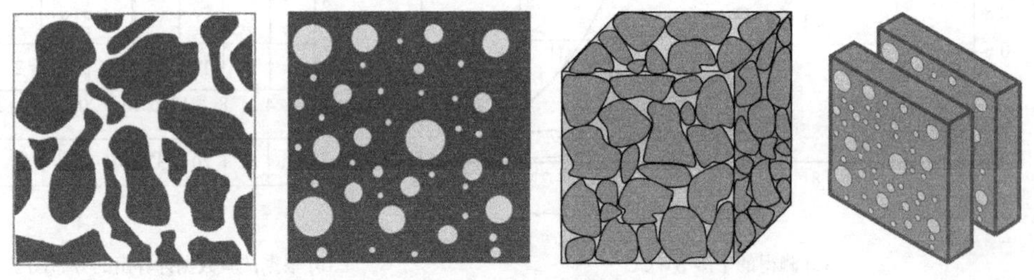

图 3-10 单元截面上孔隙简化为一系列的毛细管

当已知脱湿土-水特征曲线，每个孔径所对应的孔径密度可以通过土-水特征曲线方程表达。若采用 Fredlund 和 Xing（1994）模型来描述脱湿土-水特征曲线，孔径为$r_i$的孔径密度可用当吸力从$\psi_i$增大至$\psi_{i+1}$导致的饱和度降低值来表示，如式(3-24)所示。

$$\Delta S_{\mathrm{r},i} = S_{\mathrm{r},i} - S_{\mathrm{r},i+1} = \left[1 - \frac{\ln\left(1 + \frac{\psi_i}{C_\mathrm{r}}\right)}{\ln\left(1 + \frac{10^6}{C_\mathrm{r}}\right)}\right] \frac{1}{\left\{\ln\left[\mathrm{e} + \left(\frac{\psi_i}{a_\mathrm{f}}\right)^{n_\mathrm{f}}\right]\right\}^{m_\mathrm{f}}} - \left[1 - \frac{\ln\left(1 + \frac{\psi_{i+1}}{C_\mathrm{r}}\right)}{\ln\left(1 + \frac{10^6}{C_\mathrm{r}}\right)}\right] \frac{1}{\left\{\ln\left[\mathrm{e} + \left(\frac{\psi_{i+1}}{a_\mathrm{f}}\right)^{n_\mathrm{f}}\right]\right\}^{m_\mathrm{f}}} \tag{3-24}$$

在脱湿过程中，土中水在不同孔径中的分布状态可根据式(3-24)用 Excel 表格构建的矩阵来表达。如图 3-11 所示。第一列表示孔径的尺寸，自上而下的孔隙尺寸由大到小排列，第一行则表示土吸力状态，土吸力值自左而右逐渐增大。当采用 Fredlund 和 Xing（1994）模型，并确定模型参数$a_\mathrm{f}$、$n_\mathrm{f}$、$m_\mathrm{f}$和$C_\mathrm{r}$分别等于 5kPa、1、1 和 1500kPa 时，土吸力等于 0.01kPa 条件下，半径为 0.3mm 的孔隙中存储水分占饱和状态下土体单元存储水分总量的 4.86%，而半径为 0.006mm 的孔隙存储水分占 13.21%。当土吸力增至 23kPa 时，半径为 0.3mm 的孔隙中水分已经被完全排出，而半径为 0.006mm 的孔隙存储水分仍为 13.21%。进一步，当土吸力超过 61.5kPa 时，半径为 0.006mm 的孔隙中存储的水也被完全排出。图 3-11 中每一列描述了脱湿过程中不同吸力条件下，水在不同尺寸孔隙中的分布状态。

| 孔径 | | 土吸力 | | | | | | | | | | | | | | | | | | | |
|---|---|---|---|---|---|---|---|---|---|---|---|---|---|---|---|---|---|---|---|---|---|
| | | $\psi_1$ | $\psi_2$ | $\psi_3$ | $\psi_4$ | $\psi_5$ | $\psi_6$ | $\psi_7$ | $\psi_8$ | $\psi_9$ | $\psi_{10}$ | $\psi_{11}$ | $\psi_{12}$ | $\psi_{13}$ | $\psi_{14}$ | $\psi_{15}$ | $\psi_{16}$ | $\psi_{17}$ | $\psi_{18}$ | $\psi_{19}$ | $\psi_{20}$ |
| | | 0.01 | 0.0264 | 0.0695 | 0.1833 | 0.4833 | 1.2743 | 3.3598 | 8.8587 | 23.537 | 61.585 | 162.38 | 428.13 | 1128.8 | 2976.4 | 7847.6 | 20691 | 54556 | 143845 | 379269 | $1.0\times10^6$ |
| $r_1$ | 14.48 | 0.12% | | | | | | | | | | | | | | | | | | | |
| $r_2$ | 5.492 | 0.31% | 0.31% | | | | | | | | | | | | | | | | | | |
| $r_3$ | 2.083 | 0.82% | 0.82% | 0.82% | | | | | | | | | | | | | | | | | |
| $r_4$ | 0.79 | 2.06% | 2.06% | 2.06% | 2.06% | | | | | | | | | | | | | | | | |
| $r_5$ | 0.3 | 4.86% | 4.86% | 4.86% | 4.86% | 4.86% | | | | | | | | | | | | | | | |
| $r_6$ | 0.114 | 9.88% | 9.88% | 9.88% | 9.88% | 9.88% | 9.88% | | | | | | | | | | | | | | |
| $r_7$ | 0.043 | 15.35% | 15.35% | 15.35% | 15.35% | 15.35% | 15.35% | 15.35% | | | | | | | | | | | | | |
| $r_8$ | 0.016 | 12.03% | 12.01% | 11.95% | 11.81% | 11.45% | 10.64% | 9.15% | 16.65% | | | | | | | | | | | | |
| $r_9$ | 0.006 | 13.21% | 13.21% | 13.21% | 13.21% | 13.21% | 13.21% | 13.21% | 13.21% | 13.21% | | | | | | | | | | | |
| $r_{10}$ | $2.0\times10^{-3}$ | 9.03% | 9.03% | 9.03% | 9.03% | 9.03% | 9.03% | 9.03% | 9.03% | 9.03% | 9.03% | | | | | | | | | | |
| $r_{11}$ | $9.0\times10^{-4}$ | 6.19% | 6.19% | 6.19% | 6.19% | 6.19% | 6.19% | 6.19% | 6.19% | 6.19% | 6.19% | 6.19% | | | | | | | | | |
| $r_{12}$ | $3.0\times10^{-4}$ | 4.63% | 4.63% | 4.63% | 4.63% | 4.63% | 4.63% | 4.63% | 4.63% | 4.63% | 4.63% | 4.63% | 4.63% | | | | | | | | |
| $r_{13}$ | $1.0\times10^{-4}$ | 3.81% | 3.81% | 3.81% | 3.81% | 3.81% | 3.81% | 3.81% | 3.81% | 3.81% | 3.81% | 3.81% | 3.81% | 3.81% | | | | | | | |
| $r_{14}$ | $5.0\times10^{-5}$ | 3.25% | 3.25% | 3.25% | 3.25% | 3.25% | 3.25% | 3.25% | 3.25% | 3.25% | 3.25% | 3.25% | 3.25% | 3.25% | 3.25% | | | | | | |
| $r_{15}$ | $2.0\times10^{-5}$ | 2.73% | 2.73% | 2.73% | 2.73% | 2.73% | 2.73% | 2.73% | 2.73% | 2.73% | 2.73% | 2.73% | 2.73% | 2.73% | 2.73% | 2.73% | | | | | |
| $r_{16}$ | $7.0\times10^{-6}$ | 2.27% | 2.27% | 2.27% | 2.27% | 2.27% | 2.27% | 2.27% | 2.27% | 2.27% | 2.27% | 2.27% | 2.27% | 2.27% | 2.27% | 2.27% | 2.27% | | | | |
| $r_{17}$ | $3.0\times10^{-6}$ | 1.88% | 1.88% | 1.88% | 1.88% | 1.88% | 1.88% | 1.88% | 1.88% | 1.88% | 1.88% | 1.88% | 1.88% | 1.88% | 1.88% | 1.88% | 1.88% | 1.88% | | | |
| $r_{18}$ | $1.0\times10^{-6}$ | 1.57% | 1.57% | 1.57% | 1.57% | 1.57% | 1.57% | 1.57% | 1.57% | 1.57% | 1.57% | 1.57% | 1.57% | 1.57% | 1.57% | 1.57% | 1.57% | 1.57% | 1.57% | | |
| $r_{19}$ | $4.0\times10^{-7}$ | 1.32% | 1.32% | 1.32% | 1.32% | 1.32% | 1.32% | 1.32% | 1.32% | 1.32% | 1.32% | 1.32% | 1.32% | 1.32% | 1.32% | 1.32% | 1.32% | 1.32% | 1.32% | 1.32% | |
| $r_{20}$ | $1.0\times10^{-9}$ | 0.00% | 0.00% | 0.00% | 0.00% | 0.00% | 0.00% | 0.00% | 0.00% | 0.00% | 0.00% | 0.00% | 0.00% | 0.00% | 0.00% | 0.00% | 0.00% | 0.00% | 0.00% | 0.00% | 0.00% |
| **累计饱和度** | | **99.93%** | **99.81%** | **99.49%** | **99.68%** | **96.62%** | **91.76%** | **81.88%** | **66.52%** | **49.88%** | **36.67%** | **27.64%** | **21.45%** | **16.82%** | **13.01%** | **9.76%** | **7.03%** | **4.77%** | **2.89%** | **1.32%** | **0.00%** |

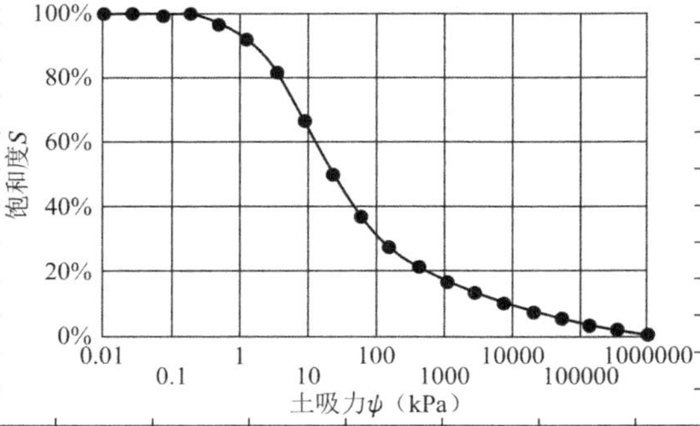

图 3-11　脱湿过程土中水分在不同尺寸孔隙中的分布状态

### 3.4.2 截留空气的计算

如图 3-3 所示，土体在浸润过程中，即使土吸力降到最小值，饱和度也无法恢复至 100%，而是稳定在某个特定的值$S_0$。这种现象通常归因于土体内部截留空气的存在，截留空气的量越大，$1-S_0$也越大。确定截留空气在土体中的分布是明确截留空气对土-水特征曲线滞后特性影响的关键。在计算截留空气量前，我们需要搞清楚截留空气是如何产生的。

如图 3-11 所示，在脱湿过程中，当土吸力增加至$\psi_{11}$时，水从孔径为$r_1$至$r_{10}$的孔隙中排出，空气占据这些孔隙。当土样开始浸润，土吸力从$\psi_{11}$减小至$\psi_1$时，因为截留空气残留在孔隙中，饱和度无法恢复至 100%，导致浸润曲线和脱湿曲线形成一个明显的开口。通过观察图 3-11 可知，截留空气只能存在孔径为$r_1$～$r_{10}$的孔隙中，因为在整个脱湿和浸润过程中，孔径$r_{11}$～$r_{20}$这些孔隙始终处于饱和状态，气体并未进入这些孔隙。这样一来，问题就得到了简化，只要能够确定孔径为$r_1$～$r_{10}$的孔隙中截留空气的分布，就可以确定$1-S_0$。Zhai 等（2023）研究指出，截留空气在不同孔径中的分布是难以直接测定的，建议通过假定分布函数的方式来描述截留空气量。在众多分布函数中，最为简单的就是均匀分布假设，即截留空气在孔径为$r_i$和$r_j$的两个孔隙中残留百分比是形同的。当吸力从$\psi_{11}$降低至$\psi_1$时，截留空气和浸润过程中孔隙中水分的填充百分比分别可用式(3-25)和式(3-26)表达。

$$P_{\mathrm{af}}=\frac{1-S_0}{1-S(\psi_{10})} \tag{3-25}$$

$$P_{\mathrm{wf}}=\frac{S_0-S(\psi_{10})}{1-S(\psi_{10})} \tag{3-26}$$

式中：$S(\psi_{10})$——土吸力为$\psi_{10}$时对应的饱和度；

$1-S(\psi_{10})$——当土吸力从$\psi_1$增加至$\psi_{10}$时从土单元中排出的总水量［当考虑孔隙总体积等于 1 时，$1-S(\psi_{10})$可认为孔径$r_1$～$r_{10}$的孔隙体积总和］；

$S_0-S(\psi_{10})$——当土吸力从$\psi_{10}$减小至$\psi_1$时填充至土单元$r_1$～$r_{10}$的孔隙中的水体积。

在浸润过程中，考虑截留空气在浸润路径所经过的孔隙中均匀分布，截留空气量在各尺寸孔隙中的分布量可用该尺寸的孔隙体积乘以$P_{\mathrm{af}}$进行计算。换而言之，在浸润过程中，水分填充干燥孔隙的体积可用该尺寸的孔隙体积乘以$P_{\mathrm{wf}}$进行计算。由此可见，截留空气含量与浸润过程初始吸力有关，初始吸力越大，截留空气含量越高，初始吸力越小，截留空气含量越少。

### 3.4.3 “雨滴”效应对土-水特征曲线滞后特性的影响

浸润过程表现为水压驱使水气分界面移动，此时弯液面与土颗粒表面形成的接触角为推进接触角（$\theta_{advancing}$）。相对地，脱湿过程表现为气体驱使水气分界面移动，弯液面与土颗粒表面形成的接触角为后退接触角（$\theta_{receding}$）。一般情况下，推进接触角会大于后退接触角，这种现象通常被描述为“雨滴”效应。Zhai 等（2020）将浸润过程的接触角定义为$\alpha_{wet}$，脱湿过程的接触角定义为$\alpha_{dry}$，如图 3-12 所示。由于接触角的直接测量难度较大（尤其对于粒径分布较广的土体），Zhai 等（2020）提出引入常数$k$来描述接触角$\alpha_{dry}$和$\alpha_{wet}$之间的关系，如式(3-27)所示。

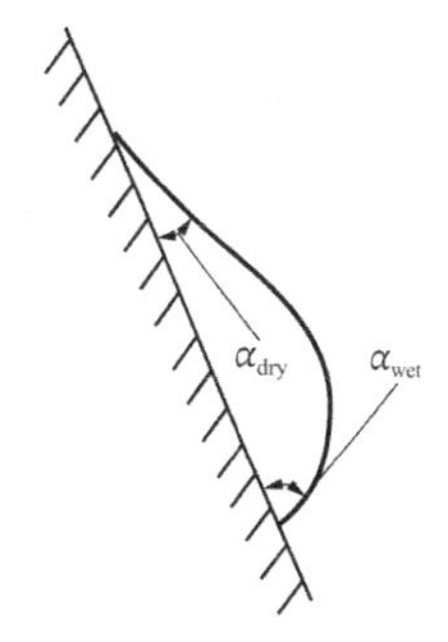

图 3-12 “雨滴效应”示意图

$$k = \frac{\cos \alpha_{dry}}{\cos \alpha_{wet} \alpha_{wet}} \tag{3-27}$$

当$k = 1$时，脱湿和浸润过程的接触角相等。Bechmann 和 Ploeg（2002），Eral 等（2013）回顾了当前有关推进接触角和后退接触角的相关理论和试验结果，发现当固有接触角相同时，推进接触角大于后退接触角，因此在大部分工况下$k$值是大于 1 的。另外，颗粒的矿质成分、颗粒大小以及表面形态都可能对接触角的测量结果产生影响。因此，接触角的试验测量难度较大，采用数学模型来描述脱湿和浸润过程的接触角关系是一个更为合理的选择。当土吸力从$\psi_i$增加到$\psi_{i+1}$时，水分从孔径为$r_i$的孔隙排出，而当土吸力从$\psi_{i+1}$减少到$\psi_i$时，因$\alpha_{dry}$和$\alpha_{wet}$的差异性，水分无法重新填充孔径为$r_i$的孔隙。在脱湿和浸润过程中，弯液面在毛细管中的极限平衡状态可以分别用式(3-28)和式(3-29)表示。在脱湿过程中，只有当土吸力大于$\psi_{dry}$时，平衡态被打破，水分排出毛细管；而在浸润过程中，只有当土吸力小于$\psi_{wet}$时，才能打破平衡态，让水分填充毛细管。从式(3-28)和式(3-29)分析可知，对于具有相同孔径的毛细管，由于$\alpha_{dry}$小于$\alpha_{wet}$，排水过程中的打破平衡所需的驱动土吸力$\psi_{dry}$会大于浸润过程中打破平衡所需的驱动土吸力$\psi_{wet}$。根据式(3-27)的关系，如果排水过程中的驱动土吸力为$\psi_i$，只有当土吸力降至$\psi_i/k$时，浸润过程的平衡状态才能被打破，水分才可以重新填充孔径为$r_i$的孔隙。

$$\psi_{dry} = \frac{2T_s \cos \alpha_{dry}}{r_i} \tag{3-28}$$

$$\psi_{wet} = \frac{2T_s \cos \alpha_{wet}}{r_i} \tag{3-29}$$

式中：$T_s$——水的表面张力。

由此可见，“雨滴”效应对 SWCC 滞后特性的影响主要体现在水分对孔隙填充的滞后作用上，以脱湿曲线为基准，浸润曲线的滞后性可用常数$k$进行表示。Zhai 等（2020）建议采用浸润过程的部分试验数据来标定$k$值，标定后的$k$值可用以预测其他条件下的浸润曲线。

### 3.4.4 “墨水瓶”效应对土-水特征曲线滞后特性的影响

Taylor（1948）采用毛细管模型（图 3-13）形象地描绘了“墨水瓶”效应。根据开尔文毛细定律，图 3-13（a）中毛细水高度$h_{c1}$可以通过毛细管半径$r_i$计算求得。当土吸力超过毛细高度$r_i$时，水从半径$r_1$的管 A 中排出。如果土吸力再次减小，水将重新注入毛细管 A。当出现图 3-13（b）所示的场景，较大孔径的毛细管 B 连接在毛细管 $A_1$ 和 $A_2$ 之间。尽管土吸力已减少至可以使水分填充到半径为$r_i$的毛细管中，但由于管 B 的存在阻碍了水分的迁移路径，使得水分无法填充毛细管 $A_2$。然而，如果土吸力持续减小，直至水完全填充毛细管 B，那么管 B 中的水分就能填充管 $A_2$ 如图 3-13（c）所示，此时“墨水瓶”效应便会消失。由此可见，“墨水瓶”效应不同于截留空气的作用，它是一个动态的影响。此外，如图 3-13（b）所示，“墨水瓶”效应对 SWCC 滞后特性的影响取决于管 B 和管 $A_2$ 连接的概率，这一连接概率又依赖于管 B 和管 A 的孔径分布密度$f(r)$。

当吸力从$\psi_{11}$减小至$\psi_{10}/k$时，水分可以填充孔径为$r_{10}$的孔隙。孔径从$r_1$至$r_9$的孔隙仍处于干燥状态，这些干燥孔隙可能会阻断部分水分的迁移路径，导致水分无法 100%填充孔径为$r_{10}$的孔隙。这种阻塞的概率（$P_{\text{blocking}}$）取决于干燥孔隙出现在含水孔隙和孔径为$r_{10}$的孔隙之间的概率，可采用式(3-30)计算。

$$P_{\text{blocking}} = \sum_{i=1}^{N} f(r_i) = 1 - S(\psi_i) \tag{3-30}$$

因此，考虑“墨水瓶”效应，孔径为$r_{10}$的孔隙体积被水分填充的可能性可用式(3-31)确定：

$$P_{\text{f,ink}} = 1 - P_{\text{blocking}} = S(\psi_i) \tag{3-31}$$

式中：$S(\psi_i)$——土吸力为$\psi_i$时对应的饱和度。

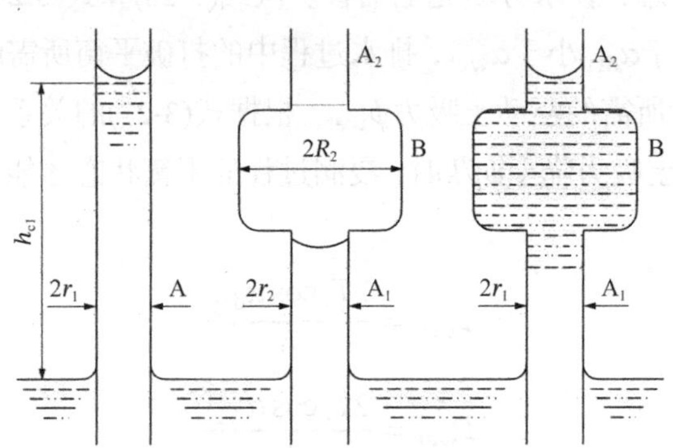


图 3-13 “墨水瓶”效应示意图

“墨水瓶”效应对 SWCC 滞后特性的影响主要体现在干燥的大孔隙可能阻挡水分填充目标孔隙。然而，一旦这些大孔隙被水填充时，“墨水瓶”效应便会随之消失。式(3-31)可以量化计算“墨水瓶”效应对 SWCC 滞后特性的影响。该公式揭示了一个重要关系：“墨水瓶”效应对 SWCC 滞后特性的影响与浸润过程中土吸力大小密切相关。土吸力越小，“墨水瓶”效应越不明显。如果土吸力足够小［即$S(\psi_i)$接近于 1］，“墨水瓶”效应几乎可以被完全消除。

### 3.4.5　土-水特征曲线滞后特性预测模型

为了精确计算不同孔径孔隙中水分的分布状态，需综合考虑截留空气、“雨滴”效应以及“墨水瓶”效应的影响，如图 3-14 所示。在图中，白色区域代表截留空气所占的体积，这部分体积在后续脱湿和浸润过程中都不会产生改变，可用式(3-25)进行计算。灰色区域表示“墨水瓶”效应，因干燥的大尺寸孔隙阻挡水分向目标孔隙的迁移，导致水分无法完全填充这些孔隙。当土吸力减小足够小，使得水分能够填充干燥的大尺寸孔隙时，水分便能够完全填充目标孔隙，从而消除“墨水瓶”效应。“墨水瓶”效应对水分在孔隙中分布的影响可用式(3-32)进行计算。另外，因“雨滴”效应导致水分对孔隙填充的滞后，无法在图 3-14 中直观表达。在浸润过程，需要降低到一个更低的驱动土吸力才能将水分填充到目标孔隙。

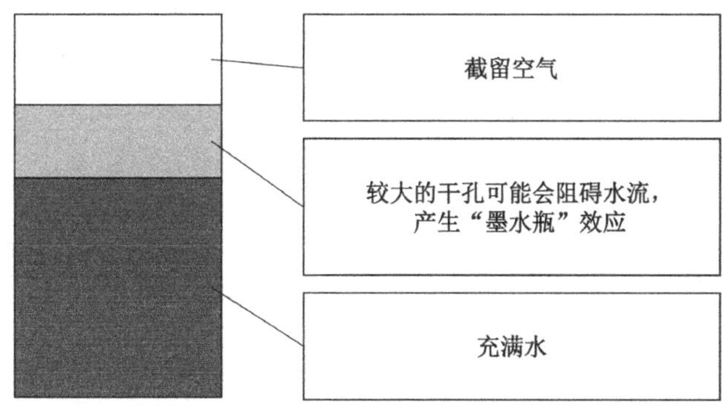


图 3-14　润湿过程中特定孔隙不同比例示意图

最终，可以将浸润过程中的土-水特征曲线表达为与浸润起始点$\psi_{\mathrm{m}}$、“雨滴”效应系数$k$以及截留空气$S_0$相关的函数，某一吸力下对应的饱和度$S_{\mathrm{wet}}$可以通过脱湿土-水特征曲线对应的饱和度$S(\psi)$来进行计算，具体表达式如式(3-32)所示。

$$S_{\mathrm{wet}} = S(\psi_{\mathrm{m}}) + \frac{S_0 - S(\psi_{\mathrm{m}})}{1 - S(\psi_{\mathrm{m}})} S(\psi)[S(k\psi) - S(\psi_{\mathrm{m}})] \tag{3-32}$$

式中：$S_0$——在浸润土-水特征曲线上，吸力等于最小值所对应的饱和度；

$S(\psi)$——在脱湿土-水特征曲线上，吸力等于$\psi$所对应的饱和度；

$S(k\psi)$——在脱湿土-水特征曲线上，吸力等于$k\psi$所对应的饱和度；

$S(\psi_{\mathrm{m}})$——在脱湿土-水特征曲线上，吸力等于$\psi_{\mathrm{m}}$所对应的饱和度；

$k$——定义了脱湿和浸润过程接触角差异；

$\psi_{\mathrm{m}}$——浸润过程，土样初始最大吸力。

把式(3-32)输入 Excel 表格中，就能得到在浸润过程中，水分在不同孔径中的分布状态，如图 3-15 所示。

| 孔径 | | 土吸力 | | | | | | | | | | | | | | | | | | | |
|---|---|---|---|---|---|---|---|---|---|---|---|---|---|---|---|---|---|---|---|---|---|
| | | $\psi_1$ | $\psi_2$ | $\psi_3$ | $\psi_4$ | $\psi_5$ | $\psi_6$ | $\psi_7$ | $\psi_8$ | $\psi_9$ | $\psi_{10}$ | $\psi_{11}$ | $\psi_{12}$ | $\psi_{13}$ | $\psi_{14}$ | $\psi_{15}$ | $\psi_{16}$ | $\psi_{17}$ | $\psi_{18}$ | $\psi_{19}$ | $\psi_{20}$ |
| | | 0.01 | 0.0264 | 0.0695 | 0.1833 | 0.4833 | 1.2743 | 3.3598 | 8.8587 | 23.537 | 61.585 | 162.38 | 428.13 | 1128.8 | 2976.4 | 7847.6 | 20691 | 54556 | 143845 | 379269 | $1.0\times10^6$ |
| $r_1$ | 14.48 | 0.00% | | | | | | | | | | | | | | | | | | | |
| $r_2$ | 5.4918 | 0.23% | 0.00% | | | | | | | | | | | | | | | | | | |
| $r_3$ | 2.0829 | 0.59% | 0.59% | 0.00% | | | | | | | | | | | | | | | | | |
| $r_4$ | 0.7900 | 1.49% | 1.48% | 1.48% | 0.00% | | | | | | | | | | | | | | | | |
| $r_5$ | 0.2996 | 3.51% | 3.50% | 3.49% | 3.44% | 0.00% | | | | | | | | | | | | | | | |
| $r_6$ | 0.1136 | 7.14% | 7.15% | 7.10% | 7.01% | 6.80% | 0.00% | | | | | | | | | | | | | | |
| $r_7$ | 0.0431 | 11.10% | 11.08% | 11.03% | 10.89% | 10.56% | 9.82% | 0.00% | | | | | | | | | | | | | |
| $r_8$ | 0.0163 | 12.03% | 12.01% | 11.95% | 11.81% | 11.45% | 10.64% | 9.15% | 0.00% | | | | | | | | | | | | |
| $r_9$ | 0.0062 | 9.55% | 9.53% | 9.49% | 9.37% | 9.09% | 8.45% | 7.26% | 5.26% | 0.00% | | | | | | | | | | | |
| $r_{10}$ | 0.0030 | 6.53% | 6.51% | 6.48% | 6.40% | 6.21% | 5.77% | 4.96% | 3.88% | 2.86% | 0.00% | | | | | | | | | | |
| $r_{11}$ | 0.0009 | 6.19% | 6.19% | 6.19% | 6.19% | 6.19% | 6.19% | 6.19% | 6.19% | 6.19% | 6.19% | 6.19% | | | | | | | | | |
| $r_{12}$ | 0.0003 | 4.63% | 4.63% | 4.63% | 4.63% | 4.63% | 4.63% | 4.63% | 4.63% | 4.63% | 4.63% | 4.63% | 4.63% | | | | | | | | |
| $r_{13}$ | 0.0001 | 3.81% | 3.81% | 3.81% | 3.81% | 3.81% | 3.81% | 3.81% | 3.81% | 3.81% | 3.81% | 3.81% | 3.81% | 3.81% | | | | | | | |
| $r_{14}$ | $5.0\times10^{-5}$ | 3.25% | 3.25% | 3.25% | 3.25% | 3.25% | 3.25% | 3.25% | 3.25% | 3.25% | 3.25% | 3.25% | 3.25% | 3.25% | 3.25% | | | | | | |
| $r_{15}$ | $2.0\times10^{-5}$ | 2.73% | 2.73% | 2.73% | 2.73% | 2.73% | 2.73% | 2.73% | 2.73% | 2.73% | 2.73% | 2.73% | 2.73% | 2.73% | 2.73% | 2.73% | | | | | |
| $r_{16}$ | $7.0\times10^{-6}$ | 2.27% | 2.27% | 2.27% | 2.27% | 2.27% | 2.27% | 2.27% | 2.27% | 2.27% | 2.27% | 2.27% | 2.27% | 2.27% | 2.27% | 2.27% | 2.27% | | | | |
| $r_{17}$ | $3.0\times10^{-6}$ | 1.88% | 1.88% | 1.88% | 1.88% | 1.88% | 1.88% | 1.88% | 1.88% | 1.88% | 1.88% | 1.88% | 1.88% | 1.88% | 1.88% | 1.88% | 1.88% | 1.88% | | | |
| $r_{18}$ | $1.0\times10^{-6}$ | 1.57% | 1.57% | 1.57% | 1.57% | 1.57% | 1.57% | 1.57% | 1.57% | 1.57% | 1.57% | 1.57% | 1.57% | 1.57% | 1.57% | 1.57% | 1.57% | 1.57% | 1.57% | | |
| $r_{19}$ | $4.0\times10^{-7}$ | 1.32% | 1.32% | 1.32% | 1.32% | 1.32% | 1.32% | 1.32% | 1.32% | 1.32% | 1.32% | 1.32% | 1.32% | 1.32% | 1.32% | 1.32% | 1.32% | 1.32% | 1.32% | 1.32% | |
| $r_{20}$ | $1.0\times10^{-7}$ | 0.00% | 0.00% | 0.00% | 0.00% | 0.00% | 0.00% | 0.00% | 0.00% | 0.00% | 0.00% | 0.00% | 0.00% | 0.00% | 0.00% | 0.00% | 0.00% | 0.00% | 0.00% | 0.00% | 0.00% |
| **累计饱和度** | | **79.80%** | **79.48%** | **78.65%** | **76.57%** | **71.74%** | **62.32%** | **49.02%** | **37.19%** | **30.50%** | **27.64%** | **27.64%** | **21.45%** | **16.82%** | **13.01%** | **9.76%** | **7.03%** | **4.77%** | **2.89%** | **1.32%** | **0.00%** |

图 3-15 采用式(3-32)计算润湿过程水分在不同孔径中的分布

当土体从吸力$\psi_1$开始脱湿，并逐渐增加至$\psi_{11}$时，孔隙$r_1$～$r_{10}$中水分会被排出。通过记录不同吸力状态对应土体的留存含水量，可以绘制出初始脱湿曲线。当土体从吸力$\psi_{11}$开始浸润，并逐步降至$\psi_3$时，由于“雨滴”效应孔径为$r_3$的孔隙无法被水分填充。同时，由于留截空气和“墨水瓶”效应，即使被水分填充的孔隙也并非完全被水填满，这些孔隙的具体填充量可采用式(3-26)和式(3-32)来计算。进一步地，当土体从吸力$\psi_3$开始再次经历脱湿时，由于孔径$r_3$～$r_{10}$的孔隙此前并未完全被水填充，因此排出的水量会小于初始脱湿过程的排水量。模型中的$k$值可以通过浸润主线的试验数据进行标定，所得的$k$值可用于预测脱湿扫描曲线和浸润扫描曲线。

为验证式(3-32)的可靠性，翟钱等（2023）收集并分析了 12 组试验数据，包含不同类别土的脱湿和浸润 SWCC 试验数据。其中国内文献数据 6 组包括：西安黄土①、西安黄土②、青藏黏土、全风化凝灰岩、泾阳黄土、河南南阳原状黄土；国外文献数据 6 组包括：砂-高岭土混合物 SK-5（砂-高岭土比例 15∶85）、SK-10（砂-高岭土比例 35∶65）、SK-17（砂-高岭土比例 55∶45）、砂土Ⅳ、砂土 V、砂。调研发现国内文献对二次脱湿的 SWCC 试验数据相对较少。因此，选取的国外 6 组试验数据包括初次脱湿、首次浸润和二次脱湿的相关试验数据，用以验证式(3-32)的有效性。所收集的土样名称、初始干密度、围压、脱湿曲线的 Fredlund 和 Xing（1994）模型参数以及相关参考文献如表 3-2 所示。式(3-32)对不同种类土的预测浸润土-水特征曲线与试验结果的对比分析，如图 3-16 所示。

**土体土-水特征曲线的拟合参数和$k$值**　　**表 3-2**

| 序号 | 土体名称 | 初始干密度 $\rho_d$（g/m$^3$） | 围压（kPa） | $a_f$（kPa） | $n_f$ | $m_f$ | $C_r$（kPa） | $k$ | 参考文献 |
|---|---|---|---|---|---|---|---|---|---|
| 1 | 西安黄土① | 1.51 | 0 | 9.02 | 1.33 | 0.41 | 1500 | 1.72 | 伏映鹏等（2022） |
| 2 | 西安黄土② | 1.39 | 0 | 32.69 | 1.02 | 0.45 | 1500 | 1.79 | 郑方等（2019） |
| 3 | 青藏黏土 | 1.46 | 0 | 2.91 | 1.23 | 0.36 | 1500 | 2.01 | — |
| 4 | 全风化凝灰岩 | — | — | 191.82 | 1.91 | 2.19 | 1500 | 1.74 | Lai（2004） |
| 5 | 泾阳黄土 | 1.23 | 0 | 8.32 | 1.19 | 0.56 | 1500 | 1.00 | 赵文博等（2015） |
| 6 | 河南南阳原状黄土 | 1.70 | 0 | 3000 | 0.01 | 0.20 | 1500 | 2.25 | 何芳禅和张俊然（2022） |
| 7 | SK-5 | 1.50 | 0 | 67.78 | 1.32 | 0.78 | 1500 | 1.47 | Goh（2012） |
| 8 | SK-10 | 1.67 | 0 | 72.24 | 1.72 | 0.29 | 1500 | 2.30 | |
| 9 | SK-17 | 1.86 | 0 | 65.39 | 1.29 | 0.72 | 1500 | 2.30 | |
| 10 | 砂土Ⅳ | 1.77 | 0 | 3.47 | 5.34 | 1.46 | 1500 | 1.87 | |
| 11 | 砂土Ⅴ | 1.77 | 0 | 2.79 | 6.52 | 1.20 | 1500 | 1.55 | |
| 12 | 砂 | — | 0 | 2.83 | 5.97 | 1.73 | 1500 | 1.52 | Poulovassilis（1970） |

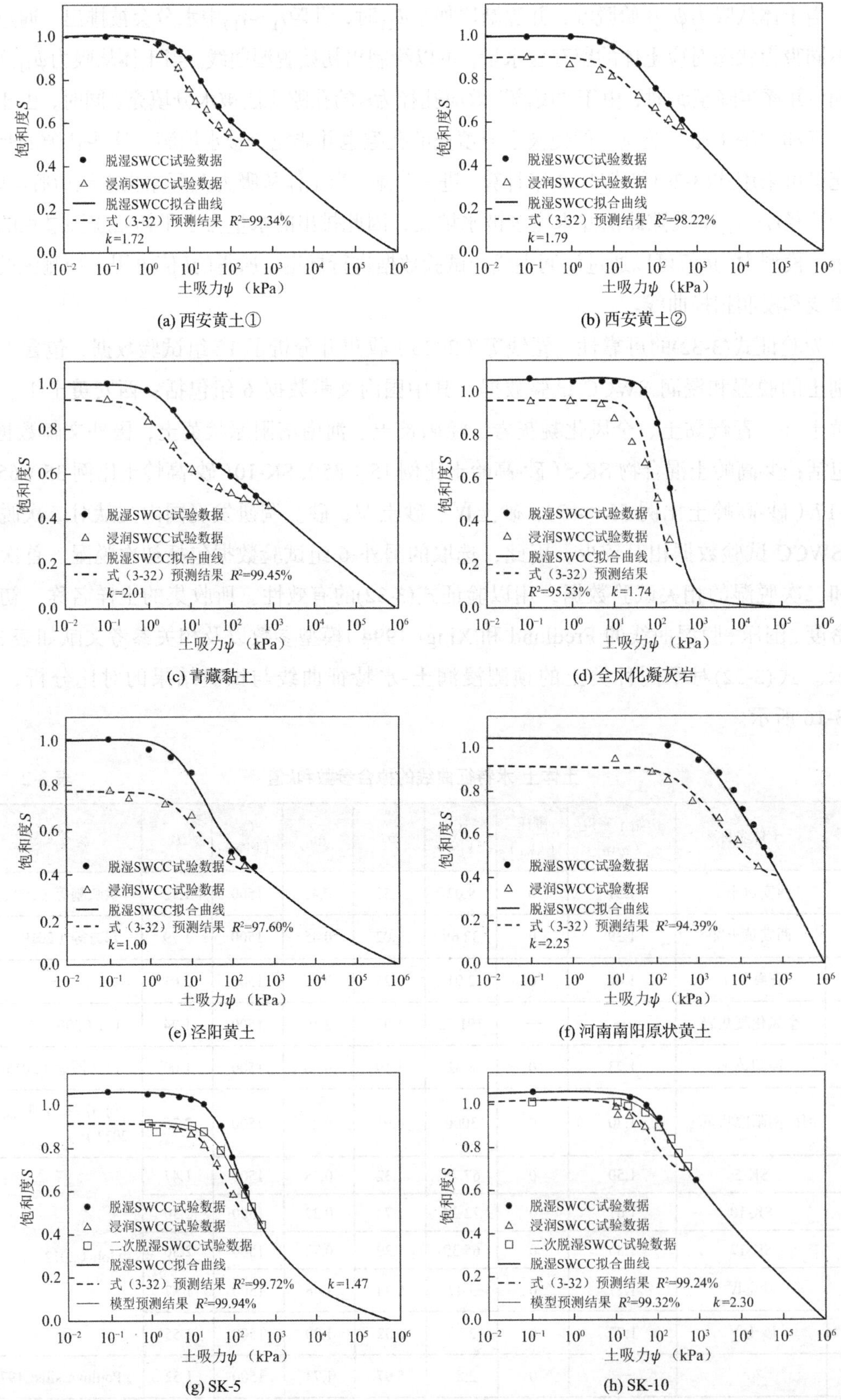


(a) 西安黄土①　(b) 西安黄土②

(c) 青藏黏土　(d) 全风化凝灰岩

(e) 泾阳黄土　(f) 河南南阳原状黄土

(g) SK-5　(h) SK-10

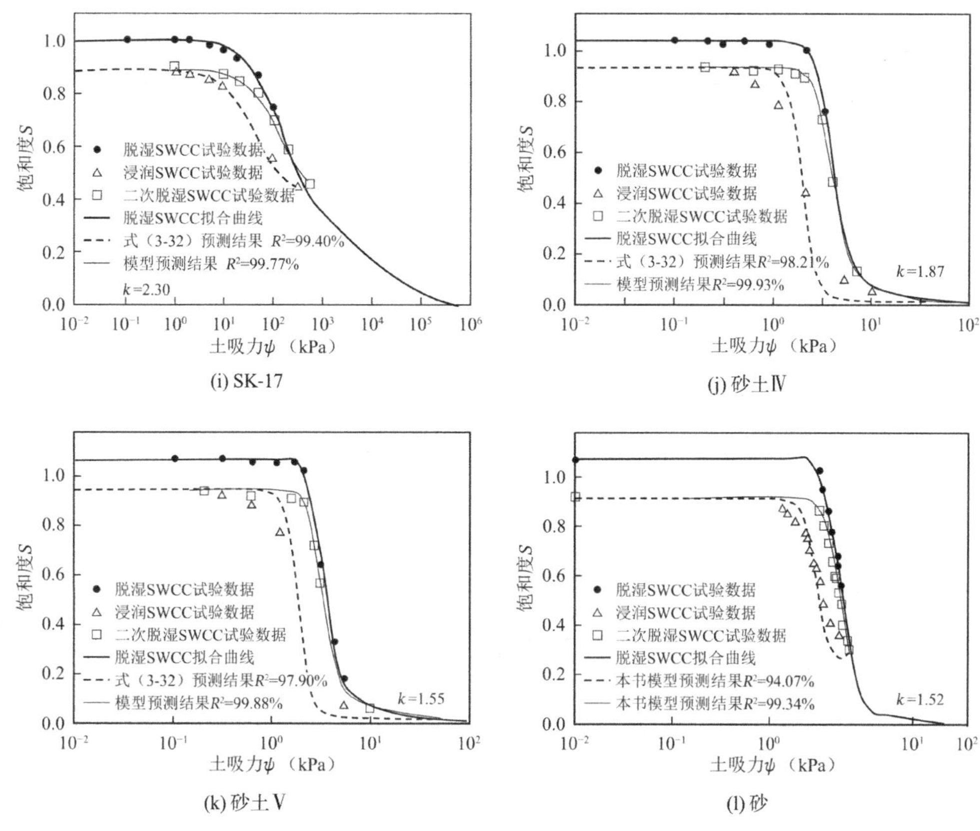


图 3-16　Zhai 等（2020，2023）预测模型结果和试验结果对比

图 3-16 揭示了 Zhai 等( 2020, 2023 )研究中提出的预测模型采用脱湿过程中的土-水特征曲线作为输入参数，并通过应用式(3-32)能够有效预测不同种类土的浸润土-水特征曲线。

## 3.5　土-水特征曲线与级配曲线的关联性及预测模型

一般情况下，土-水特征曲线的试验不仅耗时较长，而且试验成本较高。Fredlund 和 Rahardjo（1993），Fredlund 等（2012）研究指出，相较于直接测量的方法，间接预测的方法具有高效率和几乎为零的成本优势，即使在准确度上有所牺牲，但也能够满足实际工程的精度要求。近十多年来，采用土的基本物理参数来估测土-水特征曲线的方法引起了学者们的广泛关注。Zapata（1999）将土-水特征曲线的预测方法归纳为三大类：①采用概率统计的方法预测给定土吸力下的含水率；②采用概率统计的方法，通过土体基本物理参数预测 SWCC 数学模型中的模型参数；③构建物理模型，并通过这些模型来预测土-水特征曲线。当前预测非饱和土土-水特征曲线的预测模型汇总如表 3-3 所示。

**土-水特征曲线预测模型汇总** **表 3-3**

| 文献 | 数学模型 | 备注 |
|---|---|---|
| Gupta 和 Larson（1979） | $\theta = a_g \times \text{sand\%} + b_g \times \text{silt\%} + c_g \times \text{clay\%} + d_g \times \text{organic\%} + e_g \times \rho_d$ | $\theta$为体积含水率；$a_g$、$b_g$、$c_g$、$d_g$、$e_g$为模型参数；sand%、silt%、clay%、organic%分别为砂、粉土、黏土、有机物含量；$\rho_d$为干密度 |
| Ghosh（1980） | $\psi = \psi_{AEV}\left(\frac{\theta}{\theta_s}\right)^{-\beta}$ | $\psi_{AEV}$为进气值；$\theta_s$为饱和体积含水率；$\beta$为模型参数 |
| Rawl 等（1992） | $\psi_{AEV} = \exp\begin{pmatrix}5.34 + 1.85\times10^{-3}C - 2.484n - 2\times10^{-5}C^2 \\ -4\times10^{-4}Sn - 6.17\times10^{-3}Cn + 1\times10^{-5}S^2n^2 \\ -9\times10^{-4}C^2n^2 - 1\times10^{-8}S^2C + 9\times10^{-7}C^2S \\ -7\times10^{-6}S^2n + 5\times10^{-7}n^2S - 5\times10^{-3}n^2C\end{pmatrix}$<br>$\lambda_{bc} = \exp\begin{pmatrix}-0.784 + 1.8\times10^{-4}S - 1.062n - 5\times10^{-7}S^2 \\ -3\times10^{-5}C^2 + 1.1111n^2 - 3.1\times10^{-4}Sn \\ +3\times10^{-6}S^2n^2 - 2\times10^{-9}S^2C + 8\times10^{-5}C^2n \\ -7\times10^{-5}n^2C\end{pmatrix}$<br>$\theta_r = -0.018 + 9\times10^{-6}S + 5\times10^{-5}C + 0.029n - 2\times10^{-6}C^2 - 1\times10^{-5}Sn - 2\times10^{-6}C^2n^2 + 3\times10^{-6}C^2n - 2\times10^{-5}n^2C$ | $\psi_{AEV}$、$\lambda_{bc}$、$\theta_r$为 Brooks 和 Corey（1964）中的模型参数；$S$为砂粒含量；$C$为黏粒含量；$n$为孔隙率 |
| Fredlund 等（1997） | $P = \left\{1 - \left[\frac{\ln\left(1 + \frac{d_r}{d}\right)}{\ln\left(1 + \frac{d_r}{d_m}\right)}\right]^7\right\}\left[\frac{100}{\ln\left[e + \left(\frac{d}{a_s}\right)^{b_s}\right]^{c_s}}\right]$<br>再通过级配曲线结合孔隙率转换为 SWCC | $P$为通过某一粒径的百分比；$d$为颗粒粒径；$a_s$、$b_s$、$c_s$为模型参数；$d_r$为与细颗粒含量有关的一个参数；$d_m$为最小粒径 |
| Tinjum 等（1997） | $\lg(a_{vg}) = -1.127 - 0.017I_P - 0.092(w - w_{opt}) - 0.263C$<br>$n_{av} = -1.06 + 0.0005I_P - 0.0005(w - w_{opt})$<br>$m_{vg} = 1 - \frac{1}{n_{vg}}$ | $a_{vg}$、$n_{vg}$、$m_{vg}$为 van Genuchten（1980）模型参数；$I_P$为塑性指数；$w$为压实土的含水率；$w_{opt}$为最优含水率；$C$为压实能量相关的参数 |
| Zapata（1999） | **黏性土（$I_P > 0$）**<br>$a_f = 0.00364(wI_P)^{3.35} + 4(wI_P) + 11$<br>$n_f/m_f = -2.313(wI_P)^{3.35} + 5$<br>$m_f = 0.0514(wI_P)^{0.465} + 0.5$<br>$C_r/a_f = 32.44e^{0.0186(wI_P)}$<br>$\theta_s = 0.0143(wI_P)^{0.75} + 0.36$<br>**砂性土（$I_P = 0$）**<br>$a_f = 0.8627(D_{60})^{-0.751}$<br>$n_f(\text{平均值}) = 7.5$<br>$m_f = 0.1772\ln(D_{60}) + 0.7734$<br>$C_r/a_f = \frac{1}{D_{60} + 9.7e^{-4}}$ | $a_f$、$n_f$、$m_f$、$C_r$为 Fredlund 和 Xing（1994）模型参数；$w$为细颗粒含量（即粒径小于 0.075mm 颗粒含量）；$I_P$为塑性指数；$D_{60}$为穿透率是 60%时所对应的粒径 |
| Zhai 等（2020） | $S = \frac{A_\psi}{A_0}$ | $A_\psi$为吸力等于$\psi$时对应的孔隙水的二维等效面积；$A_0$为吸力等于 0 时对应的孔隙水的二维等效面积 |

这些模型中，Fredlund 等（1997）模型采用了 Arya 和 Paris（1981）碎片化思路，该模型基于开尔文定律将颗粒等效为毛细管，管壁厚度代表颗粒，毛细管内径代表孔隙的大小。因此，Fredlund 等（1997）模型可以被视为一种基于物理模型的半经验模型。进一步地，Zhai 等（2020）将土体单元简化为二维平面单元进行研究。在二维平面单元里，土颗粒用

半径不等的圆表示，圆与圆之间的空隙则代表孔隙。考虑到在土吸力变化的过程中土体体积不变，Zhai 等（2020）假设每个孔隙由三个相切的圆构成，如图 3-17 所示。下面将基于这个模型全面介绍 Zhai 等（2020）预测土-水特征曲线的物理模型及其计算方法。

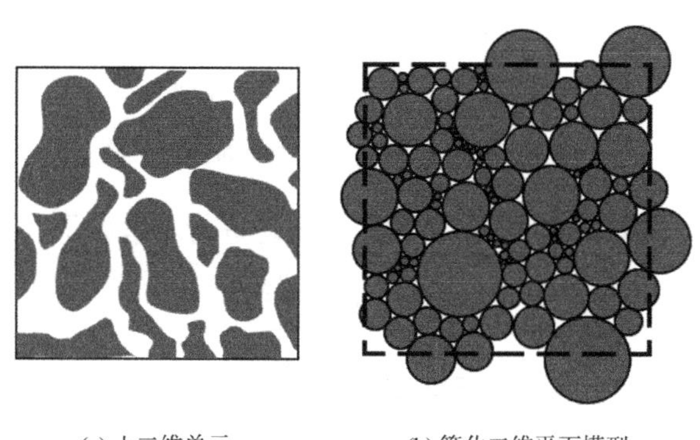

(a) 土二维单元　　(b) 简化二维平面模型

图 3-17　土体单元简化为二维平面模型示意图

### 3.5.1　简化二维平面模型

当我们将土颗粒简化为圆形，并且这些圆形两两相切时，可以通过连接相邻圆的圆心来对单元体进行分割，从而得到形态各异的三角形，每个三角形中包含土颗粒，以及颗粒间的孔隙。如果把所有碎片三角形的面积累加起来，可以得到土体单元的总面积，记为$A_{总}$；将三角形三个顶角处扇形面积叠加起来，可以得到土体单元中土颗粒所占的总面积，记为$A_{土}$；将三角形三个扇形之间的空隙面积累加起来，可以得到土体单元中孔隙的面积，记为$A_{孔}$，如果这些孔隙完全被水填充，也就代表饱和状态土体单元中水的面积，记为$A_0$。孔隙率和孔隙比可以用$A_{总}$、$A_{土}$、$A_{孔}$表示如下：

$$n = \frac{A_{孔}}{A_{总}} \tag{3-33}$$

$$e = \frac{A_{孔}}{A_{土}} \tag{3-34}$$

式中：$n$——孔隙率；

$e$——孔隙比。

如果把碎片三角形从简化二维平面模型中提取出来，每个碎片三角形顶角处的扇形可以用半径为$r_i$、$r_j$和$r_k$表示。三角形的三条边为$a = (r_i + r_j)$、$b = (r_j + r_k)$、$c = (r_k + r_i)$，如图 3-18 所示。三角形的面积可以采用海伦公式求解，如式(3-35)所示。

$$S_{\Delta} = \sqrt{p(p-a)(p-b)p(p-c)} \tag{3-35}$$

式中：$S_{\Delta}$——碎片三角形的面积；

$a$、$b$、$c$——碎片三角形的边长；

$p$——$0.5(a+b+c)$。

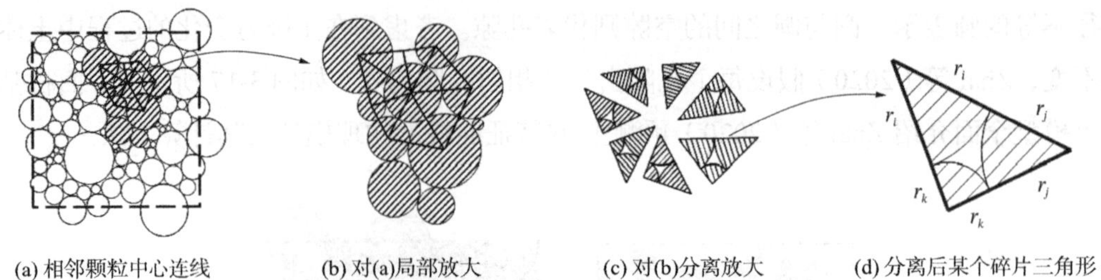


(a) 相邻颗粒中心连线　(b) 对(a)局部放大　(c) 对(b)分离放大　(d) 分离后某个碎片三角形

图 3-18　土体单元简化为二维平面模型示意图

碎片三角形三个顶角$\alpha$、$\beta$以及$\gamma$可采用正弦定理进行求解如下：

$$\alpha = \arcsin\left(\frac{2S_{\Delta}}{bc}\right) \tag{3-36}$$

$$\beta = \arcsin\left(\frac{2S_{\Delta}}{ac}\right) \tag{3-37}$$

$$\gamma = \arcsin\left(\frac{2S_{\Delta}}{ab}\right) \tag{3-38}$$

有了碎片三角形的三个顶角$\alpha$、$\beta$和$\gamma$，顶角处的三个扇形的面积就可以得到求解，最终三个扇形之间的孔隙面积就可以用式(3-39)进行求解。

$$S_{\text{void}} = S_{\Delta} - 0.5\alpha r_k^2 - 0.5\beta r_i^2 - 0.5\gamma r_j^2 \tag{3-39}$$

采用式(3-39)计算得到的是单个碎片三角形内部的孔隙面积，将所有碎片三角形内部的孔隙面积叠加起来，就可以得到土体单元中所有孔隙的面积。

### 3.5.2　碎片三角形的生成

如图 3-18 所示，碎片三角形的构成主要由不同粒径的土颗粒决定。碎片三角形的边长$a$、$b$和$c$主要取决于组成三角形的土颗粒的半径$r_i$、$r_j$和$r_k$。某一碎片三角形出现的相对频率，取决于颗粒的接触概率，而颗粒的接触概率又受土体单元中颗粒相对数量的影响。为了深入理解这一关系，颗粒级配曲线为我们提供了有效途径，它记录了不同粒径的土颗粒在土中的质量分布规律，如图 3-19 所示。

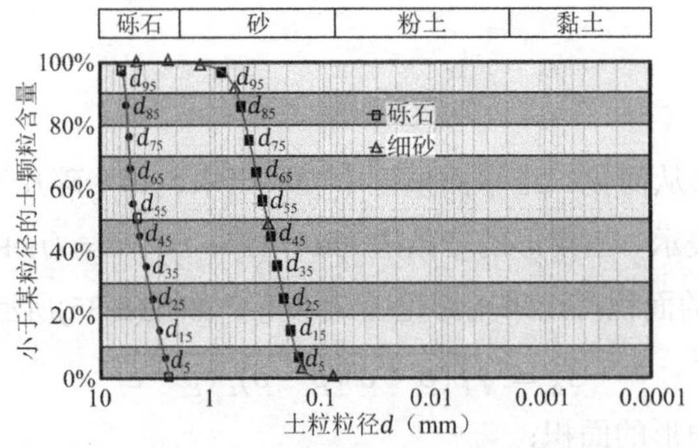


图 3-19　颗粒级配曲线示意图

根据颗粒级配曲线，我们可以确定土样的一系列等效粒径（$d_5$、$d_{15}$、$d_{25}$、…、$d_{95}$）。

如果将土中颗粒划分成10个组，每个组的代表粒径为$d_5$、$d_{15}$、$d_{25}$、⋯、$d_{95}$。那么，每一组颗粒的总质量是相等的，这与筛分法中留在不同尺寸分析筛上的土颗粒质量百分比概念一致。从图3-19中我们可以观察到，$d_{95}$颗粒半径是远大于$d_5$的，假定同一土样的土粒相对密度一致，这就意味着$d_{95}$单个颗粒的质量远大于$d_5$的。因此，由$d_{95}$代表的颗粒群体的颗粒数量远小于$d_5$代表的颗粒群体的颗粒数量。在简化二维平面模型中，土颗粒为二维平面的圆，因此$d_5$代表的颗粒组的颗粒数量就是$d_{95}$代表的颗粒群体的颗粒数量的$(d_{95}/d_5)^2$倍。

如果假设$d_{95}$代表的颗粒群体的颗粒数量为$N$，土体单元中颗粒总数量（$N_{总}$）可表达为：

$$N_{总}=N\left[\begin{array}{l}1+\left(\dfrac{d_{95}}{d_{85}}\right)^2+\left(\dfrac{d_{95}}{d_{75}}\right)^2+\left(\dfrac{d_{95}}{d_{65}}\right)^2+\left(\dfrac{d_{95}}{d_{55}}\right)^2\\+\left(\dfrac{d_{95}}{d_{45}}\right)^2+\left(\dfrac{d_{95}}{d_{35}}\right)^2+\left(\dfrac{d_{95}}{d_{25}}\right)^2+\left(\dfrac{d_{95}}{d_{15}}\right)^2+\left(\dfrac{d_{95}}{d_5}\right)^2\end{array}\right] \tag{3-40}$$

颗粒群体$d_i$的颗粒数量$N_i$可表达为：

$$N_i=N\left(\frac{d_{95}}{d_i}\right)^2 \tag{3-41}$$

因此，参照图3-18中的组合形式，$r_i$出现在碎片中的概率$p_i$可以用式(3-42)计算得到：

$$p_i=\frac{N_i}{N_{总}} \tag{3-42}$$

以此类推，可以求解随机出现$r_i$和$r_i$的概率$p_j$和$p_k$。通过这种方法可以得到不同形态的碎片三角形出现的概率。考虑不同粒径颗粒相互独立且随机接触，土体单元中总的孔隙面积可用式(3-43)计算确定：

$$S_{\text{void}}^{总}=\sum_{m=1}^{N}S_{\text{void}}^{m}=\sum_{m=1}^{N}S_{\Delta}-0.5\alpha r_k^2-0.5\beta r_i^2-0.5\gamma r_j^2 \tag{3-43}$$

### 3.5.3　气体进入碎片三角形内部孔隙的模型计算

在土吸力的作用下，土颗粒间会出现毛细弯液面，且吸力越大，弯液面的半径越小。在脱湿过程中，当弯液面的半径减小到$r$时，正好与三个扇形相切，此时气体开始进入碎片单元，形成一个完整的毛细弯液面圆，如图3-20（a）所示。随着土吸力的进一步增大，气体会突破弯液面圆进入孔隙内部，并向孔隙的三个角方向移动，如图3-20（b）所示。值得注意的是，当毛细弯液面半径大于$r$时，碎片单元始终处于饱和状态，而当气体进入碎片单元后，孔隙中的水也并非完全排出，部分水分仍然会继续残留在相邻颗粒的接触点之间。由此可见，碎片三角形模型能有效反映土中水分随着土吸力增大逐步排出土体的实际过程。

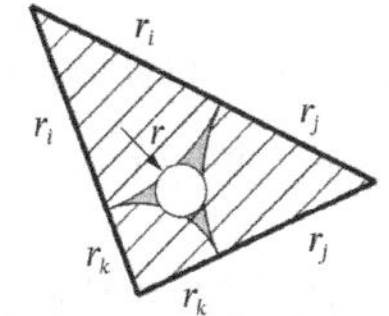


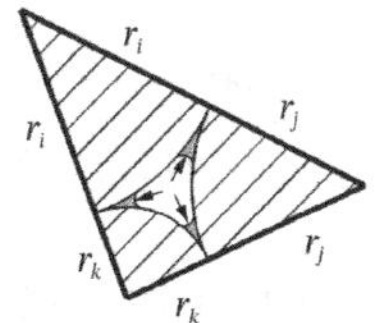


(a) 气体刚进入碎片三角形　(b) 气体进入后弯液面运动方向

图3-20　气体进入碎片三角形内部的孔隙示意图

由上述分析发现，判断气体是否进入碎片三角形内部的关键在于确定与三个扇形相切的毛细弯液面圆的半径$r$。当三个扇形半径相等且都为$r_i$时，如图 3-21（a）所示，可以通过几何关系分析来确定毛细弯液面圆半径$r$，即通过式(3-44)求解。

$$r=\left(\frac{2}{\sqrt{3}}-1\right)r_i \tag{3-44}$$

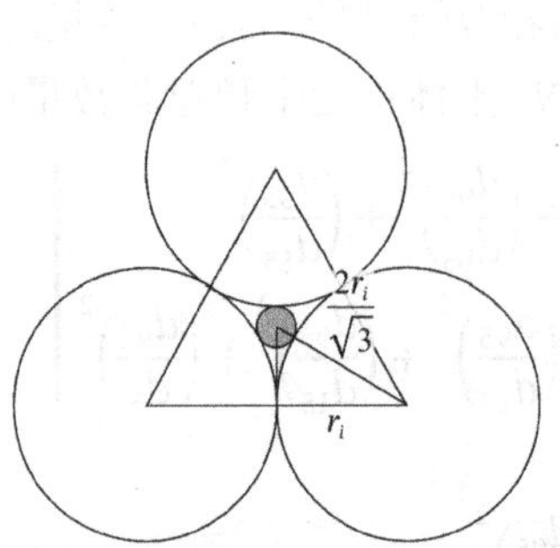


(a) 三个相同直径三圆相切的内切圆

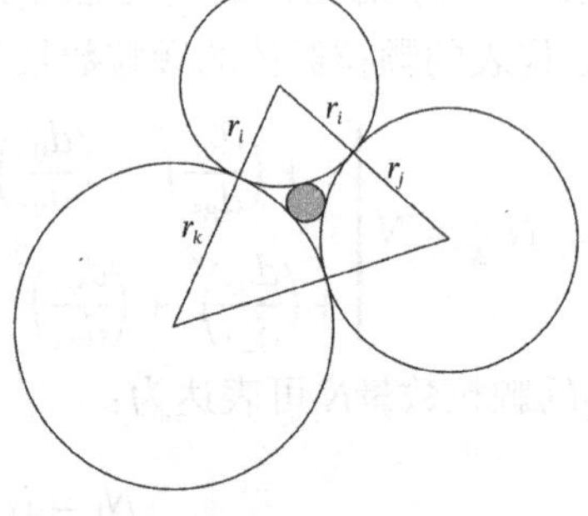


(b) 三个不同直径三圆相切的内切圆

图 3-21　三个两两相切的圆内部内切圆示意图

当三个圆的半径不相同时，如图 3-21（b）所示，计算它们内切圆半径的方法相对复杂。好在先哲笛卡儿已经给我们提出了此类内切圆半径的求解公式(3-45)。

$$\frac{1}{r}=\frac{1}{r_i}+\frac{1}{r_j}+\frac{1}{r_k}+2\sqrt{\frac{1}{r_ir_j}+\frac{1}{r_ir_k}+\frac{1}{r_jr_k}} \tag{3-45}$$

那么，利用这一公式，碎片三角形单元内部孔隙的进气值可以结合开尔文毛细定律求解，如式(3-46)所示。

$$\psi_{\mathrm{AEV}}=\frac{2T_{\mathrm{s}}\cos\alpha}{r}=2T_{\mathrm{s}}\cos\alpha\left(\frac{1}{r_i}+\frac{1}{r_j}+\frac{1}{r_k}+2\sqrt{\frac{1}{r_ir_j}+\frac{1}{r_ir_k}+\frac{1}{r_jr_k}}\right) \tag{3-46}$$

当土吸力超过进气值（$\psi_{\mathrm{AEV}}$）时，水分依然会留存在碎片三角形内部孔隙的角落处。为方便进一步分析，我们可以再次将碎片三角形进行分割，成三个小三角形，如图 3-22 所示。孔隙内部小圆就是新的毛细弯液面，其半径与土吸力相对应。

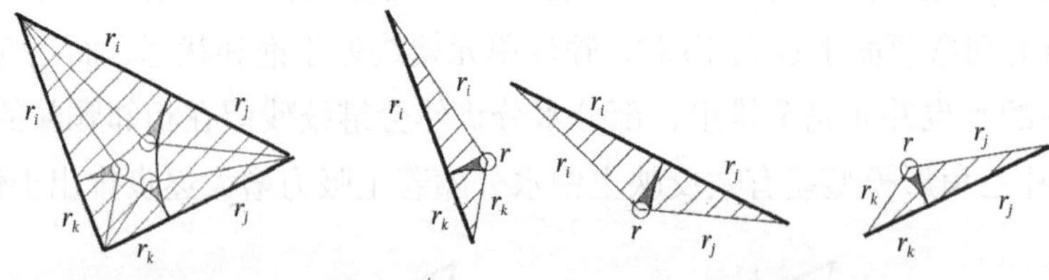


(a) 水分在碎片三角形中的残余　　(b) 碎片三角形中的二次碎片化

图 3-22　当土吸力超过进气值后残留在碎片单元中的水分示意图

二次碎片化后，每个小三角形中留存水的面积可用式(3-39)进行求解。在已知当前土吸力为$\psi$的条件下，首先需要判断碎片三角形的进气值（$\psi_{\mathrm{AEV}}$）与当前吸力$\psi$的关系。若$\psi<\psi_{\mathrm{AEV}}$，则气体无法进入碎片三角形的内部孔隙，该碎片三角形仍然处于饱和状态；若$\psi>\psi_{\mathrm{AEV}}$，则气体将进入碎片三角形孔隙内部，留存水分含量可采用式(3-43)进行计算，需要注意的是，计算中应将其中一个颗粒半径换成弯液面的半径。将所有可能的碎片单元组合情况进行讨论，可以计算出在吸力等于$\psi$条件下，所有碎片三角形总留存水分面积$A_{\psi}$。如果将土样完全饱和时，所有碎片三角形内部孔隙面积定义为$A_0$，这样土体饱和度就可以采用式(3-47)进行定义：

$$S=\frac{A_{\psi}}{A_0} \tag{3-47}$$

将式(3-36)～式(3-47)编写入 Excel 表格中，就可以得到根据颗粒级配曲线预测非饱和土土-水特征曲线的小程序。

### 3.5.4　预测模型验证

选用 6 种不同种类的砂土，并利用它们的颗粒级配曲线对上述预测模型进行验证，如图 3-23 所示。首先将每条级配曲线按质量进行分段处理，每段分别采用$d_5$、$d_{15}$、$d_{25}$、…、$d_{95}$表示，如表 3-4 所示。其次利用 Excel 表格创建不同形态的碎片单元三角形的出现概率，并计算不同吸力条件下，碎片三角形留存的水分含量。最终可以得到预测的土-水特征曲线，将其与试验结果进行对比，如图 3-24 所示。

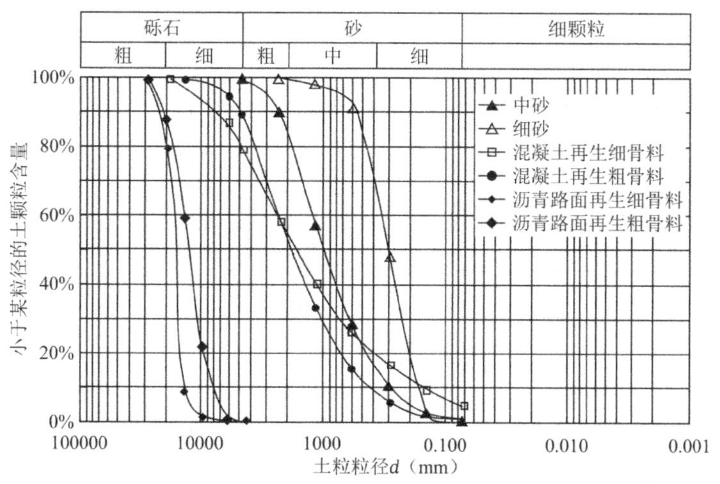


图 3-23　6 种砂土的级配曲线

**不同砂土的等效粒径**　　**表 3-4**

| 等效粒径（mm） | 中砂 | 细砂 | 混凝土再生细骨料 | 沥青路面再生粗骨料 | 沥青路面再生细骨料 | 混凝土粗再生粗骨料 |
|---|---|---|---|---|---|---|
| $d_{95}$ | 3.08 | 0.69 | 11.16 | 13.40 | 6.45 | 24.21 |
| $d_{85}$ | 2.02 | 0.51 | 5.28 | 12.68 | 4.16 | 19.37 |
| $d_{75}$ | 1.66 | 0.44 | 3.73 | 12.01 | 3.28 | 16.59 |
| $d_{65}$ | 1.38 | 0.38 | 2.68 | 11.16 | 2.49 | 15.10 |
| $d_{55}$ | 1.12 | 0.33 | 1.97 | 10.76 | 1.97 | 13.66 |
| $d_{45}$ | 0.90 | 0.28 | 1.44 | 9.82 | 1.58 | 12.67 |

**续表**

| 等效粒径（mm） | 中砂 | 细砂 | 混凝土再生细骨料 | 沥青路面再生粗骨料 | 沥青路面再生细骨料 | 混凝土粗再生粗骨料 |
|---|---|---|---|---|---|---|
| $d_{35}$ | 0.71 | 0.25 | 1.06 | 8.96 | 1.27 | 11.61 |
| $d_{25}$ | 0.54 | 0.22 | 0.66 | 8.18 | 0.96 | 10.51 |
| $d_{15}$ | 0.37 | 0.19 | 0.29 | 7.33 | 0.64 | 8.94 |
| $d_5$ | 0.19 | 0.16 | 0.08 | 6.57 | 0.25 | 7.24 |

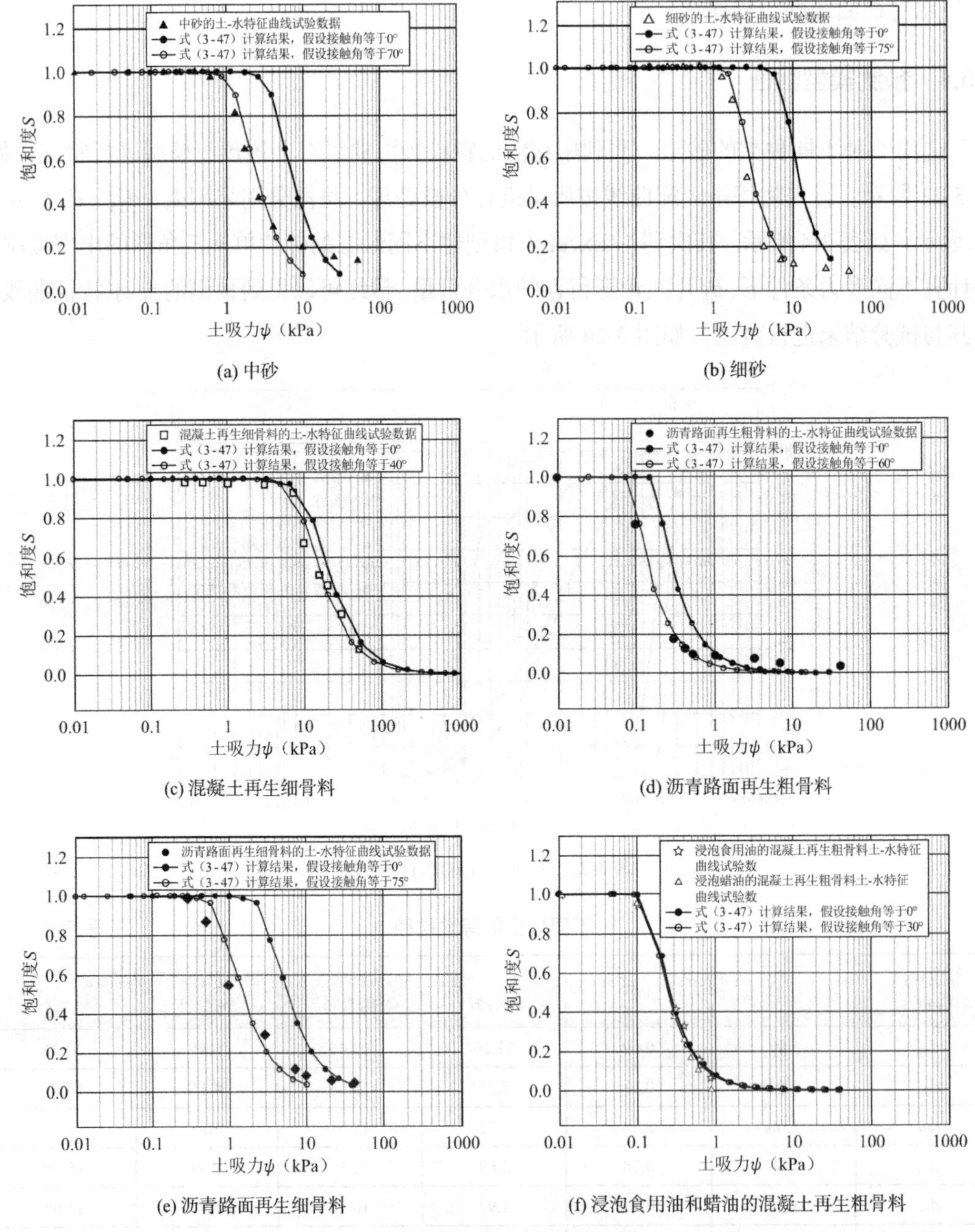


图 3-24　预测结果与试验数据的对比

## 3.6 土-水特征曲线不确定性及其评价方法

在进行土-水特征曲线的数学模型与试验数据拟合时，我们经常观察到，并非所有数据点都能够完美落在拟合曲线上，如图 3-25 所示。这种现象的根源在于，拟合本身是一种近似过程，它并不代表唯一的精确解析解。此外，试验数据也可能存在误差，这意味着过度追求每个数据点都严格落在拟合曲线上并不具有实际意义。当我们采用表 3-1 中不同的土-水特征曲线模型拟合同一组试验数据，会发现不同模型的拟合效果存在差异。尽管如此，通过众多实践检验可以确定，Fredlund 和 Xing（1994）以及 van Genuchten（1980）这两个模型适用于大部分类型的土质。但是需要指出，即便是这两个模型，也不能够 100%反映试验测量结果。这表明，任何一种土-水特征曲线模型都带有一定的不确定性。下面，我们以 Fredlund 和 Xing（1994）模型为例，介绍如何评价土-水特征曲线模型的不确定性。

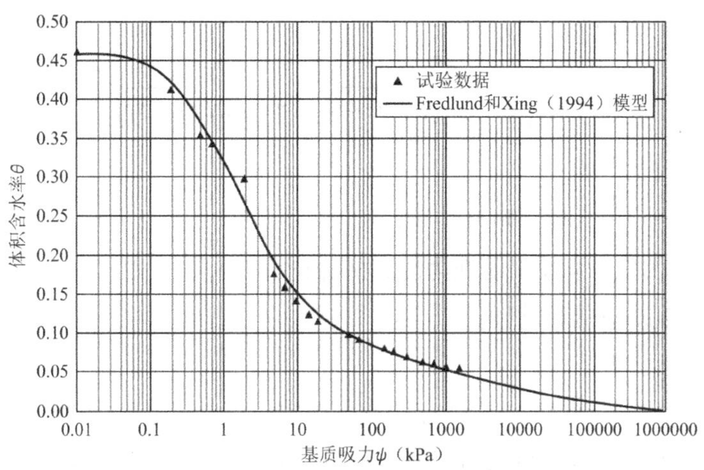


图 3-25　土-水特征曲线拟合结果

### 3.6.1　参数不确定性评估

在对不确定性进行评估时，众多学者如 Beck 和 Arnold（1977），Kool 等（1987），Mishra 等（1989）以及 Mishra 和 Parker（1989）指出，协方差矩阵$\boldsymbol{C}$，如式(3-48)所示，可以量化并评估某一参数的不确定性。

$$\boldsymbol{C} = E\left[\left(\vec{b} - b\right)\left(\vec{b} - b\right)^{\mathrm{T}}\right] \approx \frac{\mathrm{SSE}\left(\boldsymbol{J}^{\mathrm{T}}\boldsymbol{J}\right)^{-1}}{M - P} \tag{3-48}$$

式中：$\vec{b}$——预测参数向量；

$b$——参数实际值；

$E$——统计期望；

SSE——拟合结果误差平方和；

$M$——试验数据数量；

$P$——模型参数的数量；

$\boldsymbol{J}$——参数灵敏性雅可比矩阵；

$\boldsymbol{C}$——协方差矩阵，如果模型有三个模型参数（$a_\mathrm{f}, n_\mathrm{f}, m_\mathrm{f}$），$\boldsymbol{C}$则可表示为：

$$\boldsymbol{C} = \begin{bmatrix} \mathrm{Var}(a_\mathrm{f}) & \mathrm{Cov}(a_\mathrm{f}, n_\mathrm{f}) & \mathrm{Cov}(a_\mathrm{f}, m_\mathrm{f}) \\ \mathrm{Cov}(n_\mathrm{f}, a_\mathrm{f}) & \mathrm{Var}(n_\mathrm{f}) & \mathrm{Cov}(n_\mathrm{f}, m_\mathrm{f}) \\ \mathrm{Cov}(m_\mathrm{f}, a_\mathrm{f}) & \mathrm{Cov}(m_\mathrm{f}, n_\mathrm{f}) & \mathrm{Var}(m_\mathrm{f}) \end{bmatrix} \tag{3-49}$$

$$\boldsymbol{J} = -\frac{\partial q}{\partial b} \tag{3-50}$$

式中：$q$——模型预测结果，例如对于土-水特征曲线模型，其预测结果就是体积含水率或饱和度。

式(3-48)表明，模型参数的不确定性可以通过拟合结果所产生的误差平方和来求解。Kool 和 Parker（1988）进一步指出，当我们不清楚变量遵循何种概率分布时，可以用$t$函数来评估其置信区间，如式(3-51)所示。

$$x \to \left[\overline{x} - t_{\alpha/2}\sqrt{\mathrm{Var}(x)},\ \overline{x} + t_{\alpha/2}\sqrt{\mathrm{Var}(x)}\right] \tag{3-51}$$

式中：$x$——变量自信区间；

$\overline{x}$——参数确定值，比如拟合结果；

$t_{\alpha/2}$——$t$分布函数，双尾显著性为$\alpha/2$对应值；

$\alpha$——自信度对应的显著性；

$\mathrm{Var}(x)$——变量的方差。

式(3-48)和式(3-51)为评估土-水特征曲线不确定性提供了必要的理论工具。但是，大部分土-水特征曲线模型是非线性的，这使得计算模型参数的方差成为又一挑战。

### 3.6.2 土-水特征曲线数学模型一阶误差线性化表达及方差计算

Fredlund 和 Xing（1994）模型含有三个模型参数$a_\mathrm{f}$、$n_\mathrm{f}$、$m_\mathrm{f}$。在拟合过程中，吸力值（也就是试验数据点）被视为常量，而参数$a_\mathrm{f}$、$n_\mathrm{f}$、$m_\mathrm{f}$则作为变量。因此，可以将 Fredlund 和 Xing（1994）模型可以表达为以$a_\mathrm{f}$、$n_\mathrm{f}$、$m_\mathrm{f}$为自变量的形式，如式(3-52)所示。

$$\theta = f(a_\mathrm{f}, n_\mathrm{f}, m_\mathrm{f}) \tag{3-52}$$

通过拟合得到的最优估计结果为$\overline{a}_\mathrm{f}$、$\overline{n}_\mathrm{f}$、$\overline{m}_\mathrm{f}$，则式(3-52)可采用泰勒公式进行展开。

$$\theta = f(\overline{a}_\mathrm{f}, \overline{n}_\mathrm{f}, \overline{m}_\mathrm{f}) + (a_\mathrm{f} - \overline{a}_\mathrm{f})\frac{\partial f}{\partial a_\mathrm{f}} + (n_\mathrm{f} - \overline{n}_\mathrm{f})\frac{\partial f}{\partial n_\mathrm{f}} + (m_\mathrm{f} - \overline{m}_\mathrm{f})\frac{\partial f}{\partial m_\mathrm{f}} + \frac{1}{2!}(a_\mathrm{f} - \overline{a}_\mathrm{f})^2\frac{\partial^2 f}{\partial a_\mathrm{f}^2} + \frac{1}{2!}(n_\mathrm{f} - \overline{n}_\mathrm{f})^2\frac{\partial^2 f}{\partial n_\mathrm{f}^2} + \frac{1}{2!}(m_\mathrm{f} - \overline{m}_\mathrm{f})^2\frac{\partial^2 f}{\partial m_\mathrm{f}^2} + \cdots\cdots \tag{3-53}$$

如果忽略二阶及二阶以上，式(3-53)可简化为：

$$\theta \approx f(\overline{a}_\mathrm{f},\overline{n}_\mathrm{f},\overline{m}_\mathrm{f}) + (a_\mathrm{f}-\overline{a}_\mathrm{f})\frac{\partial f}{\partial a_\mathrm{f}} + (n_\mathrm{f}-\overline{n}_\mathrm{f})\frac{\partial f}{\partial n_\mathrm{f}} + (m_\mathrm{f}-\overline{m}_\mathrm{f})\frac{\partial f}{\partial m_\mathrm{f}} \tag{3-54}$$

式(3-54)通常被称作一阶误差的线性表达，如果用向量$x$表示参数$(a_\mathrm{f},n_\mathrm{f},m_\mathrm{f})$，$\hat{x}$表示拟合结果$(\overline{a}_\mathrm{f},\overline{n}_\mathrm{f},\overline{m}_\mathrm{f})$，则式(3-54)可采用向量的形式重新表达，如式(3-55)所示。

$$\theta = \theta(x) \approx \theta(\hat{x}) + \frac{\partial\theta}{\partial x}(x-\hat{x}) \tag{3-55}$$

对式(3-55)两侧取期望值：

$$E[\theta] = E[\theta(\hat{x})] + \frac{\partial\theta}{\partial x}E(x-\hat{x}) = \theta(\hat{x}) + \frac{\partial\theta}{\partial x}E(x-\hat{x}) \tag{3-56}$$

由于拟合结果和真实解十分接近，$(x-\hat{x})$可被认为是一个无限接近 0 的无穷小数，$\theta$的期望值就等于$\theta(\hat{x})$。

对于变量$\theta$的方差$\mathrm{Var}[\theta]$可以采用式(3-57)进行计算：

$$\mathrm{Var}[\theta] = E\{(\theta - E[\theta])^2\} \tag{3-57}$$

将式(3-55)代入式(3-57)，可以得到：

$$\mathrm{Var}[\theta] = E\left\{\left[\theta(\hat{x}) + \frac{\partial\theta}{\partial x}(x-\hat{x}) - \theta(\hat{x})\right]^2\right\} = \left(\frac{\partial\theta}{\partial x}\right)^\mathrm{T}\frac{\partial\theta}{\partial x}E\left[(x-\hat{x})^2\right] \tag{3-58}$$

$$E\left[(x-\hat{x})^2\right] = \mathrm{Var}[x-\hat{x}] + [E(x-\hat{x})]^2 = \mathrm{Var}[x] \tag{3-59}$$

于是，式(3-58)可表达为：

$$\mathrm{Var}[\theta] \approx \left(\frac{\partial\theta}{\partial x}\right)^\mathrm{T}\frac{\partial\theta}{\partial x}\mathrm{Var}[x] \tag{3-60}$$

如果采用拟合参数$(a_\mathrm{f},n_\mathrm{f},m_\mathrm{f})$取代向量$x$，则式(3-60)可表达为：

$$\mathrm{Var}(x) = \begin{bmatrix} \mathrm{Var}(a_\mathrm{f}) & \mathrm{Cov}(a_\mathrm{f},n_\mathrm{f}) & \mathrm{Cov}(a_\mathrm{f},m_\mathrm{f}) \\ \mathrm{Cov}(n_\mathrm{f},a_\mathrm{f}) & \mathrm{Var}(n_\mathrm{f}) & \mathrm{Cov}(n_\mathrm{f},m_\mathrm{f}) \\ \mathrm{Cov}(m_\mathrm{f},a_\mathrm{f}) & \mathrm{Cov}(m_\mathrm{f},n_\mathrm{f}) & \mathrm{Var}(m_\mathrm{f}) \end{bmatrix} = \frac{\mathrm{Var}[\theta]}{\left[\frac{\partial\theta}{\partial x}\right]^\mathrm{T}\left[\frac{\partial\theta}{\partial x}\right]} \tag{3-61}$$

对于体积含水率的方差可以近似采用误差平方和表示，如式(3-62)所示。

$$\mathrm{Var}[\theta] = \frac{\mathrm{SSE}}{M-3} \tag{3-62}$$

式中：$M-3$——自由度；

$M$——试验数据数量；

3——Fredlund 和 Xing（1994）中的模型参数数量。

最终，协方差矩阵可表示为：

$$C = \begin{bmatrix} \mathrm{Var}(a_\mathrm{f}) & \mathrm{Cov}(a_\mathrm{f},n_\mathrm{f}) & \mathrm{Cov}(a_\mathrm{f},m_\mathrm{f}) \\ \mathrm{Cov}(n_\mathrm{f},a_\mathrm{f}) & \mathrm{Var}(n_\mathrm{f}) & \mathrm{Cov}(n_\mathrm{f},m_\mathrm{f}) \\ \mathrm{Cov}(m_\mathrm{f},a_\mathrm{f}) & \mathrm{Cov}(m_\mathrm{f},n_\mathrm{f}) & \mathrm{Var}(m_\mathrm{f}) \end{bmatrix} = \frac{\mathrm{SSE}}{(M-3)\left[\frac{\partial\theta}{\partial x}\right]^\mathrm{T}\left[\frac{\partial\theta}{\partial x}\right]} \tag{3-63}$$

这里可以发现，式(3-63)与式(3-48)、式(3-51)是完全一致的。因此，Fredlund 和 Xing（1994）中模型参数$(a_\mathrm{f},n_\mathrm{f},m_\mathrm{f})$的方差可用式(3-63)进行求解。结合式(3-51)，参数$(a_\mathrm{f},n_\mathrm{f},m_\mathrm{f})$的置信区

间可以定义为：$[a_{\mathrm{fmin}}, a_{\mathrm{fmax}}]$，$[n_{\mathrm{fmin}}, n_{\mathrm{fmax}}]$和$[n_{\mathrm{fmin}}, m_{\mathrm{fmax}}]$。其中，$a_{\mathrm{fmin}} = \overline{a}_{\mathrm{f}} - t_{\alpha/2}\sqrt{\mathrm{Var}[a_{\mathrm{f}}]}$，$a_{\mathrm{fmax}} = \overline{a}_{\mathrm{f}} - t_{\alpha/2}\sqrt{\mathrm{Var}[a_{\mathrm{f}}]}$；$n_{\mathrm{fmin}} = \overline{n}_{\mathrm{f}} - t_{\alpha/2}\sqrt{\mathrm{Var}[n_{\mathrm{f}}]}$，$n_{\mathrm{fmax}} = \overline{n}_{\mathrm{f}} - t_{\alpha/2}\sqrt{\mathrm{Var}[n_{\mathrm{f}}]}$；$m_{\mathrm{fmin}} = \overline{m}_{\mathrm{f}} - t_{\alpha/2}\sqrt{\mathrm{Var}[m_{\mathrm{f}}]}$，$m_{\mathrm{fmax}} = \overline{m}_{\mathrm{f}} - t_{\alpha/2}\sqrt{\mathrm{Var}[m_{\mathrm{f}}]}$。

### 3.6.3 土-水特征曲线数学模型不确定性评估

有了模型参数的置信区间，就可以确定土-水特征曲线的上限$\theta_{\mathrm{upper}}$和下限$\theta_{\mathrm{lower}}$计算公式如下：

当吸力在$[0, a_{\mathrm{fmax}}]$区间，$\theta_{\mathrm{upper}}$可用式(3-64)定义：

$$\theta_{\mathrm{upper}} = \left[1 - \frac{\ln\left(1 + \frac{\psi}{C_{\mathrm{r}}}\right)}{\ln\left(1 + \frac{10^6}{C_{\mathrm{r}}}\right)}\right] \frac{\theta_{\mathrm{s}}}{\left\{\lg\left[\mathrm{e} + \left(\frac{\psi}{a_{\mathrm{fmax}}}\right)^{n_{\mathrm{fmax}}}\right]\right\}^{m_{\mathrm{fmin}}}} \tag{3-64}$$

当吸力在$[a_{\mathrm{fmax}}, 10^6]$区间，$\theta_{\mathrm{upper}}$可用式(3-65)定义：

$$\theta_{\mathrm{upper}} = \left[1 - \frac{\ln\left(1 + \frac{\psi}{C_{\mathrm{r}}}\right)}{\ln\left(1 + \frac{10^6}{C_{\mathrm{r}}}\right)}\right] \frac{\theta_{\mathrm{s}}}{\left\{\lg\left[\mathrm{e} + \left(\frac{\psi}{a_{\mathrm{fmax}}}\right)^{n_{\mathrm{fmin}}}\right]\right\}^{m_{\mathrm{fmin}}}} \tag{3-65}$$

当吸力在$[0, a_{\mathrm{fmin}}]$区间，$\theta_{\mathrm{lower}}$可用式(3-66)定义：

$$\theta_{\mathrm{lower}} = \left[1 - \frac{\ln\left(1 + \frac{\psi}{C_{\mathrm{r}}}\right)}{\ln\left(1 + \frac{10^6}{C_{\mathrm{r}}}\right)}\right] \frac{\theta_{\mathrm{s}}}{\left\{\lg\left[\mathrm{e} + \left(\frac{\psi}{a_{\mathrm{fmin}}}\right)^{n_{\mathrm{fmin}}}\right]\right\}^{m_{\mathrm{fmax}}}} \tag{3-66}$$

当吸力在$[a_{\mathrm{fmax}}, 10^6]$区间，$\theta_{\mathrm{lower}}$可用式(3-67)定义：

$$\theta_{\mathrm{upper}} = \left[1 - \frac{\ln\left(1 + \frac{\psi}{C_{\mathrm{r}}}\right)}{\ln\left(1 + \frac{10^6}{C_{\mathrm{r}}}\right)}\right] \frac{\theta_{\mathrm{s}}}{\left\{\lg\left[\mathrm{e} + \left(\frac{\psi}{a_{\mathrm{fmin}}}\right)^{n_{\mathrm{fmax}}}\right]\right\}^{m_{\mathrm{fmax}}}} \tag{3-67}$$

利用式(3-64)～式(3-67)，就可以确定拟合所得的土-水特征曲线以及其对应的上限和下限，如图 3-26 所示。这些上下限的设定与置信水平或者显著性$\alpha$的取值有关，置信度越高，上下限覆盖的范围越大，反之越小。Zhai 和 Rahardjo（2013）采用$(a_{\mathrm{f}}, n_{\mathrm{f}}, m_{\mathrm{f}})$最小值和最大值的不同组合，给出了确定进气值和残余吸力最小值和最大值的不同组合如下：

$\mathrm{AEV}_{\mathrm{min}}$ $(a_{\mathrm{fmin}}, m_{\mathrm{fmin}}, m_{\mathrm{fmax}})$；　$\mathrm{AEV}_{\mathrm{max}}$ $(a_{\mathrm{fmin}}, m_{\mathrm{fmin}}, m_{\mathrm{fmax}})$；

$\psi_{\mathrm{rmin}}$ $(a_{\mathrm{fmin}}, m_{\mathrm{fmin}}, m_{\mathrm{fmax}})$；　$\psi_{\mathrm{rmax}}$ $(a_{\mathrm{fmin}}, m_{\mathrm{fmin}}, m_{\mathrm{fmax}})$。

采用以上组合和前文介绍的进气值和残余吸力的计算公式，就可以确定某个土样进气值和残余吸力的最小值和最大值。

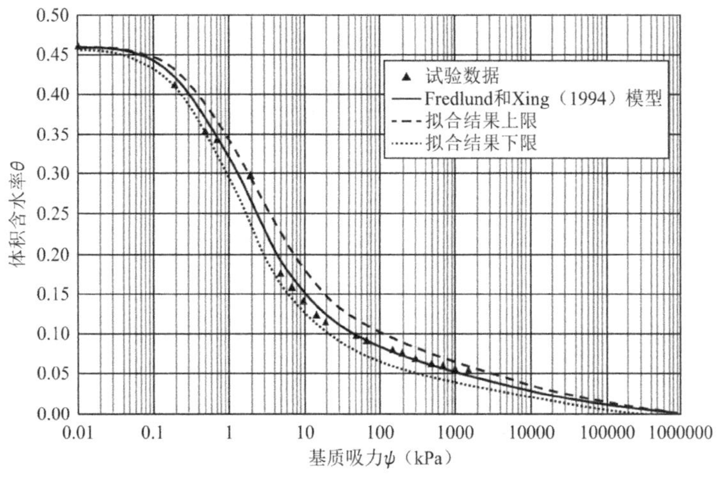


图 3-26　拟合曲线及其对应的上下限

## 3.7 体积变形对土-水特征曲线的影响

在脱湿过程中，土体在吸力的作用下，相当于受到额外的荷载，导致土样中部分水分排出的同时还会引起土体的体积变形。土样体积随重力含水率变化的这一过程可以用体积收缩曲线来描述，如图 3-27 所示。从图 3-27 可以观察到，随着重力含水率的不断降低，土样的孔隙比也会持续减小，直至达到一个稳定值后趋于恒定。由于土体的干缩特性，在脱湿过程中$w$-SWCC、$\theta$-SWCC以及$S$-SWCC不再是简单的纵坐标等比例缩放，而是呈现不同的形态，如图 3-28 所示。此外，土样的初始重力含水率不同，也会导致测定出的土-水特征曲线存在差异，如图 3-29 所示。探索这些不同形态的土-水特征曲线之间是否存在某种的内在关联，以及是否能找到一个模型来更准确描述体积变形条件下的土-水特征曲线。对于容易产生体积变形的非饱和土来说，这些问题的解答有着极其重要的价值和意义。

$w$-SWCC、$\theta$-SWCC以及$S$-SWCC之间的形态差异主要是因为随着吸力增大过程中，土体体积产生了压缩。因此，体积收缩曲线成为联系$w$-SWCC、$\theta$-SWCC以及$S$-SWCC三种不同形态土-水特征曲线的关键。由于试验通常只能得到有限的数据点，无法全面描述整个过程的连续性。因此，对体积收缩曲线进行连续的数学表达就变得尤为重要。

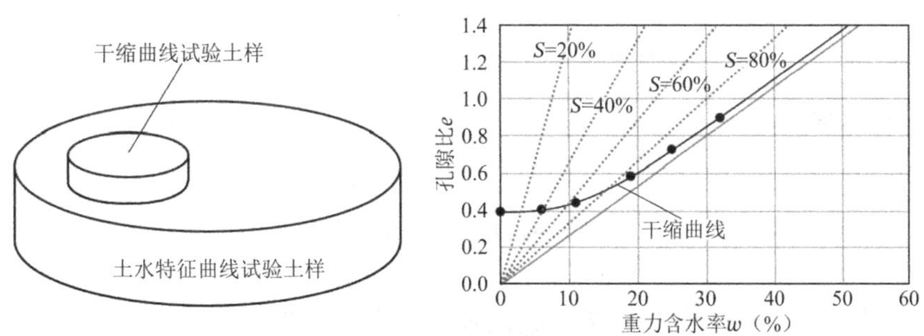


图 3-27　脱水过程中的土样及体积收缩曲线

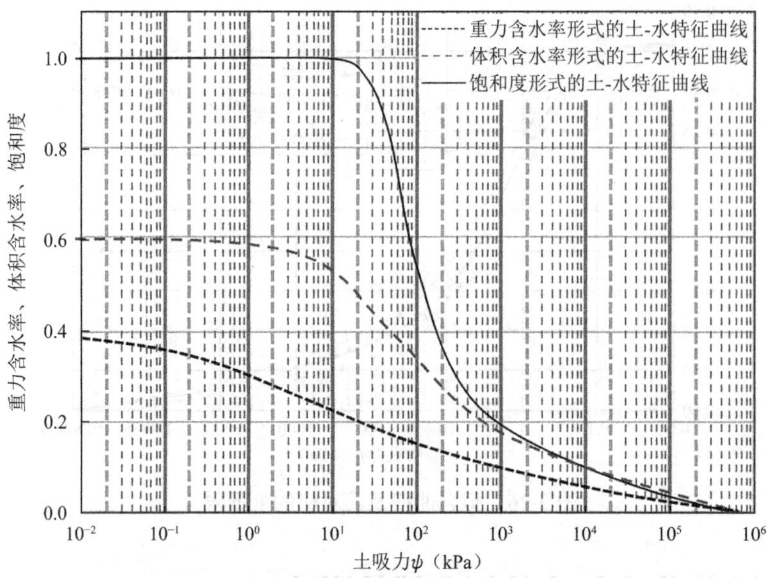


图 3-28　在试验过程体积变形导致不同形态的土-水特征曲线

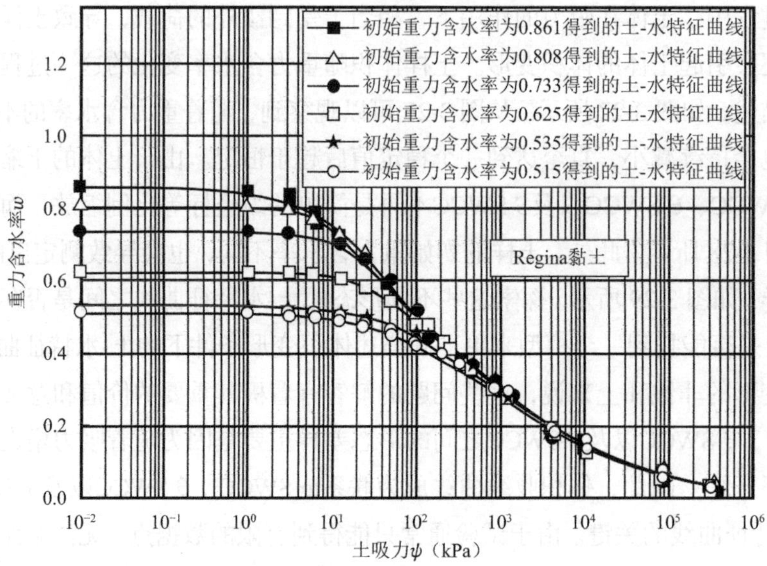


图 3-29　土样在不同初始重力含水率条件下得到的土-水特征曲线

Fredlund 等（2002）根据体积收缩曲线的形态（图 3-30），提出采用式(3-68)来对土样的变形特征进行描述。

$$e = a_{sh}\left(\frac{w^{c_{sh}}}{b_{sh}^{c_{sh}}}+1\right)^{\frac{1}{c_{sh}}} \tag{3-68}$$

式中：$a_{sh}$、$b_{sh}$、$c_{sh}$——模型参数，$a_{sh}$代表收缩曲线上最小孔隙比，$b_{sh}$与饱和段的斜率有关，$c_{sh}$与不饱和段的曲率有关。

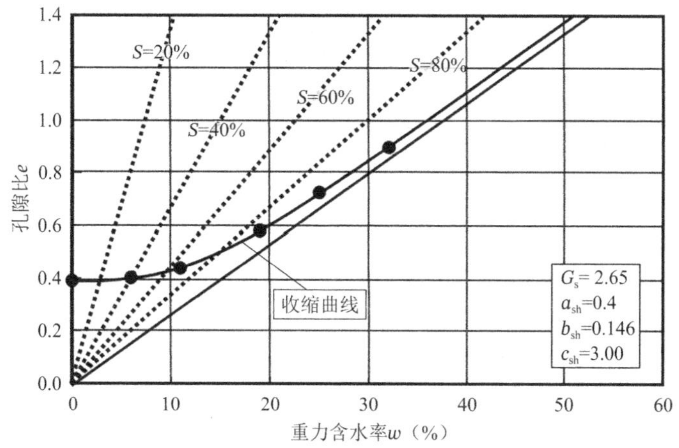


图 3-30　Fredlund 等（2002）模型与试验数据的拟合结果

### 3.7.1　w-SWCC 和 S-SWCC 与孔径分布的关联性

假设土样是不可压缩的，那么土骨架可以看成一个刚体，吸力增大过程中排出土体的水的体积就能完全代表土中孔隙的体积。换而言之，在不考虑土体体积变形的情况下，土-水特征曲线可以被视为等效于孔径分布函数。这一假设也正是 Fredlund 和 Xing（1994）在构建土-水特征曲线模型时采用的基本假定。根据饱和度、孔隙比和重力含水率之间的相互关系，我们可以得到如下关联公式，如式(3-69)所示，将饱和度与重力含水率相互转化：

$$Se = G_s w \tag{3-69}$$

式中：$G_s$——土颗粒的相对密度；

$w$——土样重力含水率；

$S$——土样饱和度；

$e$——土样孔隙比。

在整个脱湿过程中，如果假设土体孔隙比$e$保持不变，式(3-69)中$e$和$G_s$都可以被视为常量。这种情况下，$w$-SWCC和$S$-SWCC就不存在本质的区别，它们之间的差异仅在于竖向坐标轴上的等比缩放。因此，如果忽略体积变形，无论采用$w$-SWCC或者$S$-SWCC来拟合土-水特征曲线，所得到的模型参数都将是一致的。

当土体产生体积变形时，情况就变得复杂了。由于在水分排出的同时，部分孔隙可能被压缩，这就意味着土体中排出水的体积与对应状态下土中孔隙的体积无法简单地形成一一对应的关系。因此，我们必须同时考虑孔隙比$e$的变化，采用式(3-69)来计算相应的饱和度。

### 3.7.2　通过 w-SWCC 和干缩曲线预测土样不同孔隙比状态下的土-水特征曲线

将土中孔隙等效为一系列孔径不一的毛细管，如图 3-31 所示。依据开尔文毛细定律，如式(3-70)所示，当土吸力从$\psi_1$增加至$\psi_i$时，土中水从孔径为$r_1$至$r_i$的等效毛细管中排出。

$$r = \frac{2T_s \cos \alpha}{\psi} \tag{3-70}$$

式中：$r$——等效毛细管的内径；

$T_s$——水汽分界面的表面张力；

$\alpha$——水汽分界面和土颗粒表面的接触角；

$\psi$——土吸力。

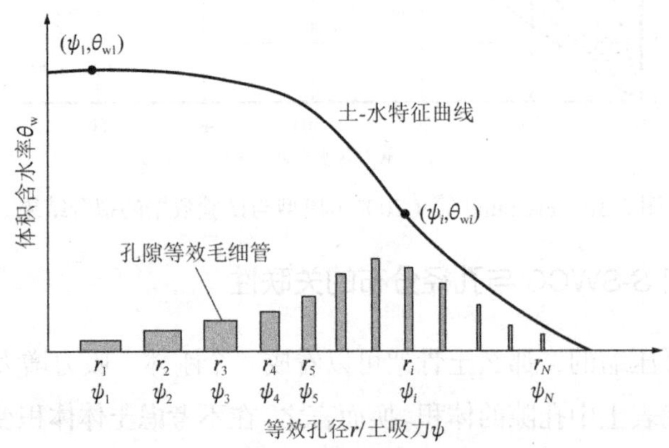


图 3-31 简化毛细管模型示意图

在土吸力增大的过程中，如果土样体积（$V_0$）不产生变化，从土中排出水的量为$V_{排}$，可用式(3-71)表示。

$$V_{排} = V_0(\theta_{w1} - \theta_{wi}) \tag{3-71}$$

式中：$\theta_{w1}$——对应土吸力为$\psi_1$的体积含水率；

$\theta_{wi}$——对应土吸力为$\psi_i$的体积含水率。

$V_{排}$不仅代表了从土体中排出水的体积，还可以代表脱湿过程中新增的干燥孔隙体积，即半径为$r_1$至$r_i$的孔隙体积。也就是说，当土吸力从$\psi_1$增大至$\psi_2$时，从土样中排出水的体积代表了土中半径为$r_1$的孔隙体积。需要注意的是，这一结论基于土样初始状态为饱和的前提。在土吸力增大过程中，土中排出水的体积可以通过排出水的质量间接计算获得，这通常可以利用$w$-SWCC获得。然而，部分土样因在吸力增大的过程中产生体积变形，造成$w$-SWCC和$S$-SWCC的形态产生明显差异，如图 3-32 所示。这种差异的主要原因在于$w$-SWCC不考虑体积变形因素，而$S$-SWCC则将土样压缩后的孔隙分布反映其中。如图 3-32 所示，当吸力从$\psi_1$增大至$\psi_i$时，重力含水率从$w_1$降至$w_i$，饱和度从$S_1$减少至$S_i$。但是对于某一瞬态，$w$和$S$之间仍应满足式(3-72)。

$$\frac{S_1 e_1}{S_i e_i} = \frac{w_1}{w_i} \tag{3-72}$$

式中：$S_1$、$S_i$——对应土吸力为$\psi_1$和$\psi_i$状态下土的饱和度；

$e_1$、$e_i$——对应土吸力为$\psi_1$和$\psi_i$状态下土的孔隙比；

$w_1$、$w_i$——对应土吸力为$\psi_1$和$\psi_i$状态下土的重力含水率。

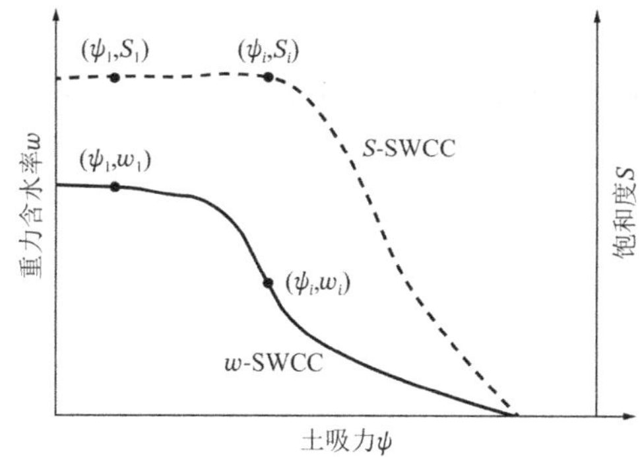


图 3-32　吸力增大体积变形条件下的w-SWCC和S-SWCC示意图

因此，$S_2$可用$S_1$表达，如式(3-73)所示。

$$S_i = S_1 \frac{e_1}{e_i}\frac{w_1}{w_i} \tag{3-73}$$

如果在吸力增大的过程中土样的体积保持不变，那么饱和度与重力含水率之间的关系将表现为线性。当土体体积产生改变时，饱和度与重力含水率之间的关系可以在线性的基础上进一步修正［即考虑式(3-73)中$e_1$和$e_i$的差异性］。在经典土力学中，孔隙比随重力含水率的变化关系通常定义为体积收缩曲线（Volumetric Shrinkage Curve，VSC），如图 3-30 所示。那么，当已知$w$-SWCC，通过结合$w$-SWCC和VSC，可以换算得到考虑体积变形的$S$-SWCC。然而，土样压缩是一个循序渐进的过程，如图 3-30 所示，随着重力含水率的逐渐降低，孔隙比也是逐步减小的。

Zhai 等（2020，2023）通过对土颗粒之间的弯液面对土骨架的应力分析，如图 3-33 所示，发现当弯液面的半径远大于孔隙的等效半径时，吸力对土骨架的附加压力不再显著。因此，Zhai 等（2020，2023）提出孔隙的压缩是一个渐进的过程，从较大的孔隙开始，逐步过渡到较小的孔隙，因此可认为 VSC 实际反映了不同孔径孔隙在脱湿过程中的变形量。

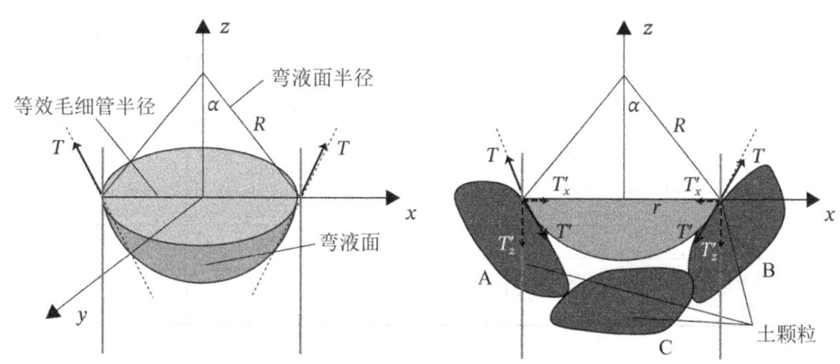


图 3-33　土颗粒之间弯液面对土骨架的作用力示意图

Zhai 等（2020，2023）提出对$w$-SWCC和VSC进行分段处理，如图 3-34 所示。通过考虑每个点的孔隙比，如表 3-5 所示，计算得到不同孔隙比下的一组$S$-SWCC。这组$S$-SWCC反映了土样孔径分布随土吸力变化的一个渐变过程。如图 3-34 所示，自点 5 之后，孔隙比并未产生明显改变。因此，点 5 到点 10 的孔径分布并未产生变化，表 3-5 中的算例仅展示到点 5。

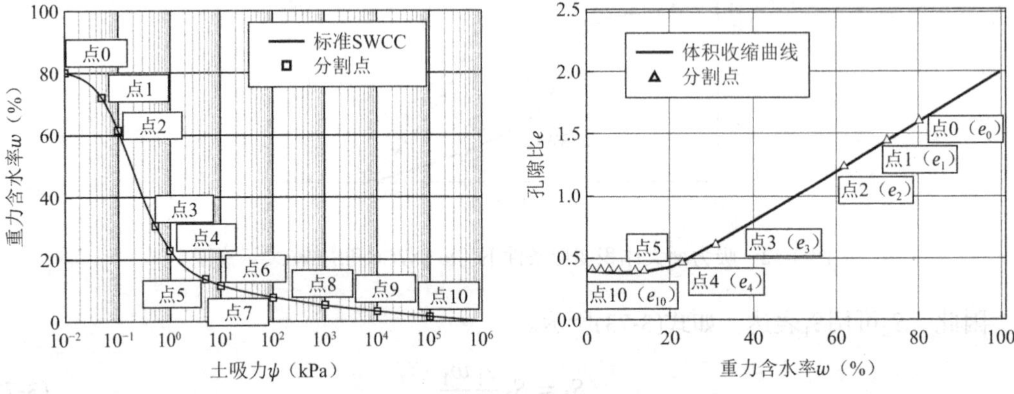


图 3-34　对$w$-SWCC和VSC分割示意图

**考虑不同孔隙比得到的瞬时孔径分布**　　表 3-5

| 分割点 | 换算得到的饱和度 | | | | | |
|---|---|---|---|---|---|---|
| | SWCC0 | SWCC1 | SWCC2 | SWCC3 | SWCC4 | SWCC5 |
| 点 0 | $\frac{G_s w_0}{e_0}$ | $\frac{G_s w_0}{e_0}$ | $\frac{G_s w_0}{e_0}$ | $\frac{G_s w_0}{e_0}$ | $\frac{G_s w_0}{e_0}$ | $\frac{G_s w_0}{e_0}$ |
| 点 1 | $\frac{G_s w_1}{e_0}$ | $\frac{G_s w_1}{e_1}$ | $\frac{G_s w_1}{e_1}$ | $\frac{G_s w_1}{e_1}$ | $\frac{G_s w_1}{e_1}$ | $\frac{G_s w_1}{e_1}$ |
| 点 2 | $\frac{G_s w_2}{e_0}$ | $\frac{G_s w_2}{e_1}$ | $\frac{G_s w_2}{e_2}$ | $\frac{G_s w_2}{e_2}$ | $\frac{G_s w_2}{e_2}$ | $\frac{G_s w_2}{e_2}$ |
| 点 3 | $\frac{G_s w_3}{e_0}$ | $\frac{G_s w_3}{e_1}$ | $\frac{G_s w_3}{e_2}$ | $\frac{G_s w_3}{e_3}$ | $\frac{G_s w_3}{e_3}$ | $\frac{G_s w_3}{e_3}$ |
| 点 4 | $\frac{G_s w_4}{e_0}$ | $\frac{G_s w_4}{e_1}$ | $\frac{G_s w_4}{e_2}$ | $\frac{G_s w_4}{e_3}$ | $\frac{G_s w_4}{e_3}$ | $\frac{G_s w_4}{e_3}$ |
| 点 5 | $\frac{G_s w_5}{e_0}$ | $\frac{G_s w_5}{e_1}$ | $\frac{G_s w_5}{e_2}$ | $\frac{G_s w_5}{e_3}$ | $\frac{G_s w_5}{e_4}$ | $\frac{G_s w_5}{e_5}$ |
| 点 6 | $\frac{G_s w_6}{e_0}$ | $\frac{G_s w_6}{e_1}$ | $\frac{G_s w_6}{e_2}$ | $\frac{G_s w_6}{e_3}$ | $\frac{G_s w_6}{e_4}$ | $\frac{G_s w_6}{e_5}$ |
| 点 7 | $\frac{G_s w_7}{e_0}$ | $\frac{G_s w_7}{e_1}$ | $\frac{G_s w_7}{e_2}$ | $\frac{G_s w_7}{e_3}$ | $\frac{G_s w_7}{e_4}$ | $\frac{G_s w_7}{e_5}$ |
| 点 8 | $\frac{G_s w_8}{e_0}$ | $\frac{G_s w_8}{e_1}$ | $\frac{G_s w_8}{e_2}$ | $\frac{G_s w_8}{e_3}$ | $\frac{G_s w_8}{e_4}$ | $\frac{G_s w_8}{e_5}$ |
| 点 9 | $\frac{G_s w_9}{e_0}$ | $\frac{G_s w_9}{e_1}$ | $\frac{G_s w_9}{e_2}$ | $\frac{G_s w_9}{e_3}$ | $\frac{G_s w_9}{e_4}$ | $\frac{G_s w_9}{e_5}$ |
| 点 10 | $\frac{G_s w_{10}}{e_0}$ | $\frac{G_s w_{10}}{e_1}$ | $\frac{G_s w_{10}}{e_2}$ | $\frac{G_s w_{10}}{e_3}$ | $\frac{G_s w_{10}}{e_4}$ | $\frac{G_s w_{10}}{e_5}$ |

根据表 3-5 的计算结果，可以绘制如图 3-35 所示的一组$S$-SWCC。其中SWCC0 代表了土样初始状态的孔径分布，其形态与$w$-SWCC是一致的。SWCC5 代表了土样最终状态的孔径分布，其形态与直接根据试验过程中饱和度数据绘制的$S$-SWCC一致。SWCC1～SWCC4 则代表了土样从初始状态至最终状态，孔径分布的连续变化过程。

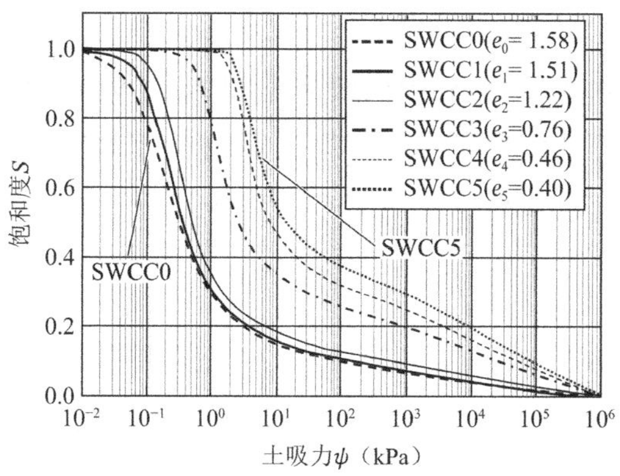


图 3-35　换算得到的S-SWCC群

图 3-35 得到的这组S-SWCC可以用来预测不同初始孔隙条件下的土-水特征曲线。采用 Regina 黏土为例，如图 3-36 所示。

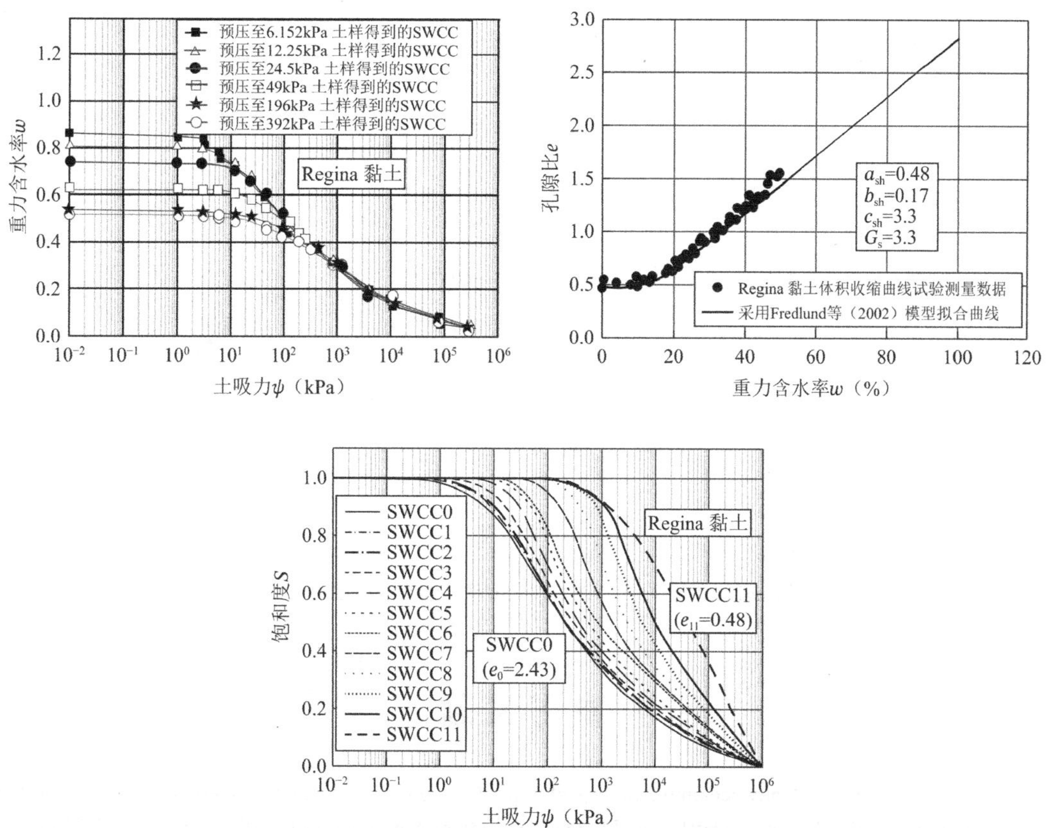


图 3-36　通过 Regina 黏土测量得到的w-SWCC和VSC换算得到的S-SWCC群

当土样预压至 12.25kPa，Regina 黏土土样的初始孔隙比为 2.28，而图 3-36 中SWCC2对应孔隙比为 2.36，SWCC3 对应的孔隙比为 2.23。因此土样预压至 12.25kPa 得到的土-水特征曲线应该介于SWCC2 和SWCC3 之间，且更接近于SWCC3。将SWCC2 和SWCC3 分别转换为重力含水率形式，其结果与试验结果对比如图 3-37（a）所示。同理，当土样预压至 24.5kPa、49kPa 以及 196kPa，对应孔隙比分别为 2.09、1.79 和 1.53。这些预压下的土-水特征曲线都可以从图 3-36 中找到相应的SWCC，计算结果与试验结果的对比如图 3-37（b）～（d）所示。因此，通过结果$w$-SWCC结合VSC获得一组反映各瞬态$S$-SWCC的方法，可以有效模拟土样在脱湿过程中孔径分布的渐变状态。

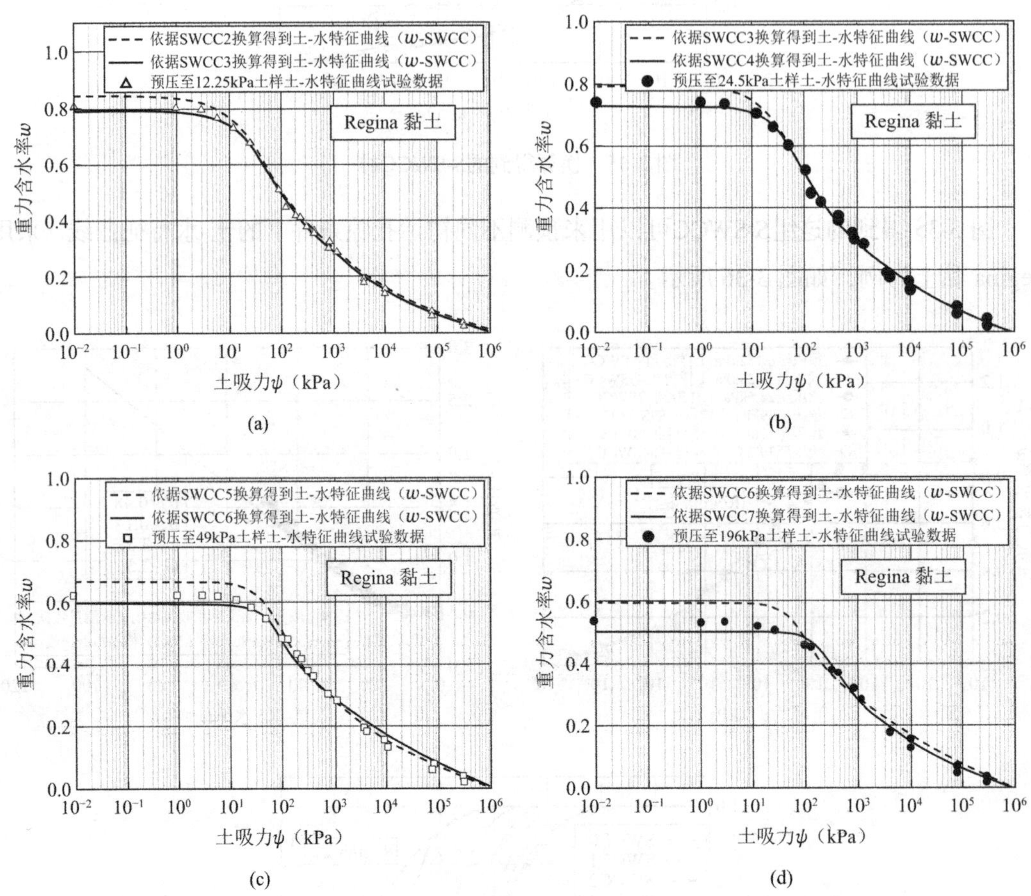


图 3-37 采用 Regina 黏土的$w$-SWCC和VSC换算得到的$w$-SWCC与试验结果对比

# 参考文献

[1] Arya L M, Paris J F. A physico-empirical model to predict the soil moisture characteristic from particle-size distribution and bulk density data[J]. Soil Science Society of America Journal, 1981, 45(6): 1023-1030.

[2] Assouline S, Tessier D, Bruand A. A conceptual model of the soil water retention curve[J]. Water Resources Research, 1998, 34(2): 223-231.

[3] Bachmann J, Horton R, Grant S A, et al. Temperature dependence of water retention curves for wettable and water-repellent soils[J]. Soil Science Society of America Journal, 2002, 66(1): 44-52.

[4] Bear J. Hydraulics of groundwater[M]. New York: McGraw-Hill International Book Company, 1979.

[5] Beck J V, James V. Parameter estimation in engineering and science[M]. New York : Wiley, 1977.

[6] Brooks R H, Corey A T. Hydraulic properties of porous media[J]. Colorado State University, 1964.

[7] Brutsaert W. Some methods of calculating unsaturated permeability [J]. Transactions of the ASAE, 1967, 10: 400-404.

[8] Burdine N T. Relative permeability calculations from pore size distribution data[J]. Journal of Petroleum Technology, 1953, 5(3): 71-78.

[9] Campbell G S. A simple method for determining unsaturated conductivity from moisture retention data[J]. Soil Science, 1974, 117(6): 311-314.

[10] 陈勇, 王智炜, 戴明月, 等. 干湿循环对土-水特征曲线影响的预测模型[J]. 工业建筑, 2017, 47(12): 21-25+95.

[11] 陈正汉. 非饱和土固结的混合物理论: 数学模型, 试验研究, 边值问题[D]. 西安: 西安理工大学, 1991.

[12] Childs E C. The use of soil moisture characteristics in soil studies[J]. Soil Science, 1940, 50(4): 239.

[13] Childs E C, Collis-George N, Taylor G I. The permeability of porous materials[J]. Proceedings of the Royal Society A: Mathematical, Physical and Engineering Science, 1950, 201(1066): 392-405.

[14] Croney D, Coleman J D. Pore pressure and suction in soil[C]//Pore pressure and suction in soils: conference. Butterworths, 1961: 31-37.

[15] Dane J H, Wierenga P J. Effect of hysteresis on the prediction of infiltration, redistribution and drainage of water in a layered soil[J]. Journal of Hydrology, 1975, 25(3): 229-242.

[16] Enderby J A. The domain model of hysteresis. Part 1.—Independent domains[J]. Transactions of the Faraday Society, 1955, 51: 835-848.

[17] Eral H B, Mannetje D, Oh J M. Contact angle hysteresis: a review of fundamentals and applications[J]. Colloid and Polymer Science, 2013, 291(2): 247-260.

[18] Everett D H. A general approach to hysteresis. Part 3. A formal treatment of the independent domain model of hysteresis[J]. Transactions of the Faraday Society, 1954, 50: 1077-1096.

[19] Everett D H. A general approach to hysteresis. Part 4. An alternative formulation of the domain model[J]. Transactions of the Faraday Society, 1955, 51: 1551-1557.

[20] Feng M, Fredlund D G. Hysteretic influence associated with thermal conductivity sensor measurements[C]// The fifty-second canadian geotechnical conference. Regina, SK, 1999: 651-657.

[21] Fredlund D G. Unsaturated soil mechanics in engineering practice[J]. Journal of Geotechnical and Geoenvironmental Engineering, 2006, 132(3): 286-321.

[22] Fredlund D, Rahardjo H. Soil mechanics for unsaturated soils [M]. New York : Wiley, 1993.

[23] Fredlund D, Xing A. Equations for the soil-water characteristic curve[J]. Canadian Geotechnical Journal, 1994, 31(4): 521-532.

[24] Fredlund D G, Rahardjo H, Fredlund M D. Unsaturated soil mechanics in engineering practice[M]. New York : Wiley, 2012.

[25] Fredlund M, Fredlund D, Wilson G. Prediction of the soil-water characteristic curve from grain-size distribution and volume-mass properties[C]//The third brazilian symposium on unsaturated soils: Vol.1. rio de janeiro. Brazil, 1998: 13-23.

[26] Fredlund M, Wilson G W, Fredlund D. Representation and estimation of the shrinkage curve[C]//UNSAT

2002: Vol.1. Recife, Brazil, 2002: 145-149.

[27] 伏映鹏, 廖红建, 吕龙龙, 等. 考虑接触角及粒径级配影响的土水特征曲线滞回模型[J]. 岩土工程学报, 2022, 44(3): 502-513.

[28] Gardner W R, Fireman M. Laboratory studies of evaporation from soil columns in the presence of a water table[J]. Soil Science, 1958, 85(5): 244-249.

[29] Ghosh R K. Estimation of soil-moisture characteristics from mechanical properties of soils[J]. Soil Science, 1980, 130(2): 60-63.

[30] Goh S G. Hysteresis effects on mechanical behaviour of unsaturated soils[D]. Singapore: Nanyang Technological University, 2012.

[31] Gupta S C, Larson W E. Estimating soil water retention characteristics from particle size distribution, organic matter percent, and bulk density[J]. Water Resources Research, 1979, 15(6): 1633-1635.

[32] Hanks R J, Klute A, Bresler E. A numeric method for estimating infiltration, redistribution, drainage, and evaporation of water from soil[J]. Water Resources Research, 1969, 5(5): 1064-1069.

[33] 何芳婵, 张俊然. 原状膨胀土干湿过程中持水特性及孔隙结构分析[J]. 应用基础与工程科学学报, 2022, 30(3): 736-747.

[34] Hogarth W L, Hopmans J, Parlange J Y, et al. Application of a simple soil-water hysteresis model[J]. Journal of Hydrology, 1988, 98(1): 21-29.

[35] King L G. Description of soil characteristics for partially saturated flow[J]. Soil Science Society of America Journal, 1965, 29(4): 359-362.

[36] Klausner Y. Fundamentals of continuum mechanics of soils[M]. Springer Science & Business Media, 2012.

[37] Kool J B, Parker J C, Genuchten M T V. Parameter estimation for unsaturated flow and transport models — A review[J]. Journal of Hydrology, 1987, 91(3): 255-293.

[38] Kosugi K. Lognormal distribution model for unsaturated soil hydraulic properties[J]. Water Resources Research, 1996, 32(9): 2697-2703.

[39] Laliberte G E. A mathematical function for describing capillary pressure-desaturation data[J]. International Association of Scientific Hydrology Bulletin, 1969, 14(2): 131-149.

[40] Leong E C, Rahardjo H. Review of soil-water characteristic curve equations[J]. Journal of Geotechnical and Geoenvironmental Engineering, 1997, 123(12): 1106-1117.

[41] Liu Y, Parlange J Y, Steenhuis T S, et al. A soil water hysteresis model for fingered flow data[J]. Water Resources Research, 1995, 31(9): 2263-2266.

[42] 刘艳华, 龚壁卫, 苏鸿. 非饱和土的土水特征曲线研究[J]. 工程勘察, 2002(3): 8-11.

[43] 卢靖, 程彬. 非饱和黄土土水特征曲线的研究[J]. 岩土工程学报, 2007(10): 1591-1592.

[44] Mckee C R, Bumb A C. Flow-testing coalbed methane production wells in the presence of water and gas[J]. SPE Formation Evaluation, 1987, 2(4): 599-608.

[45] Mishra S, Parker J C. Effects of parameter uncertainty on predictions of unsaturated flow[J]. Journal of Hydrology, 1989, 108: 19-33.

[46] Mishra S, Parker J C, Singhal N. Estimation of soil hydraulic properties and their uncertainty from particle size distribution data[J]. Journal of Hydrology, 1989, 108: 1-18.

[47] Mualem Y. Modified approach to capillary hysteresis based on a similarity hypothesis[J]. Water Resources Research, 1973, 9(5): 1324-1331.

[48] Mualem Y. A new model for predicting the hydraulic conductivity of unsaturated porous media[J]. Water Resources Research, 1976, 12(3): 513-522.

[49] Parlange J Y. Capillary hysteresis and the relationship between drying and wetting curves[J]. Water Resources Research, 1976, 12(2): 224-228.

[50] Pereira J H F, Fredlund D G. Volume change behavior of collapsible compacted gneiss soil[J]. Journal of Geotechnical and Geoenvironmental Engineering, 2000, 126(10): 907-916.

[51] Pham H, Fredlund D, Barbour S. A study of hysteresis models for soil-water characteristic curves[J]. Canadian Geotechnical Journal, 2005, 42: 1548-1568.

[52] Philip J R. Similarity hypothesis for capillary hysteresis in porous materials[J]. Journal of Geophysical Research, 1964, 69(8): 1553-1562.

[53] Poulovassilis A. Hysteresis of pore water, an application of the concept of independent domains[J]. Soil Science, 1962, 93(6): 405-412.

[54] Poulovassilis A. Hysteresis of pore water in granular porous bodies[J]. Soil Science, 1970, 109(1): 5-12.

[55] Poulovassilis A, Childs E C. The hysteresis of pore water: the non-independence of domains[J]. Soil Science, 1971, 112(5): 301-312.

[56] Poulovassilis A, El-Ghamry W M. The dependent domain theory applied to scanning curves of any order in hysteretic soil water relationships[J]. Soil Science, 1978, 126(1): 1-8.

[57] 戚国庆, 黄润秋. 土水特征曲线的通用数学模型研究[J]. 工程地质学报, 2004(2): 182-186.

[58] Richards B G. Measurement of free energy of soil moisture by the psychrometric technique, using thermistors[C]//Moisture equilibria and moisture changes in soils beneath covered areas. Sydney, Australia: Butterworth & Co. Ltd., 1965: 39-46.

[59] Satyanaga A, Rahardjo H, Leong E C, et al. Water characteristic curve of soil with bimodal grain-size distribution[J]. Computers and Geotechnics, 2013, 48: 51-61.

[60] Satyanaga A, Rahardjo H, Zhai Q. Estimation of unimodal water characteristic curve for gap-graded soil[J]. Soils and Foundations, 2017, 57(5): 789-801.

[61] 沈珠江. 广义吸力和非饱和土的统一变形理论[J]. 岩土工程学报, 1996, 18(2): 1-9.

[62] Sugii T, Yamada K. Kondou T. Relationship between soil-water characteristic curve and void ratio[C]// Proceeding of the 3rd international conference on unsaturated soils. Recife, Brazil, 2002, 10-13.

[63] Tani M. The properties of a water-table rise produced by a one-dimensional, vertical, unsaturated flow[J]. Journal of the Japanese Forestry Society, 1982, 64(11): 409-418.

[64] Tinjum J M, Benson C H, Blotz L R. Soil-water characteristic curves for compacted clays[J]. Journal of Geotechnical and Geoenvironmental Engineering, 1997, 123(11): 1060-1069.

[65] Topp G C. Soil-water hysteresis: the domain theory extended to pore interaction conditions[J]. Soil Science Society of America Journal, 1971, 35(2): 219-225.

[66] Van G M. A closed-form equation for predicting the hydraulic conductivity of unsaturated soils[J]. Soil Science Society of America Journal, 1980, 44(5): 892-898.

[67] Vanapalli S, Fredlund D, Pufahl D E, et al. Model for the prediction of shear strength with respect to soil suction[J]. Canadian Geotechnical Journal, 1996, 33: 379-392.

[68] 徐永福, 董平. 非饱和土的水分特征曲线的分形模型[J]. 岩土力学, 2002(4): 400-405.

[69] 王世梅. 非饱和滑坡土体力学特性试验及其数值模拟[D]. 武汉: 武汉大学, 2007.

[70] Williams J, Prebble R E, Williams W T, et al. The influence of texture, structure and clay mineralogy on the soil moisture characteristic[J]. Soil Research, 1983, 21(1): 15-32.

[71] Wheeler S J, Sharma R S, Buisson M S R. Coupling of hydraulic hysteresis and stress-strain behaviour in unsaturated soils[J]. Géotechnique, 2003, 53(1): 41-54.

[72] Ye W M, Wan M, Chen B, et al. Effect of temperature on soil-water characteristics and hysteresis of compacted Gaomiaozi bentonite[J]. Journal of Central South University of Technology, 2009, 16(5): 821-826.

[73] Zapata C E. Uncertainty in soil-water-characteristic curve and impacts on unsaturated shear strength predictions[D]. Arizona: Arizona State University, 1999.

[74] Zhai Q, Rahardjo H. Determination of soil-water characteristic curve variables[J]. Computers and Geotechnics, 2012, 42: 37-43.

[75] Zhai Q, Rahardjo H, Satyanaga A. Uncertainty in the estimation of hysteresis of soil-water characteristic curve[J]. Environmental Geotechnics, 2019, 6(4): 204-213.

[76] Zhai Q, Rahardjo H, Satyanaga A, et al. Role of the pore-size distribution function on water flow in unsaturated soil[J]. Journal of Zhejiang University-Science A: Applied Physics & Engineering, 2019, 20(1): 10-20.

[77] Zhai Q, Rahardjo H, Satyanaga A, et al. Estimation of the wetting scanning curves for sandy soils[J]. Engineering Geology, 2020, 272: 105635.

[78] Zhai Q, Rahardjo H, Satyanaga A, et al. Estimation of the soil-water characteristic curve from the grain size distribution of coarse-grained soils[J]. Engineering Geology, 2020, 267: 105502.

[79] Zhai Q, Rahardjo H, Satyanaga A, et al. Framework to estimate the soil-water characteristic curve for the soil with different void ratios[J]. Bulletin of Engineering Geology and the Environment, 2020, 79: 4399-4409.

[80] Zhai Q, Zhu Y Y, Rahardjo H, et al. Prediction of the soil-water characteristic curves for the fine-grained soils with different initial void ratios[J]. Acta Geotechnica, 2023, 18, 5359-5368.

[81] 翟钱，田刚，朱益瑶，等. 考虑滞后性的土-水特征曲线物理-统计模型研究[J]. 岩土工程学报，2023, 45(10): 2072-2080.

[82] 赵文博，徐洁，程青，等. 竖向应力及干湿循环对黄土土-水特征曲线的影响[J]. 科学技术与工程，2015, 15(36): 189-193.

[83] Zhao Y, Rahardjo H, Satyanaga A, et al. A general best-fitting equation for the multimodal soil-water characteristic curve[J]. Geotechnical and Geological Engineering, 2023, 41(5): 3239-3252.

[84] 郑方，刘奉银，王磊，等. 粒度对非饱和土土水特征曲线滞回特性的影响[J]. 水利与建筑工程学报，2019, 17(5): 19-24.

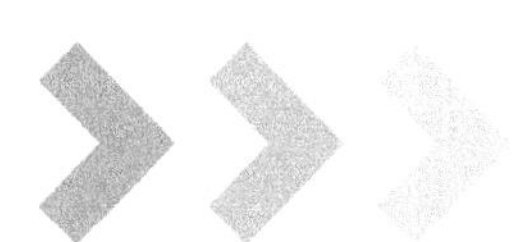

# 第 4 章

# 非饱和土渗透特性

## 4.1 概述

土中的水和空气都可在土中迁移，在研究流体在土中的迁移规律需综合考虑水和气在土中的迁移机理。土体允许流体穿过的能力称为渗透特性。因此，土体的渗透特性不仅包括土中水相的渗透特性，还包括土中气相的渗透特性。在学习土的渗透特性之前，我们首先需要理解土中流体的驱动力。热力学定律揭示物质往往会从高能量状态向低能量状态转变，这一定律可以有效解释土中流体的迁移行为。如果土体中流体各点的能量状态相等，那么各点之间就没有能量差，流体迁移也就缺乏必要的驱动力。换言之，如果要让土中流体在两点之间发生迁移，那么这两点处的流体就必须存在能量差。

岩土工程师通常采用伯努利（Bernoulli）方程来描述土中水的能量状态，如式(4-1)所示，以此来判别土中水的迁移方向。Freeze 和 Cherry（1979）定义土中 A 点处的能量状态用$C_A$表示，B 点处的能量状态用$C_B$表示。当$C_A > C_B$时，土中水会从 A 点向 B 点迁移；反之，则会从 B 点向 A 点迁移。

$$C = \frac{u_w}{\rho g} + h + \frac{v^2}{2g} \tag{4-1}$$

式中：$C$——土中水的能量状态；

$u_w$——该点土中孔隙水压强；

$h$——该点处所在的高度；

$v$——该点处土中水的流速；

$\rho$——水的密度；

$g$——重力加速度。

当土体处于非饱和状态时，孔隙水压力为负值，且随着土吸力增大，孔隙水压越会进一步减小。当式(4-1)中除孔隙水压力之外的其他两项之和相等时，土中水会从吸力较小的区域向吸力较大的区域迁移。此外，当两点之间温度存在差异时，温度越低的点通常具有较大的吸力值。因此，土中水通常会倾向于从温度较高的点向温度较低的点迁移。

在非饱和土力学的发展历程中，学者们曾将土体中含水率差异视为土中水分迁移的驱动力。然而，Fredlund（1981）研究指出，由于土体性质如孔隙比的不同，区域间含水率会产生差异，单纯依据含水率差异无法判别土中水分的迁移方向。因此，含水率差异是土体性质差异的表现，无法直接作为土中水分迁移的驱动力。相比之下，基质吸力差异和水头差异可以统一表达为广义总水头差异，这一概念综合了正孔隙水压差、基质吸力差、渗透吸力差以及温度差等多种自变量因素，为分析土中水分迁移提供了一个更为统一的框架。

在岩土工程领域，我们不仅关注土中水的迁移方向，更关心土中水的迁移速率。Darcy（1856）通过系列试验，发现土中水的流速与其水力梯度成正比，即与水流通过单位渗流路径消耗的机械能成正比，如式(4-2)所示。

$$v_{\mathrm{w}} = ki = -k\frac{\partial H_{\mathrm{w}}}{\partial y} \tag{4-2}$$

式中：$v_{\mathrm{w}}$——通过单位面积土中水的流速；

$k$——土的水相渗透系数；

$i$——水力梯度；

$H_{\mathrm{w}}$——土中水的总水头；

$y$——土中水的迁移方向。

流速$v_{\mathrm{w}}$和水力梯度$i$的比值即为土的渗透系数$k$，$k$值反映了土体允许水流通过的能力，即渗透特性。$k$值越大，说明土的渗透性越好；反之，则说明土的渗透性越差。

假定土中水的迁移遵循达西（Darcy）定律，当土体处于饱和状态时，土中水的渗流问题通常可以采用式(4-3)的偏微分方程进行求解。

$$\frac{\partial\left(k_x\frac{\partial H}{\partial x}\right)}{\partial x} + \frac{\partial\left(k_y\frac{\partial H}{\partial y}\right)}{\partial y} + Q = 0 \tag{4-3}$$

式中：$k_x$、$k_y$——土体在$x$、$y$方向的渗透系数，对于某一恒定状态的土，通常为定值；

$Q$——外界对土体单元施加的边界条件，当有水分流入土体单元时，$Q$为正值；当水分流出土体单元时，$Q$为负值；

$H$——土体单元中孔隙水压的总水头。由于在整个渗流过程中，土体保持在饱和状态，即土体的含水率维持恒定，因此等式右边为0。

Buckingham（1907）、Richard（1931）、Childs 和 Collis-George（1950）以及 Fredlund 和 Rahardjo（1993）指出 Darcy 定律也适用于求解非饱和土中水的渗流问题。在非饱和土的渗流过程中，式(4-3)等式有点并不始终等于 0，土体单元体积含水率会因渗流作用而产生改变。此外，非饱和土的渗透系数在渗流过程中会因土吸力的变化（或含水率的变化）而发生显著的改变。因此，在求解非饱和土中水的渗流问题时，需要对式(4-3)进行适当的修正，如式(4-4)所示。

$$\frac{\partial\left(k_x(\psi)\frac{\partial H}{\partial x}\right)}{\partial x} + \frac{\partial\left(k_y(\psi)\frac{\partial H}{\partial y}\right)}{\partial y} + Q = \frac{\partial\theta}{\partial t} \tag{4-4}$$

式中：$k_x(\psi)$——吸力等于$\psi$的状态下非饱和土在$x$方向的渗透系数；

$k_y(\psi)$——吸力等于$\psi$的状态下非饱和土在$y$方向的渗透系数；

$\theta$——体积含水率；

$t$——时间。

在非饱和土的渗流分析中，我们通常会发现非饱和渗透系数会随土吸力的改变呈指数关系变化。为了求解方程式(4-4)，需要掌握渗透系数$k_x(\psi)$、$k_y(\psi)$在不同土吸力下的状态方程，一般称之为非饱和土的渗透系数方程。在整个渗流过程中，土体单元的饱和度并非恒定不变。如果流入土体单元的水分量超过流出的水分量，土体饱和土会相应增大，此时等式右边项为正值；反之，如果流出的水分量超过流入的，土体饱和度则会减少，此时等式右边项为负值。商用软件通常内置了用于求解偏微分方程的计算程序，工程师通常采用这些软件就能很容易地求解式(4-3)和式(4-4)。在求解过程中，通常将边界条件、土-水特征曲线（Soil-Water Characteristic Curve，SWCC）以及渗透系数方程作为必要的输入值。因此，确定合理可靠的土-水特征曲线及渗透系数方程成为求解非饱和土中水渗流问题的关键。本章将着重介绍非饱和土的渗透特性及相关的计算方法。

在介绍渗透系数之前，我们需要明确渗透系数$k$和固有渗透系数$K$的区别。

如图 4-1 所示，当水自左向右迁移时，迁移速度为$\upsilon_w$。渗透系数（$k$）定义了流速$\upsilon_w$和水力梯度的比值，如式(4-5)所示。

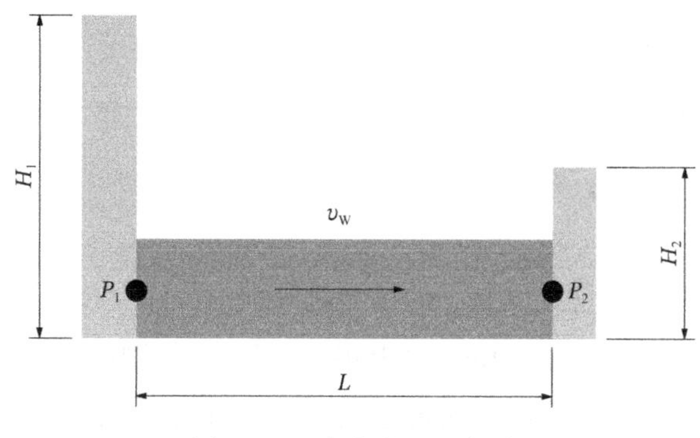


图 4-1　土中水头差示意图

$$k = \frac{\upsilon_w}{i} = -\frac{\upsilon_w \,\partial L}{\partial H} = \frac{\upsilon_w L}{(H_1 - H_2)} \tag{4-5}$$

式中：$H_1$、$H_2$——土中两点的总水头；

$L$——渗流路程。

而固有渗透系数（$K$）则定义了流速和动力黏度和水压梯度的比值，如式(4-6)所示。

$$K = -\frac{\upsilon_w \,\partial L}{\mu \,\partial P} = \frac{\upsilon_w L}{\mu(P_1 - P_2)} \tag{4-6}$$

式中：$P_1$、$P_2$——土中两点的水压力；

$\mu$——动力黏度。

式(4-5)所示的渗透系数（$k$）的单位为 m/s，而式(4-6)所示的固有渗透系数（$K$）的单位为 $m^2$。考虑总水头与水压力之间的关系，渗透系数（$k$）和固有渗透系数（$K$）之间的关系可用式(4-7)表示。

$$k = \frac{\rho_w g}{\mu} K \tag{4-7}$$

## 4.2 饱和土渗透特性和非饱和土渗透特性

在解决岩土工程问题时，饱和土的渗透系数通常被认为是恒定不变的。然而，土的渗透系数会受到孔隙比、流体的黏滞系数、温度以及土体饱和度的影响而产生变化。其中，饱和度对土体的渗透系数影响尤为显著。Kozeny（1927）和 Carman（1938）综合考虑了土体的比表面积比、孔隙比和水的动态黏滞系数，提出了砂性土的渗透系数计算式(4-8)。

$$k_s = C' \frac{g}{\mu_w \rho_w} \frac{e^3}{S_s^2 G_s^2 (1+e)} \tag{4-8}$$

式中：$k_s$——饱和渗透系数；

$C'$——考虑孔径分布的经验系数；

$g$——重力加速度；

$\mu_w$——水的动态黏滞系数；

$\rho_w$——水的密度；

$S_s$——比表面积；

$G_s$——土体相对密度；

$e$——孔隙比。

Kozeny-Carman 公式［即式(4-8)］的推导过程理论严谨，相较于之前的经验性公式，该公式在理论上取得了显著进步。Taylor（1948）通过大量试验研究发现，砂性土的渗透系数随孔隙比的变化规律与 Kozeny-Carman 公式一致，而黏性土的渗透系数则以对数函数形式与孔隙比成正比。Taylor（1948）提出的针对砂性土及黏性土渗透系数与孔隙比关系式分别如式(4-9)和式(4-10)所示。

$$k_1 : k_2 = \frac{e_1^3}{1+e_1} : \frac{e_2^3}{1+e_2} \tag{4-9}$$

式中：$k_1$——对应孔隙比为$e_1$的砂性土饱和渗透系数；

$k_2$——对应孔隙比为$e_2$的砂性土饱和渗透系数。

$$\lg k = \lg(k_0 e_0) - \frac{e_0 - e}{c_k} \tag{4-10}$$

式中：$k$——对应孔隙比为$e$的黏性土饱和渗透系数；

$k_0$——对应孔隙比为$e_0$的黏性土饱和渗透系数；

$c_k$——渗透系数变化指数。

Chapuis（2012）对多种渗透系数计算公式进行了比较分析。他认为幂函数，如式(4-11)所示，能够较好地描述黏性土饱和渗透系数与孔隙比之间的关系。

$$k_s = C \frac{e^x}{1+e} \tag{4-11}$$

式中：$C$、$x$——模型参数。

当前有关饱和土渗透系数计算的数学模型汇总如表 4-1 所示。

**饱和土渗透系数数学模型　　表 4-1**

| 文献 | 数学模型 | 备注 |
| --- | --- | --- |
| Nishida 和 Nakagawa（1969） | $e=(0.01I_P+0.05)(10+\lg k_{sat})$ | $I_P$为塑性指数 |
| Samarasinghe 等（1982） | $k_{sat}=0.00104I_P^{-5.2}\dfrac{e}{1+e}$ | $e$为孔隙比 |
| Shahabi 等（1984） | $k_{sat}=1.2C_U^{0.735}d_{10}^{0.89}\dfrac{e^3}{1+e}$ | $C_u$为不均匀系数 |
| Carrier 和 Beckman（1984） | $k_{sat}=\dfrac{0.0174I_P^{-4.29}}{(1+e)}[e-0.027(w_P-0.242I_P)]$ | $w_P$为塑限 |
| Nagaraj 等（1991） | $\dfrac{e}{e_L}=2.162+0.195\lg k_{sat}$ | $e_L$为液限状态孔隙比 |
| Sivappulaiah 等（2000） | $\lg k_{sat}=\dfrac{e-0.0535w_L-5.286}{0.0063w_L+0.2516}$ | $w_L$为液限 |
| Mbonimpa 等（2002） | $k_{sat}=C_G\dfrac{\gamma_w}{\mu_w}C_U^{1/3}d_{10}^2\dfrac{e^{3+x}}{1+e}$ | $C_G=0.1$，$\gamma_w=9.8\text{kN/m}^3$，$\mu_w=10^{-3}\text{Pa·s}$，$x=2$ |
| Berilgen 等（2006） | $k_{sat}=\exp[-5.51-4\ln I_P]e^{7.52\exp(-0.25I_L)}$ | $I_L$为液性指数 |
| Dolinar（2009） | $k_{sat}=\dfrac{6.31\times10^{-7}}{(I_P-8.74p)^{3.03}}e^{2.66(I_P-8.74p)^{0.234}}$ | $p$为黏土矿物比例 |
| 刘维正等（2013） | $C_k'=0.044e_0+0.0047e_0/e_L+0.049$ | $C_k'$为双对数坐标下的渗透指数；$e_0$为初始孔隙比；$e_L$为液限对应的孔隙比 |

表 4-1 中的计算模型大多基于经验或半经验性的方法提出。通过这些数学模型，我们可以发现一个规律：饱和渗透系数会随孔隙比的变化而变化。这是否意味着饱和渗透系数是孔隙比的函数呢？Zhai 等（2018）采用不同的模型，对 5 种砂土的饱和渗透系数试验数据进行了分析，发现 Kozeny-Carman 公式［式(4-5)］无法准确反映饱和渗透系数与孔隙比之间的变化关系。而当采用孔径分布函数来重新计算这 5 种砂土样的渗透系数，发现其计算预测结果能够很好地反映饱和渗透系数随孔隙比的变化规律，如图 4-2 所示。Zhai 等（2018）的研究成果说明孔隙比是一个相对宏观的量，无法反映土体内孔隙的分布情况，这样导致单一的孔隙比无法准确反映饱和渗透系数的变化规律。如图 4-2 所示，即使土样具有类似孔隙比，但因孔径分布的不同，土体单元允许水流通过的路径会有所差异，导致土的渗透特性表现各异。

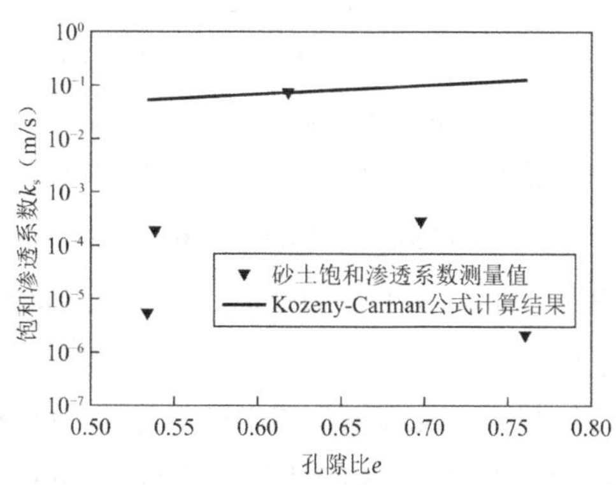


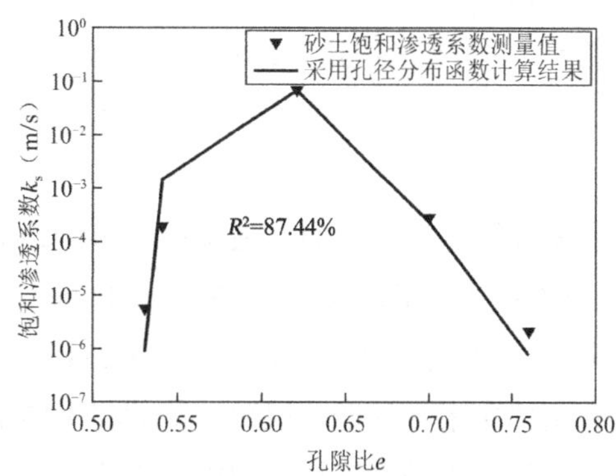


图 4-2　采用 Kozeny-Carman 公式和孔径分布函数的计算结果与砂土渗透系数试验数据对比

当土体处于非饱和土状态时，由于水气分界面的存在，并不是所有的孔隙都能成为水流的有效渗流通道。因此，非饱和土的渗透系数会显著低于饱和土的渗透系数。Richards（1952）、Brooks 和 Corey（1964）以及 Moore（1939）分别对砂土、粉土和黏土开展了非饱和渗透试验，试验结果如图 4-3 所示。研究结果显示，随着土吸力的增加（或饱和度的降低），非饱和土渗透性会出现显著的降低。特别地，随着土吸力的增加，土体的渗透性降低的幅度在不同类型的土壤中表现不同：砂土的降低幅度比粉土更为显著，而粉土又比黏土更为显著。

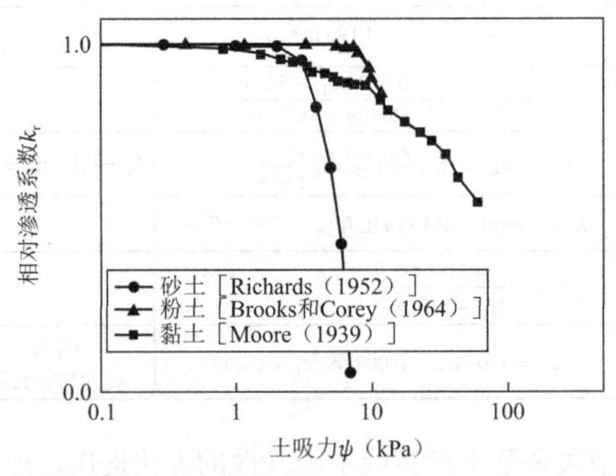


图 4-3 砂土、粉土及黏土随土吸力的变化趋势

## 4.3 非饱和土渗透系数的数学模型

对非饱和土渗透性能的研究可追溯至二十世纪四五十年代，学者们提出了多种计算模型以描述非饱和土中水分的迁移特征，常用的非饱和土渗透系数预测模型汇总于表 4-2 中。根据模型的计算原理，Mualem（1986）将计算模型分为三大类：①经验模型：该模型数学表达式相对简单，式中采用经验参数，不同经验参数会得出不同的渗透系数方程，其测算精度在很大程度上依赖经验参数的选取［如 Gardner（1958）、Brooks 和 Corey（1964）、Leong 和 Rahardjo（1997）］；②宏观模型：该模型基于多孔介质中的层流假设，采用一个不定参数$\delta$，不同假设决定了$\delta$的取值会有所差异［如：Averjanov（1950）、Irmay（1954）和 Corey（1954）］；③统计模型：该模型基于土-水特征曲线和孔径分布函数等效一致假设，考虑了土体内土颗粒和孔隙的随机分布，并采用概率统计学相关理论计算允许水流通过的有效面积来测算多孔介质的渗透系数［如：Childs 和 Collis-George（1950）、Burdine（1953）、Marshall（1958）、Kunze 等（1968）、Mualem（1976）、Fredlund 等（1994）、Zhai 和 Rahardjo（2015）］。在统计模型中，Childs 和 Collis-George（1950）首次引入孔径分布函数的概念，以阐释土体中水分的迁移规律。他们将土体中不同尺寸的孔隙简化成半径不等的毛细管，并假定毛细管中的水流符合泊肃叶定律。Mualem（1986）、Fredlund 等（1994）、Leong 和 Rahardjo（1997）指出统计模型具有完整的理论支撑，因此其计算结果更为可靠。在对比各

种计算模型后，Fredlund（2020）指出 Zhai 和 Rahardjo（2015）预测模型无需编程，可以通过 Excel 表格直接求解；而且测算结果准确，在应用上具有其优势。

我国学者，叶为民等（2005）运用 Frendlund 等（1994）提出的渗流理论，对上海非饱和软土的渗透系数进行了估测，并就颗粒骨架对渗透系数的影响进行了深入探讨。蔡国庆等（2011）基于 Mualem（1986）的理论，将温度变量考虑其中，对不同温度下的渗透系数进行了测算。进一步地，基于 Mualem（1986）的模型，胡冉等（2013）引入平均孔隙半径参数，提出了考虑变形效应的非饱和土相对渗透系数模型。为探究黄土的渗透特性，李萍等（2013）采用了 Childs 和 Collis-George（1950）模型估测黄土的渗透系数，提出黄土的渗透系数随吸力变化关系可用指数函数表达。胡再强等（2020）则采用 Childs 和 Collis-George（1950）预测石灰改良黄土的非饱和渗透系数模型，并探讨了压实度对渗透系数的影响。蔡国庆等（2015）还对双孔结构的压实黏土进行渗流和变形耦合的深入研究，提出压实度对小孔隙内的渗流影响甚微。总体而言，国内外对非饱和土渗透特性的研究表明，统计模型在预测非饱和土渗透系数方面具有较高的适用性和可靠性。

**非饱和土渗透系数计算模型　　表 4-2**

| 文献 | 数学模型 | 模型类别 | 备注 |
| --- | --- | --- | --- |
| Gardner（1958） | $k_w=\dfrac{k_s}{1+a\left(\dfrac{\psi}{\rho_w g}\right)^n}$ | 经验模型 | $a$、$n$为经验参数 |
| Brooks 和 Corey（1964） | $k_w=k_s\left(\dfrac{\mathrm{AEV}}{\psi}\right)^\eta$ | 经验模型 | AEV为进气值；$\eta$为经验参数 |
| Leong 和 Rahardjo（1997） | $k_w=\dfrac{k_s}{\left\{\ln\left[\mathrm{e}+\left(\dfrac{\psi}{A}\right)^B\right]\right\}^C}$ | 经验模型 | $A$、$B$、$C$为拟合参数 |
| Averjanov（1950），Irmay（1954），Corey（1954） | $k_w=k_s(S_e)^\delta$ | 宏观模型 | $S_e$为有效饱和度；$\delta$为模型参数 |
| Childs 和 Collis-George（1950） | $k_s=M\sum\limits_{\sigma=0}^{\sigma=R}\sum\limits_{\rho=0}^{\rho=R}\sigma^2 f(\sigma)f(\rho)\delta r\delta r$ | 统计模型 | $M$为模型参数；$\delta r$为孔径的微增量 |
| Burdin（1953） | $k_w=k_s(S_e)^n\dfrac{\int_0^{\theta_w}\frac{\mathrm{d}\theta_w}{\psi^{2+m}}}{\int_0^{\theta_s}\frac{\mathrm{d}\theta_w}{\psi^{2+m}}}$ | 统计模型 | $n$、$m$为模型参数 |
| Marshall（1958） | $k_w(\theta_w)=\dfrac{T_s^2}{2\rho_w g\mu}\dfrac{n^2}{m^2}\sum\limits_{i=1}^{l}\dfrac{2(l-i)-1}{\psi_i^2}$ | 统计模型 | $T_s$为表面张力；$n$为孔隙率；$\mu$为黏滞系数 |
| Mualem（1976） | $k_w=k_s(S_e)^n\left(\dfrac{\int_0^{\theta_w}\frac{\mathrm{d}\theta_w}{\psi^{1+m}}}{\int_0^{\theta_s}\frac{\mathrm{d}\theta_w}{\psi^{1+m}}}\right)^2$ | 统计模型 | $n$、$m$为模型参数 |
| Fredlund 等（1994） | $k_w=k_s\dfrac{\int_{\psi}^{\psi_r}\frac{[\theta_w(\vartheta)-\theta_w(\psi)]\theta'_w(\vartheta)\mathrm{d}\vartheta}{\vartheta^2}}{\int_{\mathrm{AEV}}^{\psi_r}\frac{[\theta_w(\vartheta)-\theta_s]\theta'_w(\vartheta)\mathrm{d}\vartheta}{\vartheta^2}}$ | 统计模型 | 无模型参数，不适用双峰土-水特征曲线 |

续表

| 文献 | 数学模型 | 模型类别 | 备注 |
| --- | --- | --- | --- |
| Zhai 和 Rahardjo（2015） | $k(\psi_{x,\mathrm{d}})=\dfrac{k(\psi_{\mathrm{ref,d}})\left\{\sum\limits_{i=x,\mathrm{d}}^{N}\left[\dfrac{\left(S(\psi_{x,\mathrm{d}})-S(\psi_i)\right)^2-\left(S(\psi_{x,\mathrm{d}})-S(\psi_{i+1})\right)^2}{(\psi_i)^2}\right]\right\}}{\left\{\sum\limits_{i=\mathrm{ref,d}}^{N}\left[\dfrac{\left(S(\psi_{\mathrm{ref,d}})-S(\psi_i)\right)^2-\left(S(\psi_{\mathrm{ref,d}})-S(\psi_{i+1})\right)^2}{(\psi_i)^2}\right]\right\}}$ | 统计模型 | 无模型参数，适用双峰土-水特征曲线 |

统计模型的建立基于一个基本假定：土-水特征曲线和孔径分布函数是等效一致的。这一假定在没有体积变形或体积变形不显著时是合理的，但在土体体积变形不可忽略时，尤其是随土吸力变化引起较大体积变形的情况下，统计模型的这一基本假定就不再成立。因此，在运用统计模型计算非饱和土渗透系数时，我们必须明确该模型只适用土体体积没有变形或变形不明显的情况。对于可变体积的非饱和土，当采用统计模型计算其渗透系数时，需要考虑土中动态演化的孔径分布函数。

## 4.4 预测非饱和土渗水/渗气特性的统计模型

基于饱和土的 Kozeny-Carman 公式，Childs 和 Collis-George（1950）提出了适用于计算非饱和土渗透系数的统计模型。本小节将详细介绍饱和土渗透系数的计算模型——Kozeny-Carman 公式；在此基础上，介绍优化的毛细管简化模型，并进一步探讨统计模型在测算非饱和土中水和土中气渗透系数的应用。

### 4.4.1 Kozeny-Carman 饱和土渗透系数公式

土中水通常在土颗粒之间的孔隙中迁移。在饱和土中，颗粒间的所有孔隙都是水的渗流通道。如果将这些通道简化为一系列管道，那么土中水的迁移规律可以通过流体力学理论进行解释和描述。根据泊肃叶定律（Poisseuille's law），流体在管道中的流速（$\upsilon$）与管径之间的关系可由式(4-12)表示。

$$\upsilon=-\left(\frac{\pi r^4}{8\mu}\right)\frac{\mathrm{d}P}{\mathrm{d}L} \tag{4-12}$$

式中：$r$——管道内径；

$\mu$——水的黏滞系数；

$P$——水流压强；

$L$——管道长度。

考虑到土中孔隙作为水的渗流通道，我们可以将土体单元简化为包含一系列毛细管的模型，如图 4-4 所示。在这个简化模型中，土体单元由土颗粒和孔隙组成，孔隙体积和土体单元的体积之比为孔隙率$n$。通过使用$N$根半径为$r$的毛细管代替颗粒单元中孔隙，并将简化后的土单元体积定为 1，毛细管的体积就等于孔隙的体积$V_{孔隙}$，毛细管内壁表面积就等于渗流通道的表面积，也就是土颗粒的表面积$A_{土粒}$。因此，可以得到式(4-13)和式(4-14)。

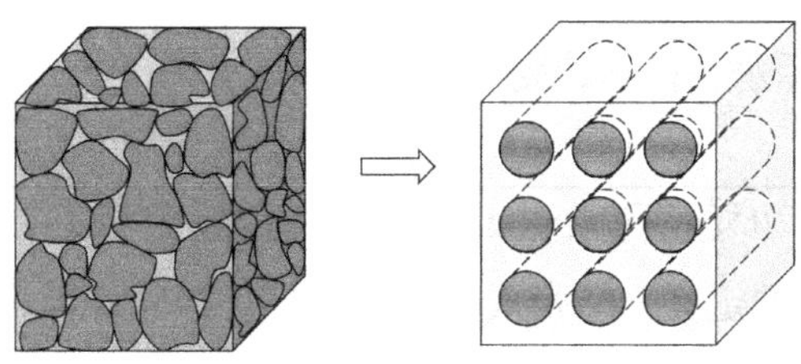

图 4-4　土中渗流通道简化模型示意图

$$V_{孔隙} = N\pi r^2 \times 1 \tag{4-13}$$

$$A_{土粒} = 2N\pi r \times 1 \tag{4-14}$$

孔隙率$n$定义了孔隙的体积和整个土体单元（$V_{土}$）的体积之比，如式(4-15)所示。

$$n = \frac{V_{孔隙}}{V_{土}} = \frac{N\pi r^2 \times 1}{1 \times 1 \times 1} = N\pi r^2 \tag{4-15}$$

土颗粒的体积（$V_{土粒}$）可以通过孔隙率的定义，结合孔隙率$n$和孔隙的体积$V_{孔隙}$进行换算，具体计算公式如式(4-16)所示。

$$V_{孔隙} = \left(\frac{n}{1-n}\right) V_{土粒} \tag{4-16}$$

土体单元的总水流速度可以通过$N$个毛细管水流速度的叠加来计算，如式(4-17)所示。

$$\begin{aligned} v &= -\left(\frac{N\pi r^2}{2\mu}\right)\left(\frac{\pi r^2}{2\pi r}\right)^2 \frac{\mathrm{d}P}{\mathrm{d}L} = -\frac{1}{2\mu}(N\pi r^2 \times 1)\left[\frac{N\pi r^2 \times 1}{N(2\pi r) \times 1}\right]^2 \frac{\mathrm{d}P}{\mathrm{d}L} \\ &= -\frac{n}{2\mu}\left(\frac{V_{孔隙}}{A_{土粒}}\right)^2 \frac{\mathrm{d}P}{\mathrm{d}L} \end{aligned} \tag{4-17}$$

将式(4-16)代入式(4-17)可以得到：

$$v = -\frac{n}{2\mu}\left(\frac{V_{土粒}}{A_{土粒}}\right)^2 \left(\frac{n}{1-n}\right)^2 \frac{\mathrm{d}P}{\mathrm{d}L} \tag{4-18}$$

式(4-18)中的渗透系数与 Fair 和 Hatch（1933）的表达式一致。通常，我们把土颗粒单位质量的总表面积称为比表面积$S_s$，如式(4-19)所示。

$$S_s = \frac{A_{土粒}}{M_{土粒}} = \frac{A_{土粒}}{\rho_{土粒} V_{土粒}} \tag{4-19}$$

式中：$M_{土粒}$——土粒的质量；

$\rho_{土粒}$——土粒的密度。

将式(4-19)代入式(4-18)中，可以得到：

$$v = -\frac{1}{2\mu S_s^2 \rho_w^2 G_s^2} \frac{n^3}{(1-n)^2} \frac{\mathrm{d}P}{\mathrm{d}L} \tag{4-20}$$

式中：$G_s$——土粒的相对密度；

$\rho_w$——水的密度；

$n$——孔隙率；

$S_s$——比表面积。

如果采用水头来表示水力梯度，则式(4-20)可表达为：

$$v=-\frac{1}{2\mu S_s^2\rho_w^2G_s^2}\frac{n^3}{(1-n)^2}\frac{dP}{dL}=-\frac{\rho_w g}{2\mu S_s^2\rho_w^2G_s^2}\frac{n^3}{(1-n)^2}\frac{dH}{dL} \tag{4-21}$$

根据渗透系数（$k$）的定义，结合式(4-21)，可以得到$k$的计算式：

$$k=\frac{g}{2\mu\rho_w S_s^2G_s^2}\frac{n^3}{(1-n)^2} \tag{4-22}$$

如果将式(4-22)中的孔隙率替换为孔隙比替代，则该式可重新表达为：

$$k=\frac{g}{2\mu\rho_w S_s^2G_s^2}\frac{e^3}{1+e} \tag{4-23}$$

图 4-4 的简化模型可能无法准确代表土中水的实际渗流路径，因此在式(4-23)中引入修正系数$C$，以校正简化模型可能带来的误差。最终，渗透系数的表达式为：

$$k=C\frac{g}{\mu\rho_w S_s^2G_s^2}\frac{e^3}{1+e} \tag{4-24}$$

式(4-24)与前文介绍的 Kozeny-Carman 公式完全一致。

### 4.4.2 计算非饱和土水渗透系数的统计模型

Childs 和 Collis-George（1950）借鉴并改进了图 4-4 中的毛细管简化模型。根据图 4-4，土中孔隙被简化为一系列等直径的毛细管，并且这些毛细管沿着渗流路径保持恒定尺寸。Childs 和 Collis-George（1950）认为，实际土中的孔径分布呈现出一个范围，既有微小的孔隙，也有较大的孔隙，并且不同尺寸的孔隙相互连通。因此，他们修正了图 4-4 简化模型的不足，认为孔隙尺寸应为多尺度的，且在渗流通道上的毛细管尺寸是不断变化的。Childs 和 Collis-George（1950）采用了统计学的方法，计算土体单元界面上允许水流通过的面积，以此计算土的渗透系数。

Childs 和 Collis-George（1950）首先假设，土中发生迁移的水分全部是毛细水，并且用孔径分布函数$f(r)$表示孔径为$r$的孔隙在所有孔隙中的比例。孔径为$x$和$y$的孔隙体积占总孔隙体积的比例分别可由式(4-25)和式(4-26)表示：

$$\frac{\Delta V_x}{V_{孔隙}}=f(x)\delta r \tag{4-25}$$

$$\frac{\Delta V_y}{V_{孔隙}}=f(y)\delta r \tag{4-26}$$

式中：$\Delta V_x$、$\Delta V_y$——孔隙孔径为$x$和$y$的孔隙体积；

$f(x)$、$f(y)$——孔隙孔径为$x$和$y$的孔径分布密度；

$\delta r$——孔径的微增量。

统计力学理论被广泛应用于科学研究中。例如，气体的压强是通过统计气体分子撞击容器内壁的力和次数的平均值来确定的。同样，随机分布理论也可以有效模拟土中孔隙的空间分布。Childs 和 Collis-George（1950）假设土中的孔隙是两两连通的，并且不同尺寸孔隙之间的接触和连通都是发生随机的。这样，孔径为$x$和孔径为$y$（$x \leqslant y$）的孔隙相互连通的概率$p_{x,y}$可以表示为：

$$p_{x,y} = f(x)\delta r f(y)\delta r \tag{4-27}$$

当两个孔径不同的孔隙相连接时，水流通过的面积由较小孔径的孔隙截面面积决定。因此，当孔径$x$和孔径$y$相连通时，允许水流通过的有效面积$A_{x,y}$为：

$$A_{x,y} = f(x)\delta r f(y)\delta r \pi x^2 \tag{4-28}$$

实际上，$x$和$y$可代表土中任意尺寸的孔径，如果考虑所有可能的两孔隙连通情况，将得到的有效面积进行累加，就可以得到土体单元内允许水流通过的总有效面积，如式(4-29)所示。

$$A_{总} = \sum_{x=0}^{R}\sum_{y=0}^{R} f(x)\delta r f(y)\delta r \pi x^2 \tag{4-29}$$

式中：$A_{总}$——土样饱和时，单位横截面允许水流通过的面积；

$R$——土中孔隙的最大尺寸。

同样，考虑修正后的模型无法完全反映实际土样中的渗流通道，Childs 和 Collis-George（1950）引入了修正系数$M$，对式(4-29)进行修正，以计算饱和土的渗透系数。

$$k_{\mathrm{s}} = M\sum_{x=0}^{R}\sum_{y=0}^{R} x^2 f(x)\delta r f(y)\delta r \tag{4-30}$$

式中：$M$——模型修正系数。

当土体处于非饱和状态时，并不是所有孔隙都会被水分填充。当充满水的孔隙与充满空气的孔隙在渗流界面两侧相连时，其连接界面处会形成水气分界面，阻碍水流通过，这使得该处允许水流通过的有效面积为 0。Zhai 和 Rahardjo（2015）考虑了渗流界面两侧可能出现的连接状态（包括颗粒与颗粒、颗粒与孔隙以及孔隙与孔隙的连接状态），如图 4-5 所示，指出只有图 4-5（f）的连接情况能够形成有效的渗流通道。以此，在计算非饱和土渗透系数时，仅需考虑图 4-5（f）对应的有效面积。

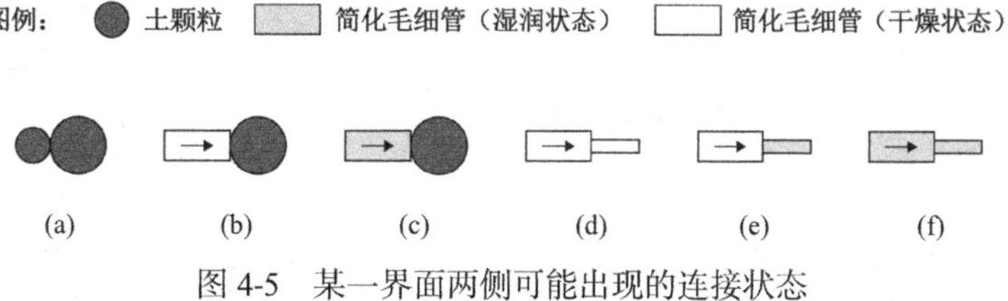


图 4-5　某一界面两侧可能出现的连接状态

相较于 Kozeny（1927）和 Carman（1938）方法，Childs 和 Collis-George（1950）模型

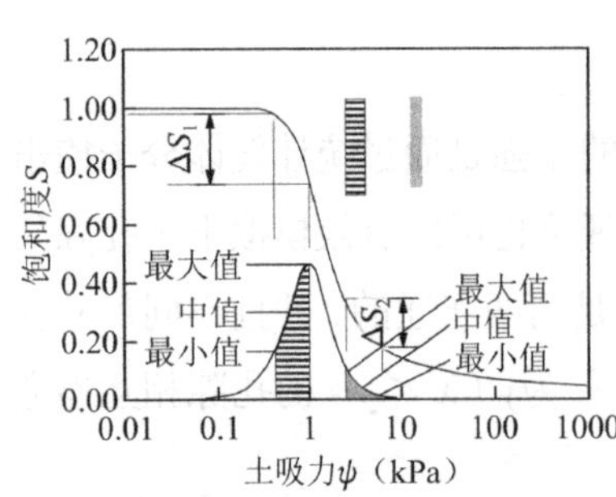


图 4-6 沿横轴分割土-水特征曲线及等效毛细管示意图

基于统计力学的方法提出，因此其计算结果更为可靠。基于土-水特征曲线与孔径分布函数等效一致的基本假设，Childs 和 Collis-George（1950）通过对土-水特征曲线分段的方法，将土中的孔隙进行分组，每一段代表一个孔径尺寸及其相应的孔径密度，如图 4-6 所示。

在对土-水特征曲线进行分段时，主要有两种方式：沿纵轴方向分割和沿横轴方向分割。Marshall（1958）和 Kunze 等（1968）主要采用了沿纵轴方向分割的方法。而 Zhai 和 Rahardjo（2015）研究指出，沿纵轴分割的方法会导致边界效应区和残余吸力区分割块所对应的孔隙半径区间较大，从而降低了这两个区的计算精度，进而导致计算结果出现误差，如图 4-7 所示。因此，建议采用沿横轴方向对土-水特征曲线进行分组。

Zhai 等（2019）对比分析了土-水特征曲线分割数量对统计模型的计算结果精度影响，发现当分割数超过 40 时，统计模型的计算精度较为可靠。

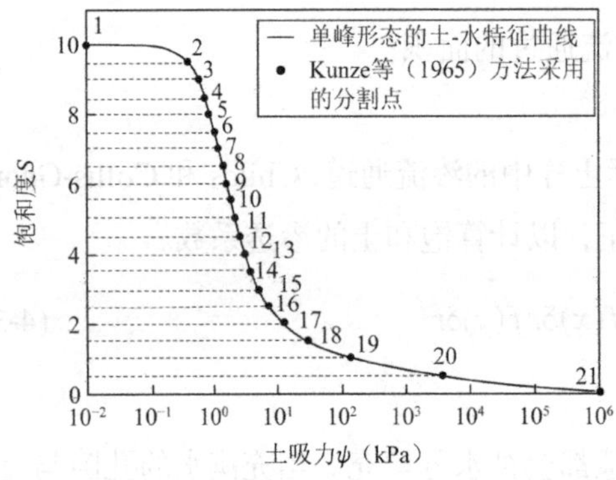


(a) Kunze 等（1968）方法对单峰土-水特征曲线的分割

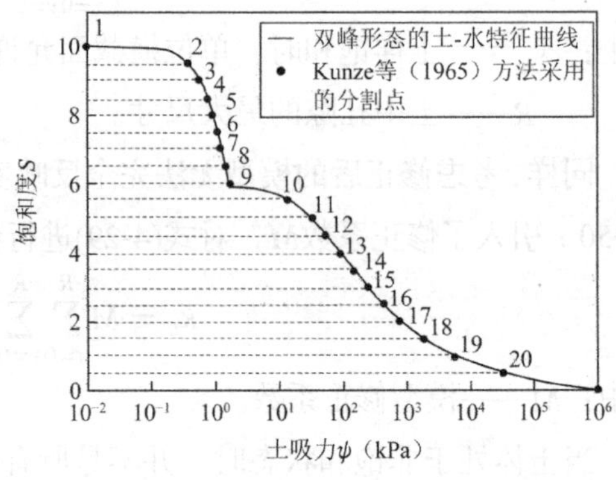


(b) Kunze 等（1968）方法对双峰土-水特征曲线的分割

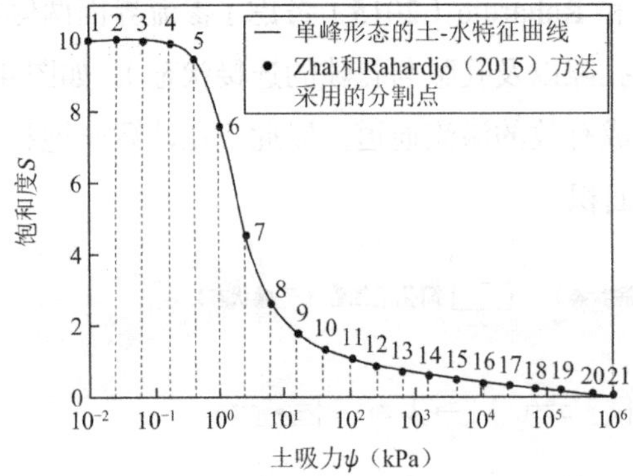


(c) Zhai 和 Rahardjo（2015）方法对单峰土-水特征曲线的分割

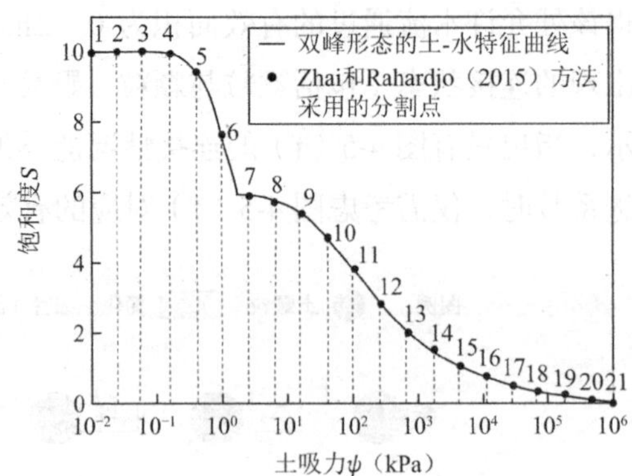


(d) Zhai 和 Rahardjo（2015）方法对双峰土-水特征曲线的分割

图 4-7 沿纵轴和沿横轴分割效果示意图

Zhai 和 Rahardjo（2015）全面分析了图 4-5 所示不同单元体连接状态下允许水流通过的有效面积,并把饱和及非饱和状态下不同孔隙相连产生有效渗流面积的算例展示在图 4-8 中。

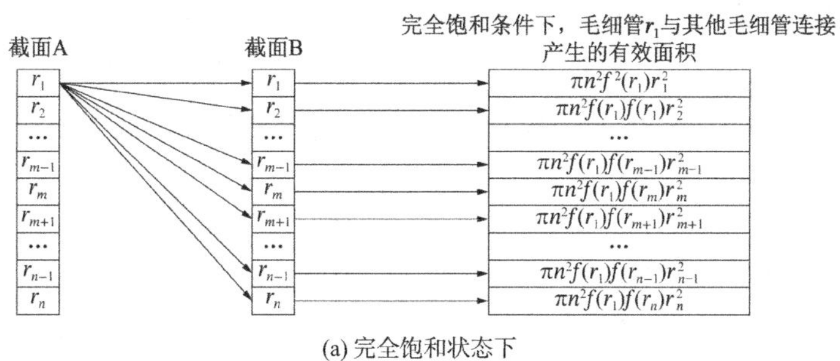


(a) 完全饱和状态下

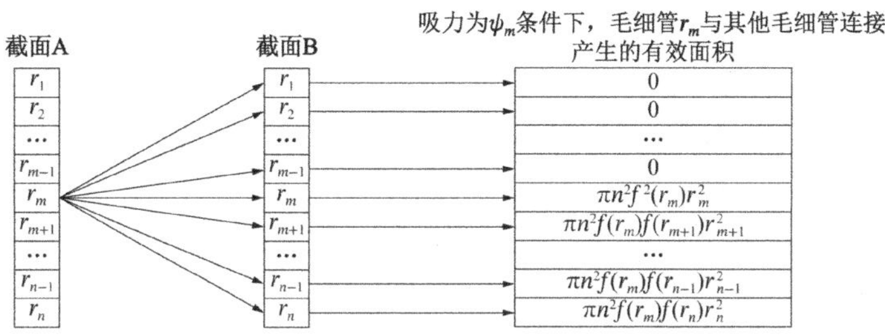


(b) 非饱和状态下（土吸力等于$\psi_m$，根据毛细模型，对应等效半径为$r_m$）

图 4-8 不同孔隙连接状态下允许水流通过的有效面积计算示意图

将图 4-8（a）中截面 A 上毛细管$r_1$至$r_n$与截面 B 上不同孔径的毛细管连接所产生的有效面积累加，可以计算出土体在完全饱和状态下单位截面允许水流通过的有效面积，其对应于土的饱和渗透系数。同理，将图 4-8（b）中截面 A 上毛细管$r_m$至$r_n$与截面 B 上不同孔径的毛细管连接所产生的有效面积进行累加，可以得出土体在非饱和状态(土吸力等于$\psi_m$)下单位截面允许水流通过的有效渗流面积，其对应于土吸力为$\psi_m$时的非饱和渗透系数。土的非饱和渗透系数和饱和渗透系数的比值等同于饱和与非饱和状态的有效渗流面积的比值。最终，非饱和土的渗透系数可用式(4-31)表示：

$$k(\psi_m) = k_s \frac{\sum_{i=m}^{N}\left\{\frac{[S(\psi_m)-S(\psi_i)]^2-[S(\psi_m)-S(\psi_{i+1})]^2}{(\psi_i)^2}\right\}}{\sum_{i=1}^{N}\left\{\frac{[1-S(\psi_i)]^2-[1-S(\psi_{i+1})]^2}{(\psi_i)^2}\right\}} \tag{4-31}$$

式中：$k_s$——土的饱和渗透系数；

$k(\psi_m)$——土在土吸力等于$\psi_m$状态下的非饱和渗透系数；

$\psi_m$——土的吸力状态；

$S(\psi_m)$——当土在土吸力等于$\psi_m$状态下的饱和度；

$\psi_i$——对土-水特征曲线分割时分割点对应的土吸力；

$S(\psi_i)$——土-水特征曲线分割时分割点对应的饱和度。

选择 Brooks 和 Corey（1964）的砂性土，包括火山砂（Volcanic sand）、玻璃珠（Glass

bead)、细砂(Fine sand)和粉质壤土(Touchet silt loam),以及 Li 等(2009)的砂质黏土(SC)和低塑粉土(ML),对式(4-31)的可靠性进行验证。火山砂、玻璃珠、细砂以及粉质壤土的土-水特征曲线如图 4-9(a)所示,式(4-31)预测的非饱和砂性土的渗透系数与试验结果对比如图 4-9(b)所示。砂质黏土和低塑粉土的土-水特征曲线如图 4-10(a)所示,式(4-31)预测的非饱和黏性土渗透系数与试验结果对比如图 4-10(b)、(c)所示。

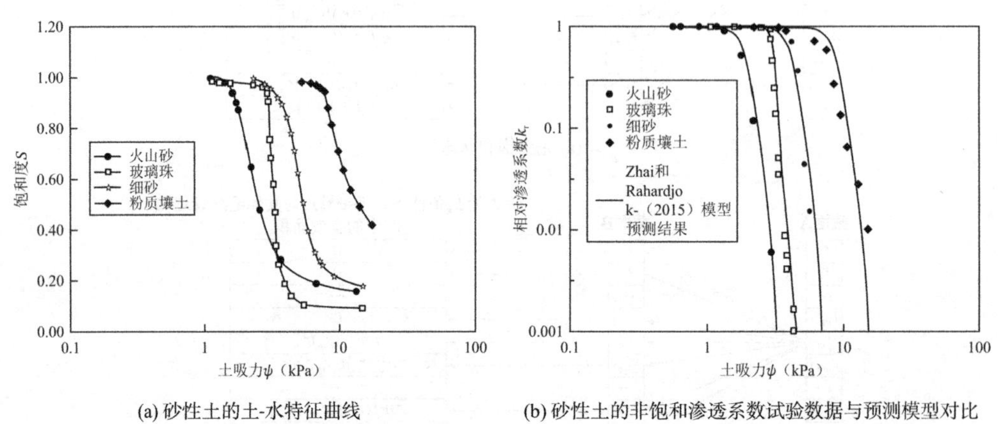


(a) 砂性土的土-水特征曲线 (b) 砂性土的非饱和渗透系数试验数据与预测模型对比

图 4-9 Zhai 和 Rahardjo(2015)模型预测结果与砂性土的非饱和渗透系数试验数据的对比

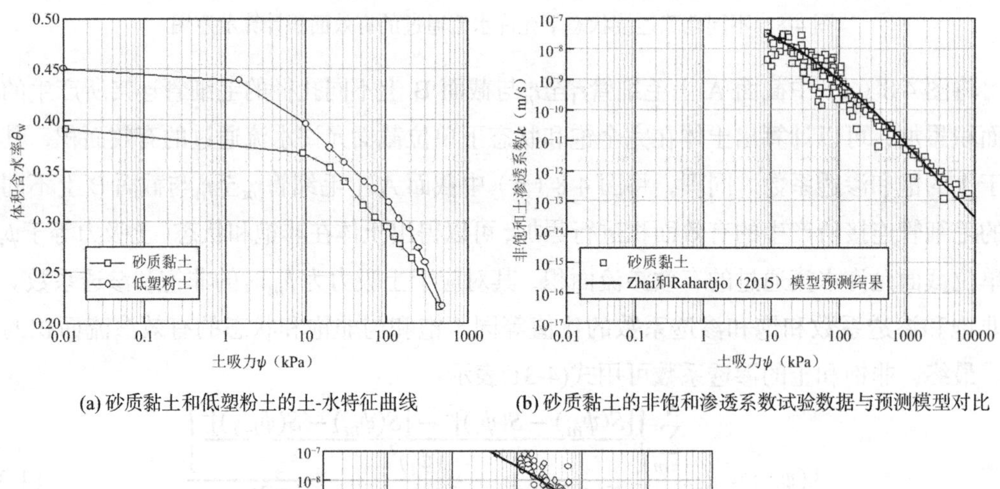


(a) 砂质黏土和低塑粉土的土-水特征曲线 (b) 砂质黏土的非饱和渗透系数试验数据与预测模型对比

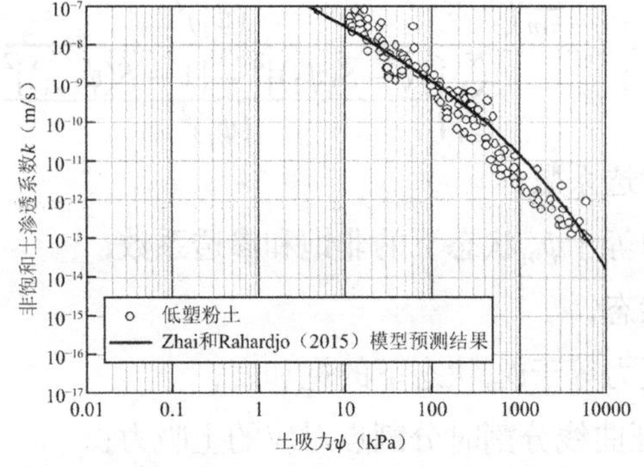


(c) 低塑粉土的非饱和渗透系数试验数据与预测模型对比

图 4-10 Zhai 和 Rahardjo(2015)模型计算结果与试验数据对比

图 4-9（b）和图 4-10（b）、（c）中的对比结果显示，式(4-31)可以有效预测非饱和土的渗透系数。Zhai 等（2021）指出，式(4-31)仅适用于脱湿过程中的非饱和土渗透系数预测。此外，在某些特殊工况下，当土的饱和渗透系数未知时，可选取任意一点的非饱和土渗透系数作为参考点，并据此计算在其他吸力条件下的非饱和渗透系数，如式(4-32)所示。

$$k(\psi_{x,\mathrm{d}}) = k(\psi_{\mathrm{ref,d}})\frac{\sum\limits_{i=x,\mathrm{d}}^{N}\left\{\dfrac{[S(\psi_{x,\mathrm{d}})-S(\psi_i)]^2-[S(\psi_{x,\mathrm{d}})-S(\psi_{i+1})]^2}{(\psi_i)^2}\right\}}{\sum\limits_{i=\mathrm{ref,d}}^{N}\left\{\dfrac{[S(\psi_{\mathrm{ref,d}})-S(\psi_i)]^2-[S(\psi_{\mathrm{ref,d}})-S(\psi_{i+1})]^2}{(\psi_i)^2}\right\}} \tag{4-32}$$

式中：$k(\psi_{x,\mathrm{d}})$——脱湿过程，在吸力等于$\psi_{x,\mathrm{d}}$时非饱和土的渗透系数；

$k(\psi_{\mathrm{ref,d}})$——脱湿过程，在参考点吸力等于$\psi_{\mathrm{ref,d}}$时非饱和土的渗透系数。

Zhai 等（2021）综合考虑了第 3 章介绍的截留空气、“墨水瓶”效应以及“雨滴”效应对水分在毛细管中的分布影响，提出通过干燥土-水特征曲线预测非饱和土在浸润过程中的渗透系数，如式(4-33)所示。

$$k(\psi_{x,\mathrm{w}}) = \begin{cases} k(\psi_{\mathrm{ref,w}}) & \psi_{x,\mathrm{w}} > \dfrac{\psi_{\mathrm{ref,w}}}{k} \\ \text{否则} & \\ \dfrac{k(\psi_{\mathrm{ref,w}})\left\{\sum\limits_{j=x,\mathrm{w}}^{m-1}\left[\dfrac{\left(S(k\psi_{x,\mathrm{w}})-S(k\psi_j)\right)^2-\left(S(k\psi_{x,\mathrm{w}})-S(k\psi_{j+1})\right)^2}{(k\psi_j)^2}\right]S(\psi_j)\right\}}{\left\{\sum\limits_{i=\mathrm{ref,w}}^{N}\left[\dfrac{\left(S(\psi_{\mathrm{ref,w}})-S(\psi_i)\right)^2-\left(S(\psi_{\mathrm{ref,w}})-S(\psi_{i+1})\right)^2}{(\psi_i)^2}\right]\right\}}+ & \\ \dfrac{k(\psi_{\mathrm{ref,w}})\left\{\sum\limits_{i=\mathrm{ref,w}}^{N}\left[\dfrac{\left(S(\psi_{\mathrm{ref,w}})-S(\psi_i)\right)^2-\left(S(\psi_{\mathrm{ref,w}})-S(\psi_{i+1})\right)^2}{(\psi_i)^2}\right]\right\}}{\left\{\sum\limits_{i=\mathrm{ref,w}}^{N}\left[\dfrac{\left(S(\psi_{\mathrm{ref,w}})-S(\psi_i)\right)^2-\left(S(\psi_{\mathrm{ref,w}})-S(\psi_{i+1})\right)^2}{(\psi_i)^2}\right]\right\}} & \end{cases} \tag{4-33}$$

式中：$k(\psi_{x,\mathrm{w}})$——浸润过程，在吸力等于$\psi_{x,\mathrm{w}}$时非饱和土的渗透系数；

$k(\psi_{\mathrm{ref,w}})$——浸润过程，在参考点吸力等于$\psi_{\mathrm{ref,w}}$时非饱和土的渗透系数，通常选取浸润过程的起始点作为浸润过程的参考点；

$k$——与脱湿过程和浸润过程接触角的比值相关的一个参数，详请参考第 3 章。

因浸润过程中对非饱和渗透系数的测量数据较为有限，选用文献 Poulovassilis（1970）的多孔体 I（Porous body I）和 Liakopoulos（1965）的天然沉积砂土（Natural deposit sand）来验证式(4-34)的可靠性。多孔体 I 和天然沉积砂土的土-水特征曲线如图 4-11（a）、（b）所示。通过式(4-34)预测的两种土在脱湿过程和浸润过程的渗透系数和试验结果的对比如

图 4-11（c）、（d）所示。对比结果表明，式(4-34)可以较为准确地预测非饱和土在浸润过程中的渗透系数。

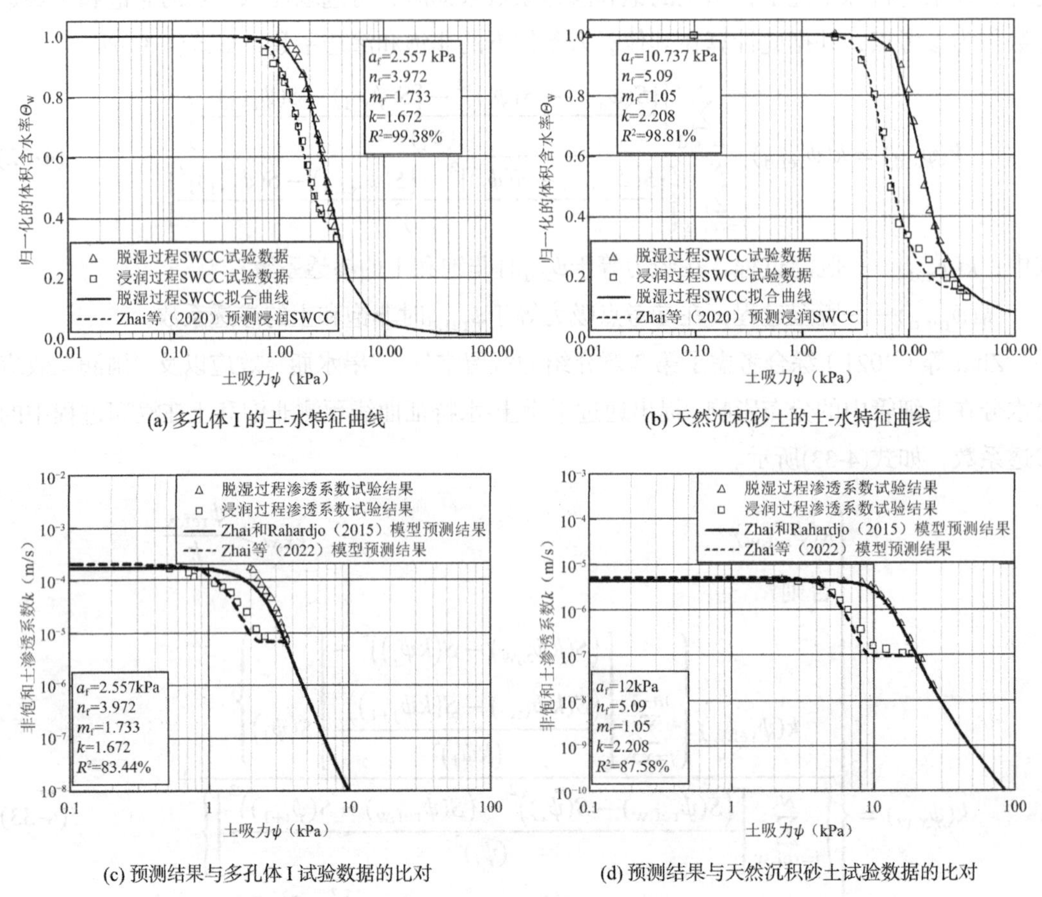

(a) 多孔体 I 的土-水特征曲线

(b) 天然沉积砂土的土-水特征曲线

(c) 预测结果与多孔体 I 试验数据的比对

(d) 预测结果与天然沉积砂土试验数据的比对

图 4-11 Zhai 等（2021）预测浸润过程非饱和土渗透系数与试验结果的对比

### 4.4.3 计算非饱和土气相渗透系数的统计模型

当土体中的流体为液体时，其渗透性通过水相渗透系数来表征；而当流体为气体时，则用气相渗透系数来描述其渗透性。在实际工程中，雨水对边坡土体的入渗深度与非饱和土的水相渗透系数密切相关。在旱季，水分会从土体中蒸发并扩散到空气中，而水分从土体中的蒸发量则与土体的气相渗透系数密切相关。因此，研究和学习非饱和土的气相渗透系数及其相关计算理论显得尤为重要。

如图 4-5（d）所示，只有当截面两侧毛细管都为干燥状态时，才能形成有效的气体渗流通道。因此，我们可以采用与水相渗透系数相似的方法，计算非饱和土中允许气体通过的有效面积，由此来确定非饱和土的气相渗透系数。在完全干燥状态下，毛细管$r_1$和其他半径毛细管连接形成的有效面积如图 4-12（a）所示；当土吸力等于$\psi_{m+1}$时，毛细管$r_1$～$r_m$都处于干燥状态，以毛细管$r_m$为例，其与其他毛细管连接形成的有效面积如图 4-12（b）所示。

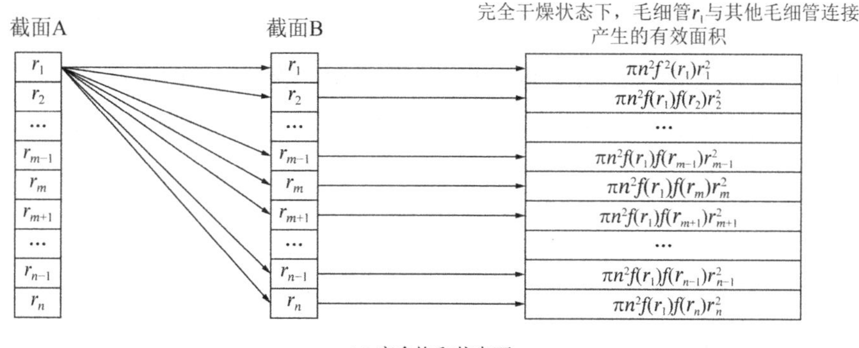


(a) 完全饱和状态下

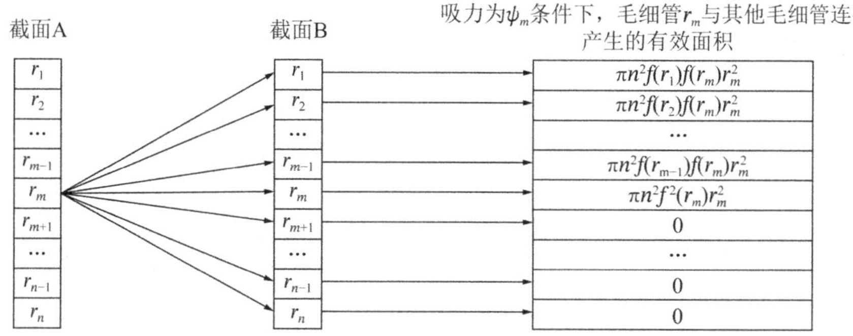


(b) 非饱和状态下（土吸力等于$\psi_m$，根据毛细模型，对应等效半径为$r_m$）

图 4-12　不同孔隙连接状态下允许气流通过的有效面积计算示意图

通过将图 4-12（a）中截面 A 上的毛细管$r_1$～$r_n$分别与截面 B 上不同半径的毛细管连接所形成的有效面积进行累加，可以得到土体在完全干燥状态下，单位截面允许气流通过的有效面积，其对应于完全干燥土的气相渗透系数。同样地，将图 4-12（b）截面 A 上的毛细管$r_m$～$r_n$分别和截面 B 上不同孔径的毛细管连接形成的有效面积进行累加，就可以得到土体在非饱和状态下，土吸力等于$\psi_m$时，单位截面允许气流通过的有效面积，其对应于土在吸力为$\psi_m$时的非饱和气相渗透系数。土的非饱和气体渗透系数和饱和渗透系数的比值与饱和及非饱和状态下的有效渗气面积之比相等。最终，Zhai 等（2019）提出了非饱和土气相渗透系数计算公式，如式(4-34)所示。

$$k_{\mathrm{ra}} = \frac{k_{\mathrm{a}}}{k_{\mathrm{da}}} = \frac{\sum_{i=r(\mathrm{AEV})}^{m} \left\{[S(\psi_{\mathrm{AEV}}) - S(\psi_i)]^2 - [S(\psi_{\mathrm{AEV}}) - S(\psi_{i-1})]^2\right\} r_i^2}{\sum_{i=r(\mathrm{AEV})}^{N} \left\{[S(\psi_{\mathrm{AEV}}) - S(\psi_i)]^2 - [S(\psi_{\mathrm{AEV}}) - S(\psi_{i-1})]^2\right\} r_i^2} \tag{4-34}$$

式中：$k_{\mathrm{ra}}$——非饱和土气体相对渗透系数；

$k_{\mathrm{a}}$——非饱和土气相渗透系数；

$k_{\mathrm{da}}$——完全干燥土的气相渗透系数。

为验证式(4-34)的可靠性，选用 Tuliet 等（2005）的天然土（Natural soil）、Moldrup 等（2003）的日本土（Japanese soil）以及 Samingan 等（2003）的残积土（Residual soil）的试

验数据进行分析。这三类土的土-水特征曲线如图 4-13（a）、（b）所示，利用拟合得到的土-水特征曲线参数，代入式(4-34)，计算得到非饱和土气相渗透系数如图 4-13（c）、（d）所示。由于残积土的土-水特征曲线呈明显的双峰形态，Zhai 等（2017）采用两段 Fredlund 和 Xing（1994）曲线对其进行拟合，得到一条完整的双峰土-水特征曲线，如图 4-13（b）所示。

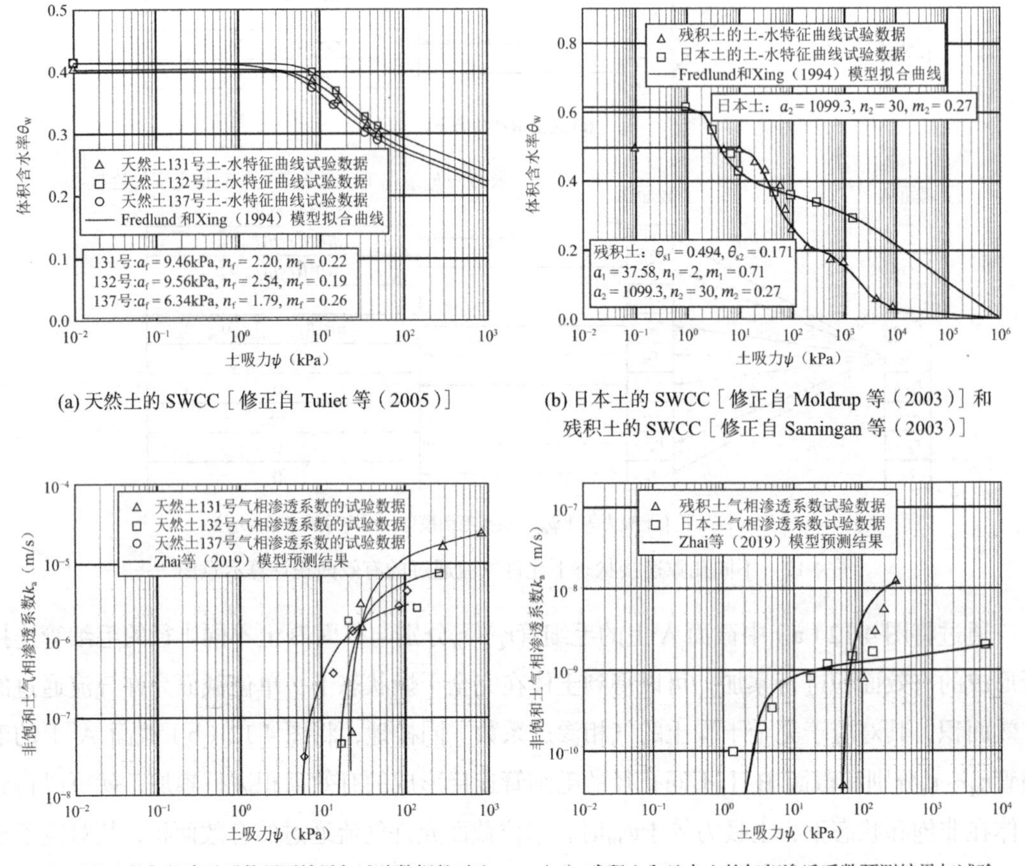


(a) 天然土的 SWCC［修正自 Tuliet 等（2005）］

(b) 日本土的 SWCC［修正自 Moldrup 等（2003）］和残积土的 SWCC［修正自 Samingan 等（2003）］

（c）天然土的气相渗透系数预测结果与试验数据的对比

（d）残积土和日本土的气相渗透系数预测结果与试验数据的对比

图 4-13 非饱和土气相渗透系数预测结果与试验数据对比

图 4-13（c）、（d）的结果表明，Zhai 等（2019）提出的模型能够较为准确地预测非饱和土的气相渗透系数。该模型为非饱和土中气相迁移构建了较为完善的理论体系。

## 4.5 非饱和土膜态水迁移规律及相关计算

在过去的 10 至 20 年间，研究人员发现，部分矿渣土和粉土的非饱和渗透系数试验数据在高吸力区与统计模型计算结果呈现明显差异。在高吸力区，这些土体的非饱和渗透系数试验数据往往大于统计模型的计算结果。Tokunaga 和 Wan（1997）、Tokunaga 等（2000）、Tuller 和 Or（2001）、Liu（2004）、Tokunaga（2009）、Lebeau 和 Konrad（2010）、Peters（2013）、

Weber 等（2019）以及 Zhai 等（2022）对这一现象开展了深入研究，并一致认为这种差异主要归因于颗粒表面膜态水的存在。Saarenketo（1998）将土中的水分为三大类：自由水（Free water）、毛细水（Capillary water）和吸附水（Adsorption water）。自由水也称重力水（Gravity water），主要指在重力作用下能在土中自由迁移的水；吸附水也称吸湿水（Hygroscopic water），主要是由于土颗粒表面的吸附作用附着在颗粒表面的水，其含量与温度、土吸力以及气压有关；毛细水也称黏性水（Viscous water），有别于上述的自由水和吸附水，其含量主要由水气分界面的表面张力控制。Weber 等（2019）在计算非饱和土渗透系数时将土中水分为两大类：毛细水和非毛细水，并将土中水的迁移方式归纳为三种形态：毛细水迁移、膜态水迁移和气态水迁移。Zhai 等（2022）研究指出，毛细水主要存在于颗粒之间，当土吸力变化时，颗粒间弯液面的位置会随之移动（Advancing or Receding），导致毛细水的排出或排入土体；膜态水则吸附在颗粒周围，因其吸附力相对较弱，水膜中的水能够在相邻水膜之间迁移，形成了与毛细水不同的渗流通道，其渗流速度与水膜的厚度有关；气态水主要来自于强结合水、封闭孔隙中的残留水以及高吸力状态下残留在颗粒接触点的水，这部分水由于缺乏液态渗流通道，只能通过相变以气态的形式在干燥孔隙中迁移。

许多学者对膜态水的迁移规律进行了深入研究，并提出相应的计算公式。然而，大多数模型都是基于经验性的，仅在现有的毛细渗流数学公式上做了一些参数调整。相比之下，Tokunaga（2009）和 Zhai 等（2022）提出的计算模型具有坚实的统计学理论基础，展现出更强的严谨性。下面将详细介绍这两个模型，而经验模型则不再赘述。

### 4.5.1　Tokunaga（2009）膜态水渗流计算模型

Tokunaga（2009）将土体单元简化为由直径相等的颗粒组成的片层单元，单元片的厚度等于颗粒的直径$d$，如图 4-14 所示。

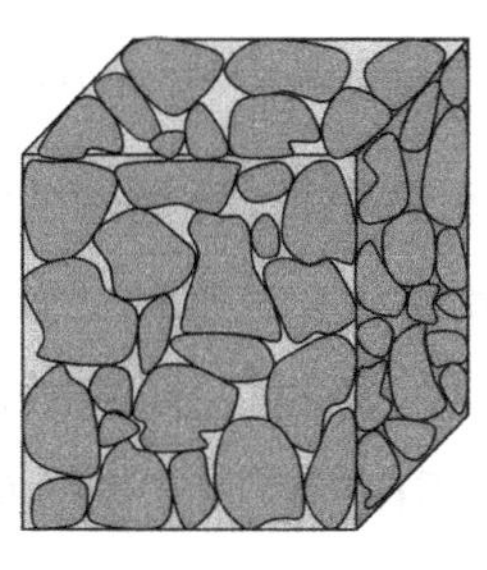

(a) 土体单元

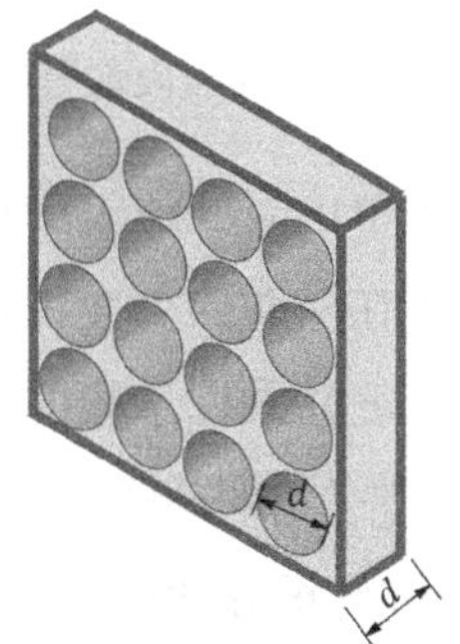


(b) 简化颗粒片层

图 4-14　Tokunaga（2009）球体颗粒片层简化示意图

球体的体积$V_{球}$可用式(4-35)进行计算。

$$V_{球}=\frac{4\pi}{3}\left(\frac{d}{2}\right)^3=\frac{\pi d^3}{6} \tag{4-35}$$

式中：$d$——球体颗粒的直径。

假设一个单元片由$N$个球体颗粒组成，且单元片的横截面积为$A_0$，则单元片的体积$V_{片}$可用式(4-36)表示。

$$V_{片} = A_0 d \tag{4-36}$$

孔隙的体积$V_{孔}$如式(4-37)所示。

$$V_{孔} = V_{片} - NV_{球} = A_0 d - N\frac{\pi d^3}{6} \tag{4-37}$$

由此，孔隙率（$n$）可表示为：

$$n = \frac{V_{孔}}{V_{片}} = \frac{A_0 d - N\frac{\pi d^3}{6}}{A_0 d} = 1 - \frac{N\pi d^2}{6A_0} \tag{4-38}$$

则在单位横截面上的颗粒数可表示为$N/A_0$如式(4-39)所示。

$$\frac{N}{A_0} = \frac{6(1-n)}{\pi d^2} \tag{4-39}$$

由于水膜的厚度通常远小于颗粒直径，因此可以近似将球的直径看作水膜环的直径，并可得到水膜环的周长为$\pi d$。当膜态水迁移方向垂直于横截面时，水膜环在横截面上的投影达到最大值；当膜态水迁移方向平行横断面时，水膜环在横截面上的投影为等于 0；当膜态水迁移方向和横截面成$\alpha$角时，水膜环在横截面上的投影为$\pi d\sin\alpha$（$\alpha$为膜态水迁移方向与单元片横截面的夹角），如图 4-15 所示。

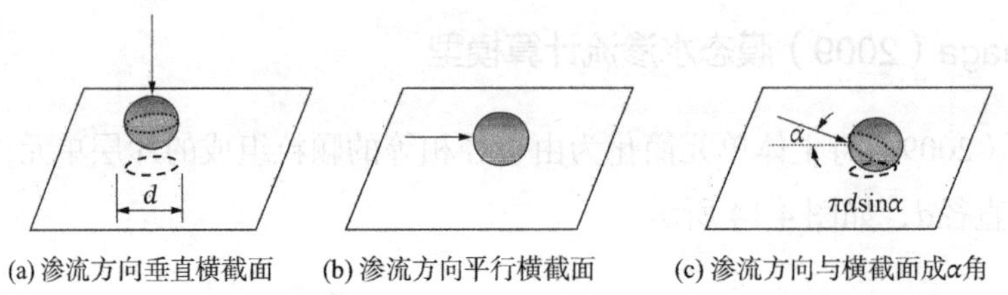


图 4-15　球体表面水膜环因渗流方向不同在横截面上的投影示意图

渗透系数定义了单位时间通过单位截面的水流量，因此球体周围的水膜环在横截面上的投影面积就代表了在横截面上允许水流通过的有效面积。水膜环在横截面上的投影是呈带状的，计算其总长度并乘以水膜的厚度就可以得到在横截面上的有效面积。综合考虑水流的不同渗流方向，单个球体颗粒周围各方向的水膜环在横截面上投影面积的有效长度$p_i$，可以通过对$\pi d\sin\alpha$进行积分计算，如式(4-40)所示。

$$p_i = \pi d\int_0^{\pi} \sin\alpha\,\mathrm{d}\alpha = 2\pi d \tag{4-40}$$

根据渗透系数的定义考虑单位截面上的所有颗粒，则单位面积上有效膜态水的长度为$p_{\mathrm{s}}$，其计算式如式(4-41)所示。

$$p_{\mathrm{s}} = \frac{12(1-n)}{d} \tag{4-41}$$

Langmuir（1938）通过求解 Poisson-Boltmann 公式，得到吸附在平面表面的水膜厚度可用式(4-42)表达。

$$t_{膜} = \sqrt{\frac{\varepsilon\varepsilon_0}{2}\left(\frac{\pi k_B T}{ze}\right)}\psi^{-0.5} \tag{4-42}$$

式中：$\varepsilon_0$——绝对介电常数［$8.5\times10^{-12}C^2/(J\cdot m)$］；

$\varepsilon$——水的相对介电常数（81.5）；

$k_B$——Boltzman 常数（$1.381\times10^{-23}$J/K）；

$T$——温度（K）；

$z$——离子电荷；

$e$——电子电荷量（$1.602\times10^{-19}$C）；

$\psi$——土吸力（kPa）。

Wan 和 Tokunaga（1997）考虑颗粒表面的弯曲，并结合 Laplace 方程，对式(4-42)进行修正，提出颗粒表面吸附水膜厚度计算式，如式(4-43)所示。

$$t_{膜} = \sqrt{\frac{\varepsilon\varepsilon_0}{2}\left(\frac{\pi k_B T}{ze}\right)}\left(\psi+\frac{2T_s}{d}\right)^{-0.5} \tag{4-43}$$

式中：$d$——颗粒粒径；

$T_s$——表面张力。

Bird 等（1960）提出水在水膜中迁移的速率（$\upsilon_{膜}$）与水膜的厚度平方成正比，如式(4-44)所示。

$$\upsilon_{膜} = \frac{\rho g}{3\eta}t_{膜}^2 \tag{4-44}$$

式中：$\rho$——水的密度；

$g$——重力加速度；

$\eta$——水的黏滞系数。

将式(4-43)代入式(4-44)，可以得到颗粒表面单位长度膜态水的迁移速率为：

$$\upsilon'_{膜} = \frac{\rho g\varepsilon\varepsilon_0}{6\eta}\left(\frac{\pi k_B T}{ze}\right)^2\frac{d}{2T_s+d\psi} \tag{4-45}$$

则在截面上，单位长度的膜态水的渗流通量为：

$$\upsilon'_{膜}t_{膜} = \frac{\rho g}{3\eta}t_{膜}^3 \tag{4-46}$$

最终，单元横截面上膜态水的渗流速度$q$为：

$$q = \upsilon'_{膜}t_{膜}p_s = \frac{4\rho g}{\eta}\frac{(1-n)}{d}\left(\frac{\varepsilon\varepsilon_0}{2}\right)^{1.5}\left(\frac{\pi k_B T}{ze}\right)^3\left(\frac{2T_s}{d}+\psi\right)^{-1.5} \tag{4-47}$$

套用达西定律，并假定水力梯度等于 1，可以得到膜态水的渗透系数如式(4-48)所示。

$$k_{膜} = \frac{4\pi^2\rho g(1-n)}{\eta d}\left(\frac{\varepsilon\varepsilon_0}{2}\right)^{1.5}\left(\frac{k_B T}{ze}\right)^3\left(\frac{2T_s}{d}+\psi\right)^{-1.5} \tag{4-48}$$

Tokunaga（2009）提出的模型为膜态水渗透系数的计算提供了坚实的理论基础。相较于传统的经验模型，Tokunaga（2009）的计算模型具有显著的理论优势。从该模型中可以看出，膜态水的渗透系数与颗粒的粒径密切关系，而前面介绍的毛细水的渗透系数与颗粒间孔隙的孔径密切相关。这主要是因为毛细水和膜态水在迁移载体上的本质差异。然而，Tokunaga（2009）计算模型存在三大缺陷，限制了其在工程实际中的应用。首先，模型将土颗粒简化为统一粒径的球体，忽略了实际土颗粒粒径多尺度分布；其次，渗流量不仅受单个颗粒的水膜厚度影响，还需要考虑与之连接的其他颗粒表面水膜的渗透性能。当连接的颗粒表面水膜的渗透性小于当前颗粒时，该渗流路径的渗透性便由较小渗透性的颗粒控制；另外，式(4-43)中计算水膜厚度时涉及的参数较多，确定这些参数的难度较大。针对这些不足，Zhai 等（2022）对 Tokunaga（2009）计算模型进行了修正，并结合统计力学的相关理论，提出了更为完善的非饱和土膜态水渗透系数计算公式。

### 4.5.2 Zhai 等（2022）膜态水渗流计算模型

在考虑土颗粒粒径多尺度分布的基础上，Zhai 等（2022）将土体单元分解为多个碎片化单元，每个碎片单元只包含一种粒径的土颗粒。这些碎片单元在空间上随机分布，不同粒径的碎片单元数量在所有颗粒中的占比与颗粒级配保持一致，如图 4-16 所示。需要注意的是，在该模型中，我们认为每个碎片单元的孔隙率与土样本身的孔隙率一致。

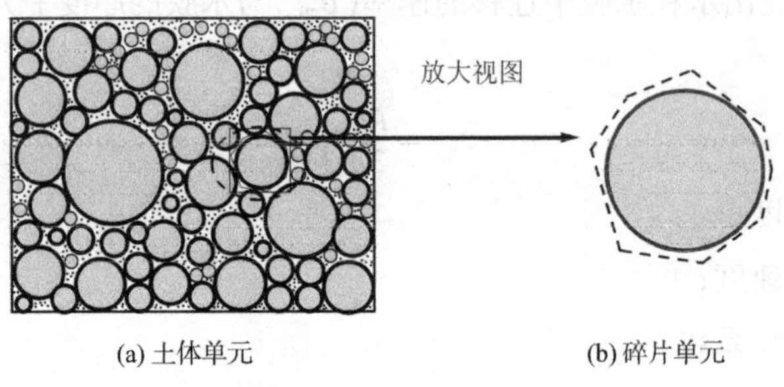


图 4-16　Zhai 等（2022）碎片化单元示意图

Tokunaga（2009）通过计算膜态水环在横截面上的投影的方法，考虑了不同渗流方向与渗流横截面的夹角，计算过程相对复杂。Zhai 等（2022）采用了更为简单的二维模型来计算膜态水在横截面上的投影长度。由于碎片单元的孔隙率与土体单元的孔隙率$n$一致，假设碎片单元的面积为 1，则颗粒的面积为$1-n$。同时，定义颗粒半径为$r$，则颗粒周长为$P_s = 2\pi r$，颗粒面积为$A_s = \pi r^2$。

最终可以通过颗粒半径计算出单位横截面上膜态水的带状投影长度，如式(4-49)所示。

$$P_s = \frac{2A_s}{r} = \frac{2(1-n)}{r} \tag{4-49}$$

式中：$P_s$——单位面积膜态水环在横截面上的带状投影长度；

$A_s$——二维碎片单元模型中颗粒面积；

$n$——土体单元的孔隙率；

$r$——二维碎片单元模型中颗粒半径。

一方面，需要注意的是，式(4-37)和式(4-49)中的投影长度指的是单位面积上的投影长度，并非整个球体轮廓在横截面上的投影长度。通过分析上述两个公式可以发现，颗粒的粒径越小，单位面积上带状投影的长度越长，从而为膜态水渗流提供的路径也就越多。

另一方面，类似于式(4-43)，Tuller 和 Or（2001）提出估算物体平面表面吸附水膜厚度的经验公式，如式(4-50)所示。

$$t_{膜} = \left(\frac{A_{svl}}{6\pi\rho\psi}\right)^{\frac{1}{3}} \tag{4-50}$$

式中：$A_{svl}$——Hamaker 常数，Iwamatsu 和 Horii（1996）建议$A_{svl} = 2.4 \times 10^{-20}$J；

$\rho$——水的密度；

$\psi$——土吸力。

考虑颗粒表面的反向弯曲（与弯液面的弯曲刚好相反）如图 4-17 所示，Zhai 等（2022）参考式(4-43)，提出计算颗粒表面吸附水膜厚度的经验公式，如式(4-51)：

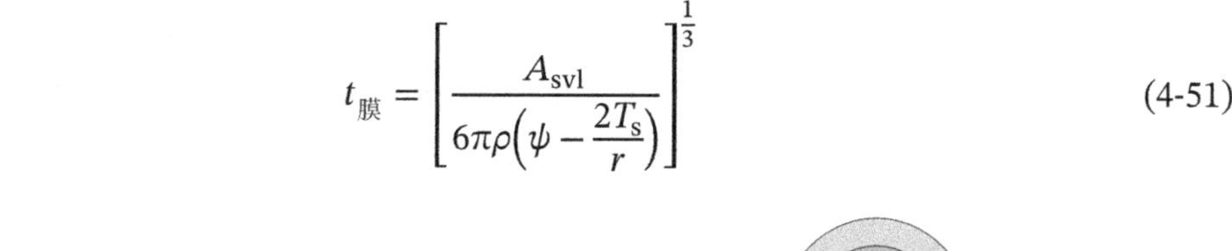

$$t_{膜} = \left[\frac{A_{svl}}{6\pi\rho\left(\psi - \dfrac{2T_s}{r}\right)}\right]^{\frac{1}{3}} \tag{4-51}$$

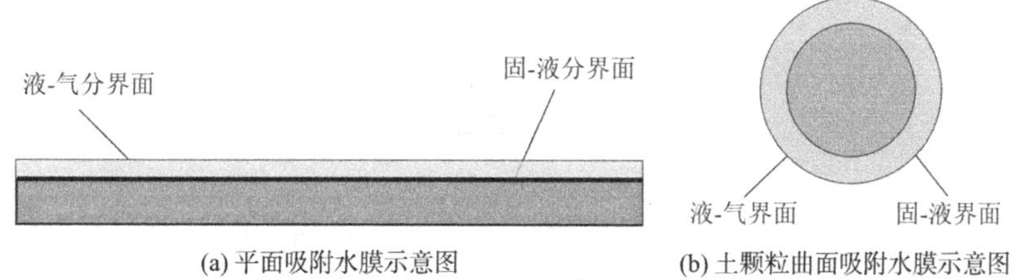


(a) 平面吸附水膜示意图　(b) 土颗粒曲面吸附水膜示意图

图 4-17　平面和曲面吸附水膜示意图

根据 Tokunaga（2009）计算思路，最终可以得到单个颗粒表面的膜态水渗透系数计算式，如式(4-52)所示。

$$k = \frac{(1-n)g}{9\eta\pi r}\frac{A_{svl}}{\left(\psi - \dfrac{2T_s}{r}\right)} \tag{4-52}$$

式(4-52)计算得到的渗透系数仅代表单个颗粒表面膜态水的渗透特性，而非单元的渗透系数。Zhai 等（2022）指出，水在土体中的迁移很大程度上取决于渗流路径。由于式(4-52)只能计算单个颗粒表面膜态水的渗透特性，并未考虑渗流路径，因此不足以全面反映土体中膜态水的渗流行为。水在土中的渗流路径复杂且具有一定的随机性。为此，Zhai 等（2022）采用了统计力学理论，分析横截面两侧分布两个土颗粒时的情况，且这两个土颗粒的粒径是随机分布，出现概率与粒径级配有关，如图 4-18 所示。通过综合分析两个颗粒表面的膜态水渗透特性，可以确定该路径的渗透特性。

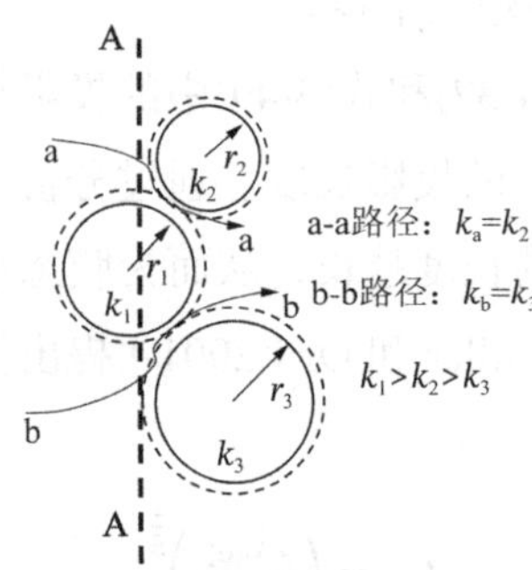


图 4-18 横截面两侧土颗粒不同接触产生的渗流路径示意图

如图 4-18 所示，在横截面 A-A 的两侧分别有颗粒粒径为$r_i$和$r_j$的颗粒，当土中水从颗粒$r_i$表面水膜通过横截面 A-A 流向颗粒$r_j$表面水膜时，该渗流通道允许水流通过的能力取决于两侧颗粒中渗透性较低的一方。另外，横截面 A-A 左右两侧的颗粒是随机分布的，颗粒$r_i$和$r_j$接触的概率由它们各自占总颗粒的比例所决定。

将土单元根据粒径大小分为不同尺寸的碎片单元，记其碎片单元总数为$N_{总}$。其中，粒径为$r_i$的碎片单元数为$n_i$。总单元数量$N_{总}$可以通过对$n_i$进行求和所得，如式(4-53)所示。那么，碎片单元$r_i$的概率分布密度$p_i$可由式(4-54)表示。

$$N_{总} = \sum_{i=1}^{N} n_i \tag{4-53}$$

$$p_i = \frac{n_i}{N_{总}} \tag{4-54}$$

颗粒级配曲线是根据不同粒径颗粒的质量百分比绘制得到的，而为了得到不同粒径颗粒的数量百分比，需要将级配曲线中的质量按颗粒体积进行换算。通过换算，可以得到不同碎片单元$r_i$的概率分布密度$p_i$，进而用于计算不同粒径碎片单元的相互连接概率。定义碎片单元$r_i$和$r_j$（$r_i > r_j$）的数量为$N_i$和$N_j$。如果它们各自的质量相同（即级配曲线沿$y$轴进行等分），则$N_j$可通过$N_i$表达，具体计算式如式(4-55)所示。

$$M_i = \rho_s N_i \frac{4\pi}{3} r_i^3 = M_j = \rho_s N_j \frac{4\pi}{3} r_j^3 \tag{4-55}$$

式中：$M_i$、$M_j$、$N_i$、$N_j$——碎片半径为$r_i$和$r_j$的碎片质量和碎片总数量；

$\rho_s$——土的密度。

整理式(4-55)，可以得到如式(4-56)所示的比例关系。

$$\frac{N_j}{N_i} = \left(\frac{r_i}{r_j}\right)^3 \tag{4-56}$$

如果只考虑二维模型，碎片数量之比与半径之比的平方成正比。最终，土体的膜态水渗透系数可以采用式(4-57)进行求解。

$$k = \sum_{i=1}^{N}\sum_{j=1}^{N} p_i p_j \min(k_i, k_j) \tag{4-57}$$

式中：$N$——粒径分布中碎片的总数。

根据式(4-56)分析可知，颗粒粒径越小，相同质量下的颗粒数量会越多。因此细颗粒与其他颗粒连接的概率远高于粗颗粒。这意味着，当细颗粒含量较高时，细颗粒的渗透系数对土单元的整体水力特性具有更大的影响。结合笔者的试验经验，当土体中细颗粒含量超过15%时，土体的渗透系数会显著降低。这一试验现象与上述理论分析结果基本吻合。

综上所述，计算非饱和土的膜态水渗透系数可按照以下步骤：

（1）将颗粒级配曲线沿其$y$轴均等划分为多个碎片单元，每个碎片组占总质量的百分比相等，统计每个碎片单元的代表粒径及其对应的概率分布密度。

（2）采用式(4-52)计算不同粒径碎片单元的渗透系数。

（3）考虑不同粒径碎片单元的连接概率，通过式(4-57)计算土体的膜态水渗透系数。

可以通过编制 Excel 电子表格，将上述计算公式内嵌其中，实现上述计算步骤。为了验证 Zhai 等（2022）计算模型的可靠性，从现有文献中收集多种土质的试验数据。每组试验数据包含有级配曲线、土-水特征曲线以及非饱和土的渗透系数。经过筛选，最终选取了 Pachepsky 等（1984）和 Tuller 和 Or（2001）中的砂质粉土，Mualem（1976b）中的粉质黏土，Nemes 等（2001）和 Weber 等（2019）中 UNSODA 数据库中编号为 4010、4031 和 4650 的土，以及 Schindler 和 Muller（2015）和 Weber 等（2019）的 SM 6-62 和 SM 35-119 土样。这些土样的实测级配曲线和土-水特征曲线如图 4-19 所示。采用级配曲线按上述步骤进行计算，预测各土样的膜态水渗透系数，并采用土-水特征曲线预测其毛细水渗透系数。其中，Mualem（2018）并未给出粉质黏土的级配曲线，只有砂土、粉土和黏土所占比例的数据。因此笔者采用该比例数据来估算图 4-19（a）中粉质黏土级配曲线。通过级配曲线，可以直接计算不同土质的各级有效粒径，其结果如表 4-3 所示。砂质粉土、粉质黏土、UNSODA 4010、UNSODA 4031 和 UNSODA 4650 土样的孔隙率分别为 0.42、0.40、0.44、0.44 和 0.38。

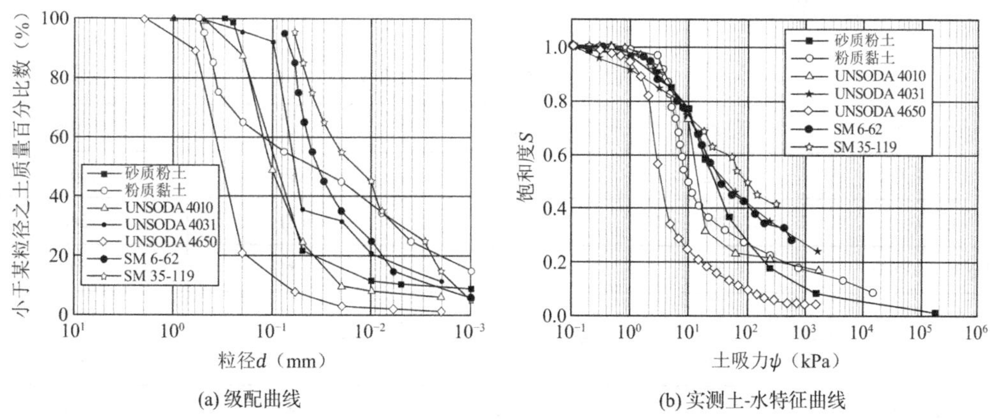


(a) 级配曲线　　(b) 实测土-水特征曲线

图 4-19　七种验证土的性质

不同种类土质的有效粒径 表 4-3

| 土的类型 | 有效粒径（mm） | | | | | | | | | |
|---|---|---|---|---|---|---|---|---|---|---|
| | $d_{95}$ | $d_{85}$ | $d_{75}$ | $d_{65}$ | $d_{55}$ | $d_{45}$ | $d_{35}$ | $d_{25}$ | $d_{15}$ | $d_{5}$ |
| 砂质粉土 | 0.230 | 0.188 | 0.151 | 0.122 | 0.099 | 0.081 | 0.067 | 0.053 | 0.017 | 0.00025 |
| 粉质黏土 | 0.500 | 0.397 | 0.345 | 0.197 | 0.075 | 0.021 | 0.009 | 0.005 | 0.004 | 0.0002 |
| UNSODA 4010 | 0.358 | 0.191 | 0.161 | 0.133 | 0.111 | 0.090 | 0.067 | 0.049 | 0.031 | 0.0025 |
| UNSODA 4031 | 0.210 | 0.091 | 0.081 | 0.068 | 0.058 | 0.018 | 0.008 | 0.017 | 0.010 | 0.008 |
| UNSODA 4650 | 1.140 | 0.561 | 0.481 | 0.402 | 0.345 | 0.296 | 0.251 | 0.211 | 0.114 | 0.0035 |
| SM 6-62 | 0.075 | 0.060 | 0.055 | 0.048 | 0.040 | 0.030 | 0.020 | 0.010 | 0.006 | 0.002 |
| SM 35-119 | 0.060 | 0.050 | 0.040 | 0.030 | 0.020 | 0.010 | 0.008 | 0.003 | 0.002 | 0.001 |

采用 Fredlund 和 Xing（1994）模型对图 4-19 中不同种类土样的土-水特征曲线试验数据进行拟合，得到模型参数$a_f$、$n_f$和$m_f$，结果如表 4-4 所示。由于 UNSODA 4010 试验数据呈双峰形态，采用 Zhai 等（2017）建议的双段 Fredlund 和 Xing（1994）模型对其进行拟合，最终得到的模型参数列于表 4-5。

Zhang 等（2015）以及 Zhai 和 Rahardjo（2015）建议，在计算非饱和土相对渗透系数时，应选择土体不会产生明显变形的状态作为参考点。根据 Zhai 等（2020）的研究，当土吸力的超过进气值 AEV 后，大多数土体积不会随土吸力增加发生显著变化。因此，在计算相对渗透系数时，应选择吸力高于 AEV 的渗透系数实测数据作为参考点。本次计算中，选取砂质粉土、粉质黏土、UNSODA 4010、UNSODA 4031、UNSODA 4650、SM 6-62 和 SM 35-119 的初始吸力分别为 1.32kPa、3.21kPa、5.10kPa、0.59kPa、0.98kPa、0.58kPa 和 5kPa。将表 4-4 和表 4-5 中的模型参数代入 Zhai 和 Rahardjo（2015）提出的数学模型，可以计算得到非饱和土的毛细水渗透系数。

根据表 4-3 中的颗粒级配数据，代入式(4-52)、式(4-54)以及式(4-57)，可以计算出土体膜态水的渗透系数。将毛细水渗透系数与膜态水渗透系数叠加，可以得到土体的综合渗透系数，计算结果如图 4-20 所示。

单峰土-水特征曲线的拟合参数 表 4-4

| 土的类型 | $a_f$（kPa） | $n_f$ | $m_f$ | $C_r$（kPa） |
|---|---|---|---|---|
| 砂质粉土 | 12.12 | 1.13 | 1.36 | 1500 |
| 粉质黏土 | 4.29 | 4.33 | 0.51 | 1500 |
| UNSODA 4031 | 5.06 | 0.84 | 0.85 | 1500 |
| UNSODA 4650 | 1.97 | 3.03 | 0.91 | 1500 |
| SM 6-62 | 5.04 | 1.31 | 0.65 | 1500 |
| SM 35-119 | 3.82 | 1.22 | 0.49 | 1500 |

注：$a_f$、$n_f$、$m_f$为 Fredlund 和 Xing 公式中的拟合参数。

**双峰土-水特征曲线的拟合参数　　表 4-5**

| 土的类型 | Fredlund 和 Xing 公式中的拟合参数 | | | | | | | |
|---|---|---|---|---|---|---|---|---|
| | $\theta_{s1}$ | $a_1$（kPa） | $n_1$ | $m_1$ | $\theta_{s2}$ | $a_2$（kPa） | $n_2$ | $m_2$ |
| UNSODA 4010 | 1 | 2.91 | 2.78 | 0.26 | 0.725 | 6.45 | 9.22 | 0.36 |

注：$\theta_{s1}$、$a_1$、$n_1$、$m_1$、$\theta_{s2}$、$a_2$、$n_2$、$n_2$为 Fredlund 和 Xing 公式双峰 SWCC 中的拟合参数。

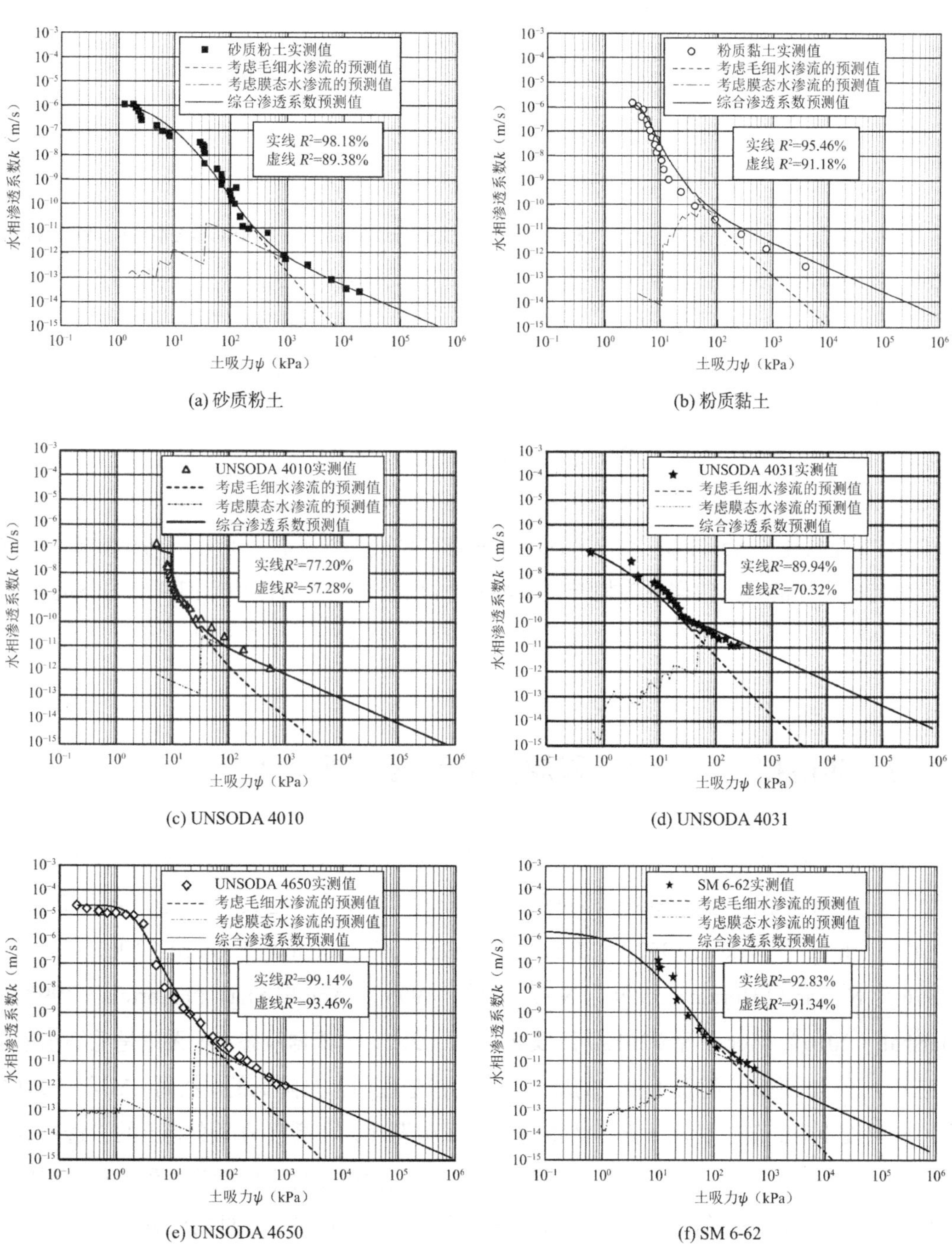


(a) 砂质粉土　(b) 粉质黏土

(c) UNSODA 4010　(d) UNSODA 4031

(e) UNSODA 4650　(f) SM 6-62

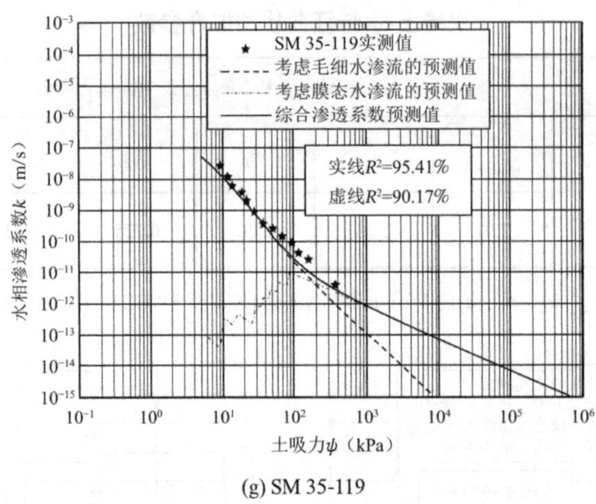


(g) SM 35-119

图 4-20 预测渗透系数与实测渗透系数之间的比较

图 4-20 表明，对于砂质粉土、粉质黏土、UNSODA 4010、UNSODA 4031、UNSODA 4650、SM 6-62 和 SM 35-119，仅考虑毛细水渗流（图 4-20 中的虚线）得到的决定系数$R^2$分别为 89.38%、91.18%、57.28%、70.32%、93.46%、91.34%和 90.17%。相比之下，综合考虑毛细水渗流和膜态水渗流的模型能明显提高预测精度。其中，砂质粉土的渗透系数预测值预测结果（实线）从 89.38%提高到了 98.18%，粉质黏土从 91.18%提高到了 95.46%，UNSODA 4010 从 57.28%提高到了 77.20%，UNSODA 4031 从 70.32%提高到了 89.94%，UNSODA 4650 从 93.46%提高到了 99.14%，SM 6-62 从 91.34%提高到了 92.83%，SM 35-119 从 90.17%提高到了 95.41%。与仅考虑毛细水渗流的传统统计模型相比，考虑膜态水渗流的模型与各土样的实测数据更为相符。传统的统计模型往往容易低估非饱和土的渗透系数，尤其是在高吸力情况下。在土吸力较低时，水分在土体中的迁移主要由毛细水主导，此时可以忽略膜态水渗透性能的影响。

## 4.6 非饱和土气态水迁移规律及渗透模型计算

水分在土体中的迁移既可以以液态的形式，也可以以气态的形式，例如土体中的水分蒸发。土中水以水蒸气形态的迁移过程得到了众多学者的广泛关注，其中包括 Penman（1940）、Philip 和 Vries（1957）、Millington（1959）、Millington 和 Quirk（1961）、Lai 等（1976）、Nassar 和 Horton（1989）、Noborio 等（1996）、Abu-El-Sha'r 和 Abriola（1997）、Marshall（2010）、Weber 等（2018）以及 Zhai 等（2021）。依据液态水（无论是毛细水还是膜态水）迁移的理论，随着土吸力的增大，土的渗透性通常是降低的。然而，Ye 等（2012）在不同温度下对高庙子膨润土开展的渗透性测试中发现，在高吸力区膨润土的渗透系数都随着土吸力的增大而增大，如图 4-21 所示，且在不同温度条件下的趋势一致。这一现象无法用液态水的渗流理论解释，而气态水的渗流机理则为其提供了合理的解释。

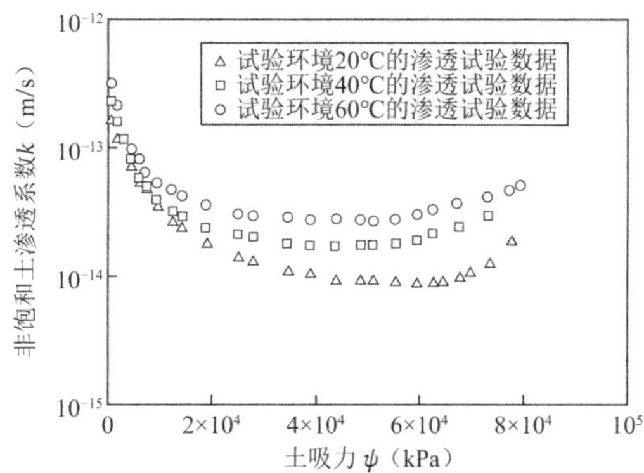


图 4-21　高庙子膨润土渗透系数随土吸力的变化趋势［修正自 Ye 等（2012）］

水蒸气在土体中的迁移规律遵循气相的 Fick（1855）定律。Fick 定律通常用于描述气体在介质中扩散的行为，其表达形式与 Darcy 定律在类似。根据 Fick 第一定律，扩散物质通过单位面积的流量与其浓度梯度成比例，如式(4-58)所示。

$$J_{a} = -D_{a}\frac{\partial C}{\partial y} \tag{4-58}$$

式中：$J_a$——通过介质单位面积空气质量的流量；

$D_a$——介质中气体流动的传导系数；

$C$——气体浓度，用单位介质中空气质量表示；

$\partial C/\partial y$——在$y$方向上的浓度梯度。

根据$J_a$的定义，通过介质单位面积的气体流量可用式(4-59)表示。

$$v_{a} = \frac{J_{a}}{\rho_{a}} = -\frac{D_{a}}{\rho_{a}}\frac{\partial C}{\partial y} \tag{4-59}$$

式中：$v_a$——通过介质单位面积空气体积的流量；

$\rho_a$——气体密度。

气体只能在土体中的干燥孔隙中进行迁移。当孔隙率为$n$且饱和度为$S$时，土体横截面单位面积内的孔隙面积为$n$，允许气体通过的干燥孔隙面积为$(1-S)n$。考虑气体在土体中扩散路径的弯曲系数$\alpha$，土体中气相的传导系数$D_a^*$可用式(4-60)表示。

$$D_{a}^{*} = \alpha(1-S)nD_{a} = \alpha\beta D_{a} \tag{4-60}$$

Penman（1940）、Marshall（1959）、Millington（1959）、Millington 和 Quirk（1961）、Lai 等（1976）以及 Abu-El-Sha'r 和 Abriola（1997）提出了关于$\alpha\beta$的不同经验建议值，如表 4-6 所示，用以计算水蒸气的渗透系数。Ebrahimi-B 等（2004）提出的水蒸气渗透系数可以通过式(4-61)进行计算。

$$k_{v} = \alpha\beta D_{a}\frac{\omega g}{RT} \tag{4-61}$$

式中：$k_v$——考虑水蒸气在土中迁移的渗透系数；

$\beta$——单位面积上允许气体通过的面积，$\beta=(1-S)n$；

$S$——为饱和度；

$n$——孔隙率；

$\omega$——气体的摩尔质量；

$R$——气体常数；

$T$——绝对温度；

$g$——重力加速度。

**不同学者对 $\alpha\beta$ 建议值** **表 4-6**

| 参考文献 | $\alpha\beta$ |
|---|---|
| Penman（1940） | $0.66n$ |
| Marshall（1959） | $\beta^{3/2}$ |
| Millington（1959） | $\beta^{4/3}$ |
| Millington 和 Quirk（1961） | $\beta^{10/3}/n^2$ |
| Lai 等（1976） | $\beta^{5/3}$ |
| Abu-El-Sha'r 和 Abriola（1997） | $0.435n$ |

表 4-6 中的建议取值都是经验性的，因此难以准确评定哪一个取值更为有效。为了克服这一局限性，Zhai 等（2021）基于严谨的理论推导，提出了一套计算水蒸气渗透系数的新思路，并详细介绍了相关的推导过程。

浓度及浓度梯度在化学工程领域是常用的一个概念，而岩土工程领域则通常采用压强、压强梯度，或者水力梯度来表达。因此，为了更好理解菲克定律，我们先把浓度梯度转换为水力梯度。

理想气体的状态方程可用式(4-62)表示。

$$pV=nRT \tag{4-62}$$

式中：$p$——水蒸气的压强；

$V$——水蒸气的体积；

$n$——水蒸气的摩尔数；

$R$——气体常数；

$T$——绝对温度。

根据浓度$C$的定义，其可用式(4-63)表示。

$$C=\frac{M}{V}=\frac{n\omega}{V}=\frac{p\omega}{RT} \tag{4-63}$$

式中：$M$——体积$V$中水蒸气的总质量；

$\omega$——单个水分子的质量。

因此，浓度梯度$\partial C/\partial y$可表示为：

$$\frac{\partial C}{\partial y}=\frac{\omega}{RT}\frac{\partial p}{\partial y}=\frac{\omega\gamma}{RT}\frac{\partial H}{\partial y} \tag{4-64}$$

式中：$H$——水头（$p=\gamma H$）。

将式(4-64)代入式(4-58)中可以得到：

$$v_{\mathrm{a}}=\frac{J_{\mathrm{a}}}{\rho_{\mathrm{a}}}=-\frac{D_{\mathrm{a}}}{\rho_{\mathrm{a}}}\frac{\omega\gamma}{RT}\frac{\partial H}{\partial y}=-k_{\mathrm{a}}\frac{\partial H}{\partial y} \tag{4-65}$$

由式(4-65)可以得到土体中气体的渗透系数$k_{\mathrm{a}}$和气体传导系数$D_{\mathrm{a}}$之间的关系。为了与前文中介绍的毛细水和膜态水渗透系数保持一致，需要将水蒸气的体积换算为液态水的体积。饱和及非饱和水蒸气单元如图 4-22 所示，在完全饱和的水蒸气单元中，即吸力$\psi=0$时，对应的水蒸气压强为$P_{\mathrm{v0}}$、水分子摩尔数为$n_0$；而在非饱和的水蒸气单元中，当吸力为$\psi$时，其所对应的水蒸气压强为$P_{\mathrm{v}}$、水分子摩尔数为$n$。

根据热力学相关理论，吸力的定义可用式(4-66)表示：

$$\psi=-\frac{RT}{\nu_{\mathrm{w0}}\omega_{\mathrm{v}}}\ln\left(\frac{P_{\mathrm{v}}}{P_{\mathrm{v0}}}\right)=-\frac{RT}{\nu_{\mathrm{w0}}\omega_{\mathrm{v}}}\ln(\mathrm{RH}) \tag{4-66}$$

式中：RH——相对湿度。

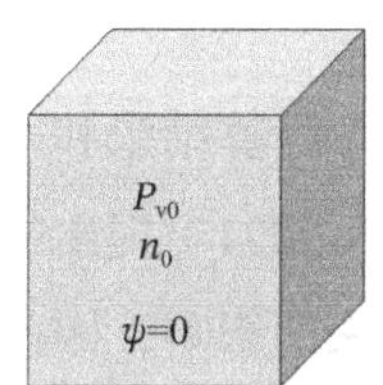


(a) 完全饱和的水蒸气单元　　(b) 非饱和的水蒸气单元

图 4-22　饱和和非饱和水蒸气单元中水分子数量示意图

在给定温度条件下，单位体积的水蒸气单元中的水分数量$n_0$是可以直接计算得到的。因此，根据与压强的等比关系，当吸力为$\psi$时，单位体积的水蒸气单元中，其所含的水分数量$n$就可以通过式(4-67)进行计算：

$$n=n_0\frac{P_{\mathrm{v}}}{P_{\mathrm{v0}}}=n_0\mathrm{e}^{-\frac{\psi\nu_{\mathrm{w0}}\omega_{\mathrm{v}}}{RT}} \tag{4-67}$$

$n$个水分子换算为水的体积为：

$$V=\frac{n\omega}{\rho_{水}}=n_0\mathrm{e}^{-\frac{\psi\nu_{\mathrm{w0}}\omega_{\mathrm{v}}}{RT}}\frac{\omega}{\rho_{水}} \tag{4-68}$$

式中：$\rho_{水}$——水的密度。

最终，土体中水蒸气的渗透系数$k_{\mathrm{vap}}$可用式(4-68)来表达：

$$k_{\mathrm{vap}}=Vk_{\mathrm{a}}=n_0\mathrm{e}^{-\frac{\psi\nu_{\mathrm{w0}}\omega_{\mathrm{v}}}{RT}}\frac{\omega}{\rho_{水}}k_{\mathrm{a}} \tag{4-69}$$

式中$k_{\mathrm{a}}$可以参考 4.4.3 小节中的计算理论进行求解。当温度为 20°C时，完全饱和的水蒸气单元含有水的质量约 0.749g，体积为 $7.49\times10^{-4}\mathrm{m}^3$，将相关常量代入式(4-68)可以得到：

$$k_{\mathrm{vap}}=7.49\times10^{-4}\mathrm{e}^{-7.395\times10^{-6}\psi}k_{\mathrm{a}} \tag{4-70}$$

Ebrahimi-B 等（2004）对壤质砂土（Loamy sand）的水蒸气渗透系数进行研究，并将其与表 4-6 中不同经验模型的计算结果进行了对比。为了评估上述理论模型的适用性，笔者将采用统计模型得到的计算结果也纳入对比，相关结果如图 4-23 所示。其中，图 4-23（a）为壤质砂土的土-水特征曲线，图 4-23（b）为不同计算方法得到水蒸气渗透系数。

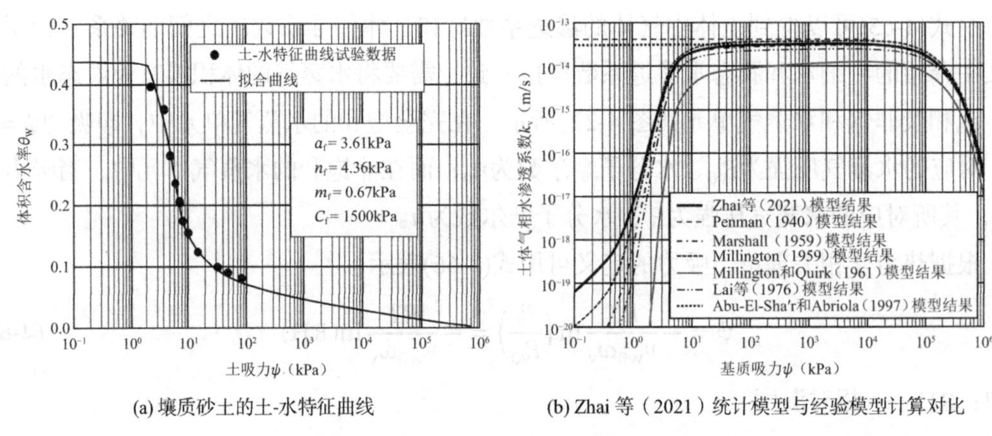


(a) 壤质砂土的土-水特征曲线　　(b) Zhai 等（2021）统计模型与经验模型计算对比

图 4-23　水蒸气渗透系数计算结果对比

如图 4-23 所示，Zhai 等（2021）提出的统计模型计算结果和采用不同经验模型的计算结果较为吻合。并且，相较传统经验模型，Zhai 等（2021）提出的统计模型具备更为严谨的理论基础，避免了因经验参数选取不确定性而带来的影响，因此具有更高的适用性和计算准确性。

# 参考文献

[1] Abu-El-Sha'r W, Abriola L M. Experimental assessment of gas transport mechanisms in natural porous media: parameter evaluation[J]. Water Resources Research, 1997, 33 (4), 505-516.

[2] Averjanov S F. About permeability of subsurface soils in case of incomplete saturation[J], English Collection, 1950, (7): 19-21.

[3] Berilgen S A, Berilgen M M, Ozaydin I K. Compression and permeability relationships in high water content clays[J]. Appl Clay Sci, 2006, 31: 249-261.

[4] Burdine N T. Relative permeability calculations from pore size distribution data[J]. Transactions of the Metallurgical Society of AIME, 1953, 198: 71-78.

[5] 蔡国庆，赵成刚，刘艳. 一种预测不同温度下非饱和土相对渗透系数的间接方法[J]. 岩土力学, 2011, 32(5): 1405-1410.

[6] 蔡国庆，尤金宝，赵成刚，等. 双孔结构非饱和压实黏土的渗流-变形耦合微观机理[J]. 水利学报, 2015, 46(S1): 135-141.

[7] Carman P C. Determination of the specific surface of powders. Part Ⅱ[J]. Journal of the Society of Chemical Industry, 1938, 57: 225-234.

[8] Carrier W D, Beckman J F. Correlations between index tests and the properties of remoulded clays[J]. Geotechnique, 1984, 34(2): 211-228.

[9] Chapuis R P. Estimating the in situ porosity of sandy soils sampled in boreholes[J]. Engineering Geology, 2012, 141-142: 57-64.

[10] Childs E C , Collis-George N .The permeability of porous materials[J]. Proceedings of the Royal Society A: Mathematical, Physical and Engineering Science, 1950, 201(1066): 392-405.

[11] Corey A T. The interrelation between gas and oil relative permeabilities[J]. Producer's Monthly, 1954, 19(1): 38-41.

[12] Dolinar B. Predicting the hydraulic conductivity of saturated clays using plasticity-value correlations[J]. Appl Clay Science , 2009, 45(1-2): 90-94.

[13] Fair G M, Hatch L P. Fundamental factors governing the stream-line flow of water through sand[J]. Journal of AWWA, 1933, 25(11): 1551-1565.

[14] Fredlund D G, Fredlund M D. Application of 'estimation procedures' in unsaturated soil mechanics[J]. Geosciences, 2020, 10(9): 364.

[15] Fredlund D, Xing A, Huang S. Predicting the permeability function for unsaturated soils using the soil-water characteristic curve[J]. Canadian Geotechnical Journal, 1994, 31: 533-546.

[16] Gardner W R, Fireman M. Laboratory studies of evaporation from soil columns in the presence of a water table[J]. Soil Science, 1958, 85(5): 244-249.

[17] 胡冉, 陈益峰, 周创兵. 考虑变形效应的非饱和土相对渗透系数模型[J]. 岩石力学与工程学报, 2013, 32(6): 1279-1287.

[18] 胡再强, 梁志超, 郭婧, 等. 非饱和石灰改良黄土的渗水系数预测[J]. 岩土工程学报, 2020, 42(S2): 26-31.

[19] Irmay S. On the hydraulic conductivity of unsaturated soils[J].Transactions of American Geophysical Union, 1954, 35: 463-468.

[20] Iwamatsu M, Horii K. Capillary condensation and adhesion of two wetter surfaces[J]. Journal of Colloid & Interface Science, 1996, 182(2): 400-406.

[21] Kunze R J, Uehara G, Graham K. Factors important in the calculation of hydraulic conductivity[J]. Soil Science Society of America Journal, 1968, 32(6): 760-765.

[22] Langmuir I. Repulsive forces between charged surfaces in water and the cause of the Jones-Ray effect[J]. Science, 1938, 88: 430-432.

[23] Lebeau M, Konrad J M. A new capillary and thin film flow model for predicting the hydraulic conductivity of unsaturated porous media[J]. Water Resources Research, 2010, 46: 12554.

[24] Leong E C, Rahardjo H. Permeability Functions for Unsaturated Soils[J]. Journal of Geotechnical and Geoenvironmental Engineering, 1997, 123(12): 1118-1126.

[25] 李萍, 李同录, 王红. 非饱和黄土土-水特征曲线与渗透系数 Childs & Collis-Geroge 模型预测[J]. 岩土力学, 2013, 34(S2): 184-189.

[26] Lai S H, Tiedje J M, Erickson A E. In situ Measurement of Gas Diffusion Coefficient in Soils[J]. Soil Science Society of America Journal, 1976, 40(1): 3-6.

[27] Liu H H. A constitutive-relationship model for film flow on rough fracture surfaces[J]. Hydrogeology, 2004,

12: 237-240.

[28] Marshall T J. A relation between permeability and size distribution of pores[J]. European Journal of Soil ence, 2010, 9(1): 1-8.

[29] Marshall T J. The diffusion of gases through porous media[J]. European Journal of Soil Science, 2010, 10(1): 79-82.

[30] Mbonimpa M, Aubertin M, Chapuis R P, et al. Practical pedotransfer functions for estimating the saturated hydraulic conductivity[J]. Geotechnical and Geological Engineering, 2002, 20(3): 235-259.

[31] Millington R J. Gas diffusion in porous media[J]. Science, 1959, 130(3367): 100-102.

[32] Moldrup P, Yoshikawa S, Olesen T, et al. Gas diffusivity in undisturbed volcanic ash soils: Test of soil-water-characteristic-based prediction models[J]. Soil Science Society of America Journal, 2003, 67(1): 41-51.

[33] Moore R E. Water conduction from shallow water tables[J]. Hilgardia, 1939, 12: 383-426.

[34] Mualem Y. A new model for predicting the hydraulic conductivity of unsaturated porous media[J]. Water Resources Research, 1976, 12(3): 513-522.

[35] Nagaraj T S, Pandian N S, Raju P S R N. An approach for prediction of compressibility and permeability behaviour of sand-bentonite mixes[J]. Indian Geotechnical Journal, 1991, 21(3): 271-282.

[36] Nassar I N, Horton R. Water transport in unsaturated nonisothermal salty soil: Ⅱ Theoretical development[J]. Soil Science Society of America Journal, 1989, 53(5): 1330-1337.

[37] Nemes A, Schaap M G, Leij F J, et al. Description of the unsaturated soil hydraulic database UNSODA version 2.0[J]. Journal of Hydrology, 2001, 251(3-4): 151-162.

[38] Noborio K, Mcinnes K J, Heilman J L. Measurements of soil water content, heat capacity, and thermal conductivity with a single TDR probe[J]. Soil Science, 1996, 161(1): 22-28.

[39] Pachepsky Y, Shcherbakov A R A, Varallyay G, et al. On obtaining soil hydraulic conductivity curves from water retention curves[J]. Pochvovedenie, 1984, 1: 60-72.

[40] Penman H L. Gas and vapour movements in the soil: Ⅰ. The diffusion of vapours through porous solids[J]. Journal of Agricultural Science, 1940, 30(3): 437-462.

[41] Peters A. Simple consistent models for water retention and hydraulic conductivity in the complete moisture range[J]. Water Resources Research, 2013, 49: 6765-6780.

[42] Philip J R, De Vries D A. Moisture movement in porous materials under temperature gradients[J]. Trans. Amer. Geophys Union, 1957, 38(2): 222-232+594.

[43] Richards L. Water conducting and retaining properties of soils in relation to irrigation[J]. Journal of Investigative Dermatology, 1982, 78(5): 375-380.

[44] Saarenketo T. Electrical properties of water in clay and silty soils[J]. Journal of Applied Geophysics, 1998, 40: 73-88.

[45] Samarasinghe A M, Huang Y H, Drnevich V P. Permeability and consolidation of normally consolidated soils[J]. International Journal of Rock Mechanics and Mining Sciences & Geomechanics Abstracts, 1982, 108(6): 835-850.

[46] Samingan A S, Leong E C, Rahardjo H. A flexible wall permeameter for measurements of water and air coefficients of permeability of residual soils[J]. Canadian Geotechnical Journal, 2003, 40(3): 559-574.

[47] Sivapullaiah P V, Sridharan A, Stalin V K. Hydraulic conductivity of bentonite-sand mixtures[J]. Canadian geotechnical journal, 2000, 37(2): 406-413.

[48] Richards L A. Capillary conduction of liquids through porous mediums[J]. Physics, 1931, 1(5): 318-333.

[49] Taylor D W. Fundamentals of soil mechanics[M]. New York : John Wiley and Sons, 1948.

[50] Tokunaga T K. Hydraulic properties of adsorbed water films in unsaturated porous media[J]. Water resources research, 2009, 45(6): 6415.

[51] Tokunaga T K, Wan J. Water film flow along fracture surfaces of porous rock[J]. Water Resources Research, 1997, 33(6): 1287-1295.

[52] Tokunaga T K, Wan J, Sutton S R. Transient film flow on rough fracture surfaces[J]. Water Resources Research, 2000, 36(7): 1737-1746.

[53] Tuli A, Hopmans J W, Rolston D E, et al. Comparison of air and water permeability between disturbed and undisturbed soils[J]. Soil Science Society of America Journal, 2005, 69(5): 1361-1371.

[54] Tuller M, Or D. Hydraulic conductivity of variably saturated porous media: Film and corner flow in angular pore space[J]. Water Resources Research, 2001, 37(5): 1257-1276.

[55] Wan J,Tokunaga T K. Film straining of colloids in unsaturated porous media: conceptual model and experimental testing[J]. Environmental Science and Technology, 1997, 31: 2413-2420.

[56] Weber T K D, Durner W, Streck T, et al. A modular framework for modeling unsaturated soil hydraulic properties over the full moisture range[J]. Water Resources Research, 2019, 55: 4994-5011.

[57] 叶为民，钱丽鑫，白云，等. 由土-水特征曲线预测上海非饱和软土渗透系数[J]. 岩土工程学报，2005(11): 27-30.

[58] Ye W M, Wan M, Chen B, et al. Temperature effects on the unsaturated permeability of the densely compacted GMZ01 bentonite under confined conditions[J]. Engineering Geology, 2012, 126: 1-7.

[59] Zhai Q, Rahardjo H. Estimation of permeability function from the soil-water characteristic curve[J]. Engineering Geology, 2015, 199: 148-156.

[60] Zhai Q, Rahardjo H, Satyanaga A,et al. Effect of bimodal soil-water characteristic curve on the estimation of permeability function[J]. Engineering Geology, 2017, 230: 142-151.

[61] Zhai Q, Rahardjo H, Satyanaga A,et al. A pore-size distribution function based method for estimation of hydraulic properties of sandy soils[J]. Engineering Geology, 2018, 246: 288-292.

[62] Zhai Q, Rahardjo H, Satyanaga A. Estimation of air permeability from soil-water characteristic curve[J]. Canadian Geotechnical Journal, 2019, 56 (4): 505-513.

[63] Zhai Q, Zhang C F, Dai G L, et al. Effect of the segments of soil-water characteristic curve on estimated permeability function using the statistical method[J]. Journal of Zhejiang University-SCIENCE A, 2019, 20(8): 627-633.

[64] Zhai Q, Ye W, Rahardjo H, et al. Estimation of the hydraulic conductivity of unsaturated soil incorporating the film flow[J]. Canadian Geotechnical Journal, 2022, 59: 1679-1684.

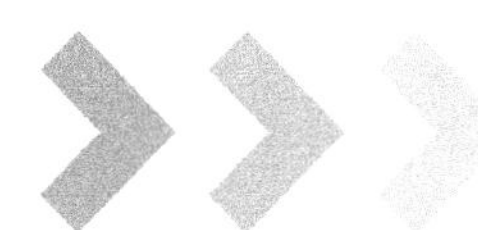

# 第 5 章

# 非饱和土体积变形特性

## 5.1 概述

当物体受到外力作用时，通常会发生变形，例如结构构件在受力后可能出现的拉伸、弯曲或者压缩。类似地，土体在受到外力作用时也会发生变形，这种变形通常表现为体积的膨胀或压缩。在室内常规固结试验中，土样由于环刀的约束，其侧向变形会受到限制。土样随着荷载的增加发生轴向压缩。在未达到破坏状态前，土体的压缩模量（$E_s$）逐步增大。相比之下，在三轴试验中，由于部分侧向约束，土样在轴向荷载的加大时，会产生显著的侧向变形，并可能趋于破坏，这时土体的变形模量（$E_0$）则会逐步减小。因此，在研究土体体积变形时，了解土体的侧向约束条件是至关重要的。土样的加载方式通常有以下三种：单轴加载、三轴加载和$K_0$加载。其中，单轴加载允许土样发生侧向变形，且在此过程中侧向应力为 0（$\sigma_2 = \sigma_3 = 0$）；常规三轴加载允许部分侧向变形，但侧向应力不等于 0；$K_0$加载则完全限制土样的侧向变形，即侧向应变为 0（$\varepsilon_2 = \varepsilon_3 = 0$）。饱和土作为非饱和土的特殊情况，其变形行为对于我们全面理解土体的力学特性具有重要的基础性作用。在深入研究非饱和土的变形特性之前，首先掌握饱和土的变形特性是非常必要的。

## 5.2 饱和土的变形特性

土体在受到外部荷载，如应力、吸力或温度变化等作用时，可能产生显著的变形。例如，随着应力的增大，土体可能会经历体积收缩；而随着吸力的减小（通常伴随含水率的增大）则可能导致体积膨胀。为了探究土的压缩特性，通常会采用压缩试验，这类试验在进行过程中限制土样的侧向变形，因此也被称作侧限压缩试验或$K_0$压缩试验。通过压缩试验，我们可以获得土样的压缩曲线，用以描述土样体积随外加荷载的变化关系。在第 3 章土-水特征曲线定义的介绍中，我们介绍了土体的含水率可以表达为重力含水率、体积含水率或饱和度，并且土吸力的坐标轴可以使用算术坐标（也称为笛卡儿坐标）或对数坐标。类似地，压缩曲线中土样的体积变化可以表示为孔隙比的变化或土样的轴向应变，外加荷载可以选择使用算术坐标或对数坐标，如图 5-1 所示。

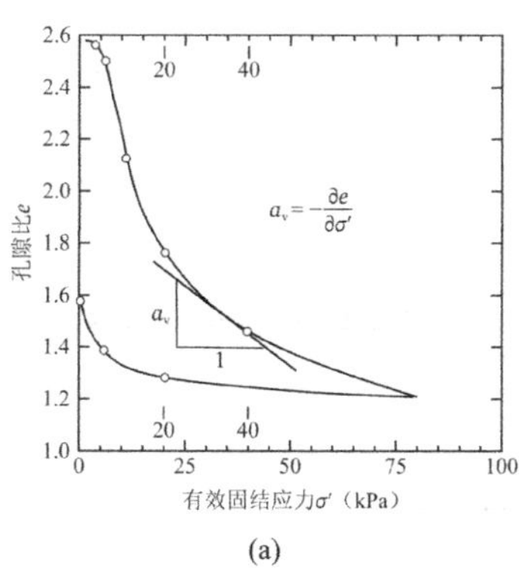

(a)

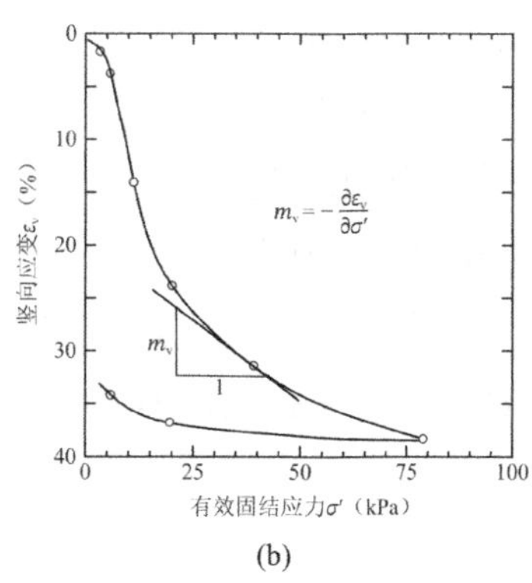

(b)

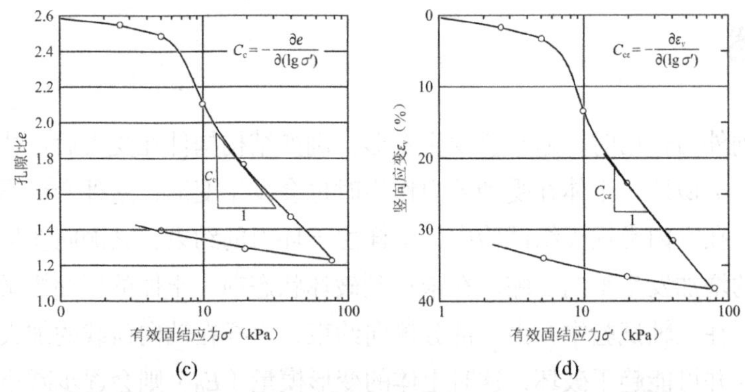


图 5-1 压缩试验的压缩曲线的不同表现形式［修正自 Holtz 和 Kovacs（1981）］

尽管图 5-1 中各图都展示了土体的压缩曲线，但是因为他们采用的表现形式不同，导致曲线斜率所代表的物理意义也不同。在图 5-1（a）中，曲线斜率定义了孔隙比随外加荷载的变化速率，定义为压缩系数（$a_v$），如式(5-1)所示。

$$a_v=-\frac{\partial e}{\partial\sigma'} \tag{5-1}$$

式中：$a_v$——压缩系数；

$e$——土样孔隙比；

$\sigma'$——土样有效固结应力。

图 5-1（b）中曲线斜率表征了竖向应变随外加荷载变化的速率，定义为体积压缩系数（$m_v$），如式(5-2)所示。

$$m_v=\frac{1}{E_s}=-\frac{\partial\varepsilon_v}{\partial\sigma'} \tag{5-2}$$

式中：$m_v$——体积压缩系数；

$E_s$——压缩模量，部分文献中也采用$E_{oed}$或者$D$表示；

$\varepsilon_v$——土样竖向应变。

$$\varepsilon_v=\frac{\Delta H}{H_0}=\frac{\Delta e}{1+e_0} \tag{5-3}$$

式中：$\Delta H$——土样竖向压缩量；

$H_0$——土样初始高度；

$\Delta e$——土样孔隙比变化量；

$e_0$——土样初始孔隙比。

图 5-1（c）中，曲线斜率揭示了孔隙比随对数形式外加荷载变化的速率，这一特性被定义为压缩指数$C_c$，其计算式如式(5-4)所示。

$$C_c=-\frac{\partial e}{\partial(\lg\sigma')} \tag{5-4}$$

式中：$C_c$——压缩指数。

图 5-1（d）中，曲线斜率表征了竖向应变随对数形式外加荷载变化的速率，定义为修正压缩指数$C_{c\varepsilon}$，如式(5-5)所示。

$$C_{c\varepsilon} = -\frac{\partial \varepsilon_v}{\partial(\lg \sigma')} \tag{5-5}$$

联列式(5-1)～式(5-3)可以得到压缩系数$a_v$和体积压缩系数$m_v$之间的关系如下：

$$m_v = \frac{a_v}{1+e_0} \tag{5-6}$$

联列式(5-3)～式(5-5)可以得到压缩指数$C_c$和修正压缩指数$C_{c\varepsilon}$之间的关系如下：

$$C_{c\varepsilon} = \frac{C_c}{1+e_0} \tag{5-7}$$

压缩曲线描述了随有效固结应力增大时土样压缩的趋势，可以通过$a_v$、$m_v$、$C_c$、$C_{c\varepsilon}$或压缩模量$E_s$来量化。如图 5-1（c）、（d）所示，压缩曲线通常会呈现一个明显的拐点，反映了土样所经历的最大历史压应力。Holtz 和 Kovacs（1981）提出土是有“记忆”的，能够通过压缩曲线反映出其所经历的最大固结压力，这一压力也被称为先期固结压力。在众多用于确定先期固结压力的方法中，Casagrande（1936）提出的方法受到岩土工程师的广泛推崇和应用，如图 5-2 所示。以下是 Casagrande（1936）法确定先期固结压力步骤介绍：

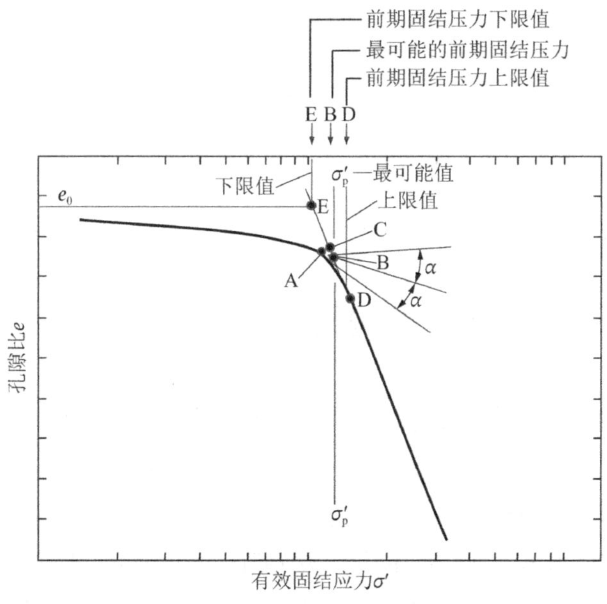


图 5-2　通过压缩曲线确定前期固结压力［修正自 Holtz 和 Kovacs（1981）］

第一步，选择$e$-lg$\sigma'$或者$\varepsilon_v$-lg$\sigma'$压缩曲线；

第二步，在压缩曲线上选择曲率最小的点 A；

第三步，在 A 点作曲线的切线$L_{At}$；

第四步，过 A 点作水平线$L_{Ah}$；

第五步，作切线$L_{At}$和水平线$L_{Ah}$的角平分线$L_{\alpha}$；

第六步，确定过拐点后，压缩线开始呈直线的点 D；

第七步，过 D 点作切线$L_{Dt}$与$L_{\alpha}$相交于点 B；

第八步，从初始孔隙比$e_0$处作水平线$L_{eh}$，与$L_{Dt}$相交于点 E。

点 B 对应的压应力被认为是最可能的前期压应力$\sigma_p'$，点 D 对应的压应力则被认为是先期固结压力的上限值，而点 E 对应的压应力则定义了先期固结压力的下限值。

另外，土样在无侧限或者恒定围压条件下的压缩变形与完全侧限条件下的压缩变形存在显著差异，如图 5-3 所示。在完全侧限条件下，侧向应变始终为 0，符合$K_0$加载特征，即随着施加荷载的增大，侧向荷载也相应增大，在整个加载过程中土样并未产生破坏。相反，在无侧限或恒定围压条件下，随着轴向荷载的增大，轴差应力（即最大主应力和最小主应力的差值）逐渐增大，土样逐步趋向破坏状态。因此，在完全侧限条件下，压缩模量$E_s$随着轴向应变的持续增加而持续增大，如图 5-1 所示；在无侧限或者恒定围压条件下，土样的弹性模量$E$会随轴向应变的持续增加而持续减小的趋势，如图 5-3 所示。

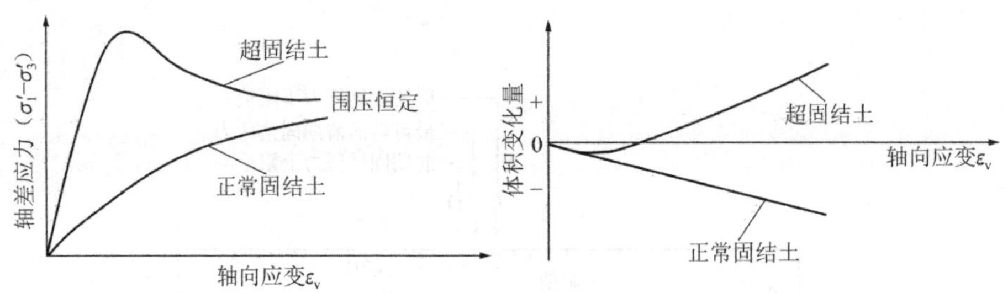


图 5-3 正常固结土和超固结土在围压恒定条件下的应力和变形特征［修正自 Holtz 和 Kovacs（1981）］

## 5.3 饱和土的应力-应变本构模型

工程师通常采用本构模型来描述材料的应力-应变关系。当材料是完全弹性体时，其应力-应变关系遵循胡克定律，呈线性关系，如图 5-4（a）所示。然而，完全弹性体是一种理想化的状态，大部分工程材料并不完全符合这一模型。基于此，岩土工程师在弹性本构的基础上考虑塑性变形，提出了弹塑性本构。该模型认为在应变小于某一特定值（屈服应变）时，材料表现出线性的应力-应变关系。一旦应变超过屈服应变，材料便进入塑性状态，此时应力不再随着应变的增大发生变化，如图 5-4（b）所示。当材料经历超过屈服应变的加载后再卸载时，塑性变形是不可逆的，而弹性变形则随着荷载的减小而线性减小，加载与卸载曲线保持平行。因此，加载过程中的弹性模量 $E$ 和卸载过程中的弹性模型$E_{ur}$是相等的。

室内三轴试验结果表明，大部分土的应力-应变关系呈非线性特征，且通常遵循双曲线形态。在初始加载阶段，应力-应变曲线的初始切线被定义为切线模量$E_i$，随后的切线模量 $E_t$则随应变的增大而持续减小，如图 5-4（c）所示。同样，当土样经历卸载时，弹性变形可以恢复的，而塑性变形则不可恢复，因此卸载时的弹性模量$E_{ur}$通常大于$E_t$。对于部分土样，随着应变的持续增大，可能会呈现明显的软化或者硬化现象，图 5-4（d）用应力-应变关系描述了这一现象。

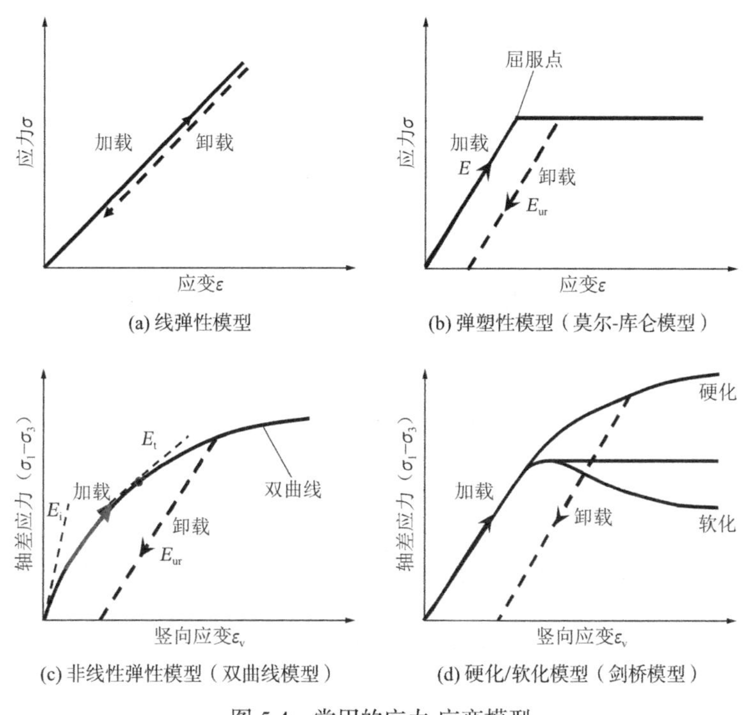


图 5-4　常用的应力-应变模型

线弹性模型已经被大家熟知，故在此不再赘述。下面主要介绍了几种更为复杂的模型：弹塑性模型、邓肯-张双曲线弹性模型、剑桥模型及修正剑桥模型。

### 5.3.1　弹塑性模型

弹塑性模型是应用广泛的一种本构模型，定义了土体变形的弹性阶段与塑性阶段。这一模型中，弹性与塑性的分界点被称为屈服点，其位置通常采用屈服函数来确定，如式(5-8)所示。

$$F = F(\sigma_x, \sigma_y, \sigma_z, \tau_{xy}) \tag{5-8}$$

式中：$\sigma_x$、$\sigma_y$、$\sigma_z$——某点$x$、$y$、$z$方向的正应力；

$\tau_{xy}$——某点与$x$轴垂直的平面上$y$方向的剪应力。

当剪应力达到土体的极限应力（抗剪强度）时，屈服点产生，此时$F$对应力的导数等于0，即：

$$\frac{\mathrm{d}F}{\mathrm{d}\sigma}=\frac{\partial F}{\partial\sigma_x}\mathrm{d}\sigma_x+\frac{\partial F}{\partial\sigma_y}\mathrm{d}\sigma_y+\frac{\partial F}{\partial\sigma_z}\mathrm{d}\sigma_z+\frac{\partial F}{\partial\tau_{xy}}\mathrm{d}\tau_{xy}=0 \tag{5-9}$$

若采用莫尔-库仑（Mohr-Coulomb）屈服准则，屈服函数$F$则可以用式(5-10)来表达：

$$F=\sqrt{J_2}\frac{\sin\left(\theta+\frac{\pi}{3}\right)}{\cos\varphi}-\sqrt{\frac{J_2}{3}}\cos\left(\theta+\frac{\pi}{3}\right)\tan\varphi-\left(c+\frac{I_1}{3}\tan\varphi\right) \tag{5-10}$$

式中：$J_2$——第二偏应力不变量；

$$J_2=\frac{1}{6}\left[(\sigma_x-\sigma_y)^2+(\sigma_y-\sigma_z)^2+(\sigma_z-\sigma_x)^2\right]+\tau_{xy}^2$$

$\theta$——应力洛德角；

$$\sin 3\theta=-\frac{3\sqrt{3}}{2}\frac{J_3}{J_2^{1.5}}$$

$J_3$——第三偏应力不变量；

$$J_3=\left(\sigma_x-\frac{I_1}{3}\right)\left(\sigma_y-\frac{I_1}{3}\right)\left(\sigma_z-\frac{I_1}{3}\right)-\left(\sigma_z-\frac{I_1}{3}\right)\tau_{xy}^2$$

$I_1$——第一应力不变量；

$$I_1=\sigma_x+\sigma_y+\sigma_z$$

$c$——黏聚力；

$\varphi$——内摩擦角。

当$\varphi=0$时，式(5-10)可表达为式(5-11)，即特雷斯卡（Tresca）屈服准则：

$$F=\sqrt{J_2}\sin\left(\theta+\frac{\pi}{3}\right)-c \tag{5-11}$$

根据德鲁克公设，塑性势函数$G$应该与屈服函数$F$相等，以符合相应的流动规则或相关联流动规则，由此满足经典塑性理论中的材料稳定性和求解唯一性要求。

### 5.3.2 邓肯-张双曲线弹性模型

Kondner（1963）、Kondner和Zelasko（1963）以及Kondner和Zelasko（1965）开展一系列三轴试验，发现轴差应力（$\sigma_1-\sigma_3$）与竖向应变之间的关系呈现出双曲线形态，这一关系可以通过式(5-12)来描述。

$$(\sigma_1-\sigma_3)=\frac{\varepsilon_\mathrm{v}}{a+b\varepsilon_\mathrm{v}} \tag{5-12}$$

式中：$a$、$b$——模型参数；

$\varepsilon_\mathrm{v}$——土样的竖向应变。

式(5-12)也可表达呈线性形态，如式(5-13)所示。

$$\frac{\varepsilon_\mathrm{v}}{(\sigma_1-\sigma_3)}=a+b\varepsilon_\mathrm{v} \tag{5-13}$$

式(5-12)和式(5-13)的曲线形态如图 5-5 所示。

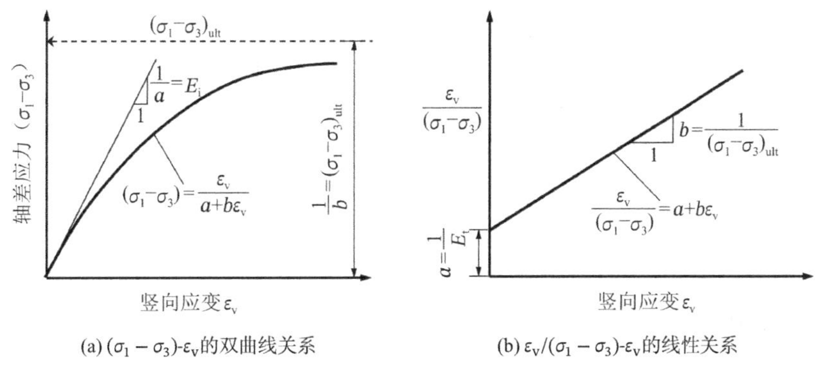


(a) $(\sigma_1-\sigma_3)$-$\varepsilon_v$的双曲线关系　　(b) $\varepsilon_v/(\sigma_1-\sigma_3)$-$\varepsilon_v$的线性关系

图 5-5　应力-应变关系的双曲线和线性表达

因在三轴试验中围压通常是保持恒定不变的，对式(5-12)进行求导可以得到土样的切线模量$E_t$，如式(5-14)所示。

$$E_t=\frac{d(\sigma_1-\sigma_3)}{d(\varepsilon_v)}=\frac{a}{(a+b\varepsilon_v)^2} \tag{5-14}$$

将$\varepsilon_v=0$代入式(5-14)可以得到初始切线模量$E_i$，如式(5-15)所示。

$$E_i=\frac{1}{a} \tag{5-15}$$

对式(5-12)等号右边求极限，其结果如式(5-16)所示。

$$\lim_{\varepsilon_v\to\infty}\left(\frac{\varepsilon_v}{a+b\varepsilon_v}\right)=\frac{1}{b} \tag{5-16}$$

结合式(5-15)和式(5-16)分析，在式(5-12)中，参数$a$的倒数代表了土样的初始切线模量$E_i$，参数$b$的倒数则定义了极限轴差应力$(\sigma_1-\sigma_3)_{ult}$。

在实际的岩土试验中，我们通常无法使竖向应变$\varepsilon_v$趋向无限大，这就意味着我们无法直接测定极限轴差应力$(\sigma_1-\sigma_3)_{ult}$。为了解决这一问题，通常采用破坏状态的轴差应力$(\sigma_1-\sigma_3)_f$，并将其除以破坏比$R_f$，从而确定极限轴差应力，如式(5-17)所示。

$$(\sigma_1-\sigma_3)_{ult}=\frac{(\sigma_1-\sigma_3)_f}{R_f} \tag{5-17}$$

式中：$R_f$——破坏比，一般取值范围为 0.75～1.0。李广信（2016）建议取竖向应变$\varepsilon_v=15\%$所对应的轴差应力作为$(\sigma_1-\sigma_3)_f$。假定三轴试验中土样遵循莫尔-库仑（Mohr-Coulomb）破坏准则［式(5-18)］，则破坏状态的轴差应力可采用式(5-19)进行计算：

$$(\sigma_1-\sigma_3)=\frac{6c'\cos\varphi'}{3-\sin\varphi'}+\frac{6\sin\varphi'}{3-\sin\varphi'}\left(\frac{\sigma_1+2\sigma_3}{3}\right) \tag{5-18}$$

$$(\sigma_1-\sigma_3)_f=\frac{2c\cos\varphi'+2\sigma_3\sin\varphi'}{1-\sin\varphi'} \tag{5-19}$$

将式(5-12)中的参数$a$采用初始切线模量$E_i$，参数$b$采用极限轴差应力$(\sigma_1-\sigma_3)_{ult}$进行替换，式(5-12)可表达为式(5-20)：

$$(\sigma_1-\sigma_3)=\frac{\varepsilon_v}{\left[\frac{1}{E_i}+\frac{R_f\varepsilon_v}{(\sigma_1-\sigma_3)_f}\right]} \tag{5-20}$$

Janbu（1963）指出土样的初始切线模量$E_i$和围压$\sigma_3$的关系曲线呈幂函数形式，如式(5-21)所示。

$$E_i=KP_{atm}\left(\frac{\sigma_3}{P_{atm}}\right)^n \tag{5-21}$$

式中：$K$、$n$——模型参数；

$P_{atm}$——大气压，通常取$P_{atm}=101.4$kPa。

在岩土工程分析中，如果确定了土体的初始切线模量和土体的抗剪强度指标，就可以计算出土体在任意给定竖向应变状态下的切线模量，反之亦然。Duncan 和 Change（1970）通过上述推导，给出了计算双曲线上任一切线模量和竖向应变的数学模型，如式(5-22)和式(5-23)所示。

$$E_t=\frac{1}{E_i}\frac{1}{\left[\frac{1}{E_i}+\frac{R_f\varepsilon_v}{(\sigma_1-\sigma_3)_f}\right]^2} \tag{5-22}$$

$$\varepsilon_v=\frac{(\sigma_1-\sigma_3)}{E_i\left[1+\frac{R_f(\sigma_1-\sigma_3)}{(\sigma_1-\sigma_3)_f}\right]} \tag{5-23}$$

如果考虑围压对初始切线模量的影响，将式(5-19)、式(5-21)代入式(5-22)，可以得到式(5-24)。

$$E_t=KP_{atm}\left(\frac{\sigma_3}{P_{atm}}\right)^n\left[1-\frac{R_f(\sigma_1-\sigma_3)(1-\sin\varphi)}{2c\cos\varphi+2\sigma_3\sin\varphi}\right]^2 \tag{5-24}$$

当土样经历塑性变形并随后进行卸载和再加载时，其应力-应变曲线会形成一个滞回圈，滞回圈的平均斜率通常用$E_{ur}$来表示。Duncan 和 Change（1970）通过对一系列试验数据的分析，发现$E_{ur}$与围压$\sigma_3$之间也呈幂函数关系，其数学模型与初始切线模量$E_i$与围压$\sigma_3$之间的关系曲线具有相似性，如式(5-25)所示。

$$E_{ur}=K_{ur}P_{atm}\left(\frac{\sigma_3}{P_{atm}}\right)^n \tag{5-25}$$

式中：$K_{ur}$和$n$——模型参数。

$n$值和式(5-21)中的$n$值非常接近，可近似相等。

### 5.3.3 剑桥模型和修正剑桥模型

在学习剑桥模型和修正剑桥模型之前，我们必须先理解几个关键概念：临界状态、正常固结曲线和临界状态线。在三轴试验中，当土样处于剪切大变形阶段时，会逐渐趋向于最终的临界状态。在这一状态下，土样的体积和应力（总应力和孔隙压力）不变，而剪应变仍持续发展和流动。临界状态可以通过以下数学表达式来表示：

$$\frac{\mathrm{d}p'}{\mathrm{d}\varepsilon_{\mathrm{v}}}=\frac{\mathrm{d}q}{\mathrm{d}\varepsilon_{\mathrm{v}}}=\frac{\mathrm{d}\varepsilon_{\mathrm{vol}}}{\mathrm{d}\varepsilon_{\mathrm{v}}}=0 \tag{5-26}$$

式中：$p'$——平均有效主应力，$p'=\frac{(\sigma_1'+\sigma_2'+\sigma_3')}{3}$；

$q$——广义剪应力，$q=\frac{\sqrt{(\sigma_1'-\sigma_2')^2+(\sigma_2'-\sigma_3')^2+(\sigma_3'-\sigma_1')^2}}{\sqrt{2}}$；当$\sigma_2'=\sigma_3'$时，$q=(\sigma_1'-\sigma_3')$；

$\varepsilon_{\mathrm{v}}$——土样的竖向应变；

$\varepsilon_{\mathrm{vol}}$——土样的体积应变。

当土样在各个方向上承受的正应力都相等时，随着应力的逐步增加，孔隙水会从土体中排出，这个过程被称为各项等压固结。在这一过程中，比体积$\upsilon$和$\ln p'$几乎表现为线性（即正常固结曲线，NCL），如式(5-27)所示。

$$\upsilon=N-\lambda\ln p' \tag{5-27}$$

式中：$\upsilon$——比体积（$\upsilon=1+e$）；

$N$——NCL 曲线在$p'=1\mathrm{kPa}$所对应的比体积；

$\lambda$——NCL 曲线在$\upsilon$-$\ln p'$平面中的斜率。

与加载过程相反，当土体所受的各向应力持续减小时，土样体积会发生一定的回弹。然而，比体积并不会遵循正常固结曲线的路径持续增大，而是沿着更为平缓的斜率逐渐回升，这一过程在图 5-6 中得到了直观的展示。

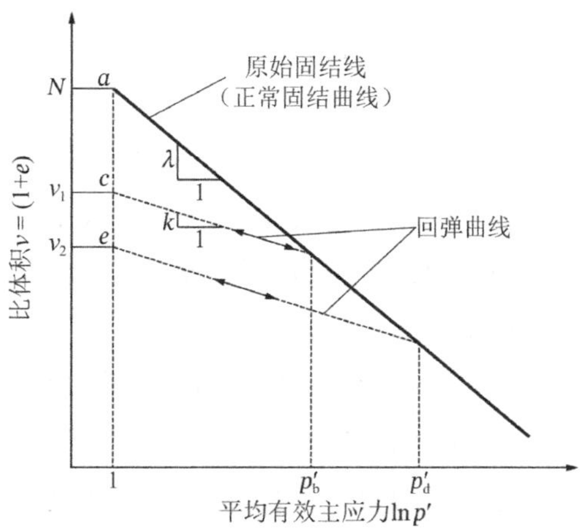


图 5-6　各向等压固结的压缩曲线和回弹曲线

在三轴剪切试验中，当土样达到临界状态时，其比体积$\upsilon$和$\ln p'$之间的关系几乎表现为线性（即临界状态曲线，CSL），如式(5-28)所示。

$$\nu=\Gamma-\lambda\ln p' \tag{5-28}$$

式中：$\Gamma$——CSL 曲线在$p'=1\mathrm{kPa}$所对应的比体积；

$\lambda$——CSL 曲线在$\upsilon$-ln $p'$平面中的斜率。

很多试验结果表明，CSL 和 NCL 两条线是平行的，所以式(5-27)和式(5-28)中的斜率是相等的，如图 5-7 所示。

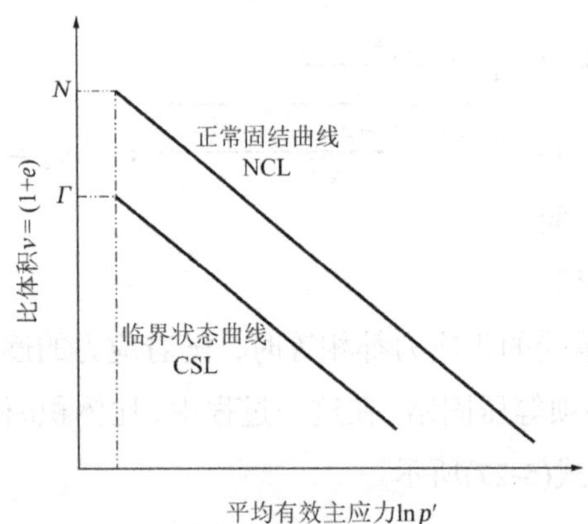


图 5-7 临界状态曲线和正常固结曲线的相互关系

当土样达到临界状态时，广义剪应力$q$和平均有效主应力$p'$之间呈现出线性关系，可以通过式(5-29)来描述。

$$q = Mp' \tag{5-29}$$

式中：$M$——$q$与$p'$之间线性关系的斜率，$M = \frac{6\sin\varphi'}{3-\sin\varphi'}$（具体推导过程见第 6 章）。

如果把三轴试验中土样完全排水和完全不排水的试验结果同时绘制在$q$-$p'$和$\upsilon$-$p'$平面上，可以得到如图 5-8 所示的曲线关系。在$q$-$p'$平面上，线 CD 表示完全排水条件下的应力路径。在这一条件下，围压保持恒定，随着竖向力$\sigma_v$的增大，平均有效主应力的增量$\Delta p'$和竖向应力增量的 1/3 成正比［即$\Delta p' \propto 1/3(\Delta\sigma_v)$］；广义剪应力的增量$\Delta q$与竖向应力增量成正比［即$\Delta p' \propto (\Delta\sigma_v)$］。因此，在常规三轴试验中，线 CD 的斜率等于 1/3。C 点对应的轴差应力$q' = 0$，位于正常固结曲线（NCL）上，D 点达到表示临界状态，位于临界状态曲线（CSL）上。从 C 点到 D 点产生的比体积变化量可以通过图 5-8（b）进行求解。NCL 和 CSL 在$\upsilon$-$p'$平面上呈曲线，而在$\upsilon$-ln $p'$平面上呈直线，如图 5-8（c）所示。因此，在完全排水条件下的体积变化量通常依据图 5-8（a）、（c）以及式(5-27)和式(5-28)进行计算。

在$q$-$p'$平面上，线 CU 代表完全不排水条件下的应力路径。由于土样中的水分无法排出，加载过程中土样的积极不会产生变化，即比体积$\upsilon$保持不变，如图 5-8（b）所示。在加载过程中，随着竖向荷载的增大（$\Delta\sigma_v$），孔隙水压相应增大（$\Delta u$），而平均有效主应力$p'$则减小。由于$\Delta u$与$\Delta F$之间的关系是非线性的，这导致在$q$-$p'$平面上，CU 曲线并非如 CD 曲线呈直线状态；在$\upsilon$-$p'$平面上 CU 路径因土样体积变形为 0 呈一条水平线，而 CD 路径因土样体积持续减小呈一条曲线。

临界状态曲线 CSL 在$\upsilon$-$p'$-$q'$三维空间中是非平面曲线，图 5-8（a）和图 5-8（b）分别为 CSL 在$q$-$p'$和$\upsilon$-$p'$平面上的投影，如图 5-8（d）所示。由于$q$始终等于 0，正常固结曲线

NCL 在$\upsilon$-$p'$平面上呈现为一条二维曲线，而在$q$-$p'$平面上的投影则是一条$q=0$的水平线。在图 5-8（d）中，CSL 为三维空间曲线，（CSL）则表示 CSL 在二维平面上的投影。同理，CSL 上的点 D 和 U 在平面投影中分别标注为（D）和（U），而 NCL 上的点 C 则在投影中标注为（C）。在$q$-$p'$平面上的投影揭示了临界状态下$q$和$p'$之间的关系，而$\upsilon$-$p'$平面上的投影则定义了土样在对应的应力路径下的体积变化与平均有效主应力$p'$之间的变化关系。

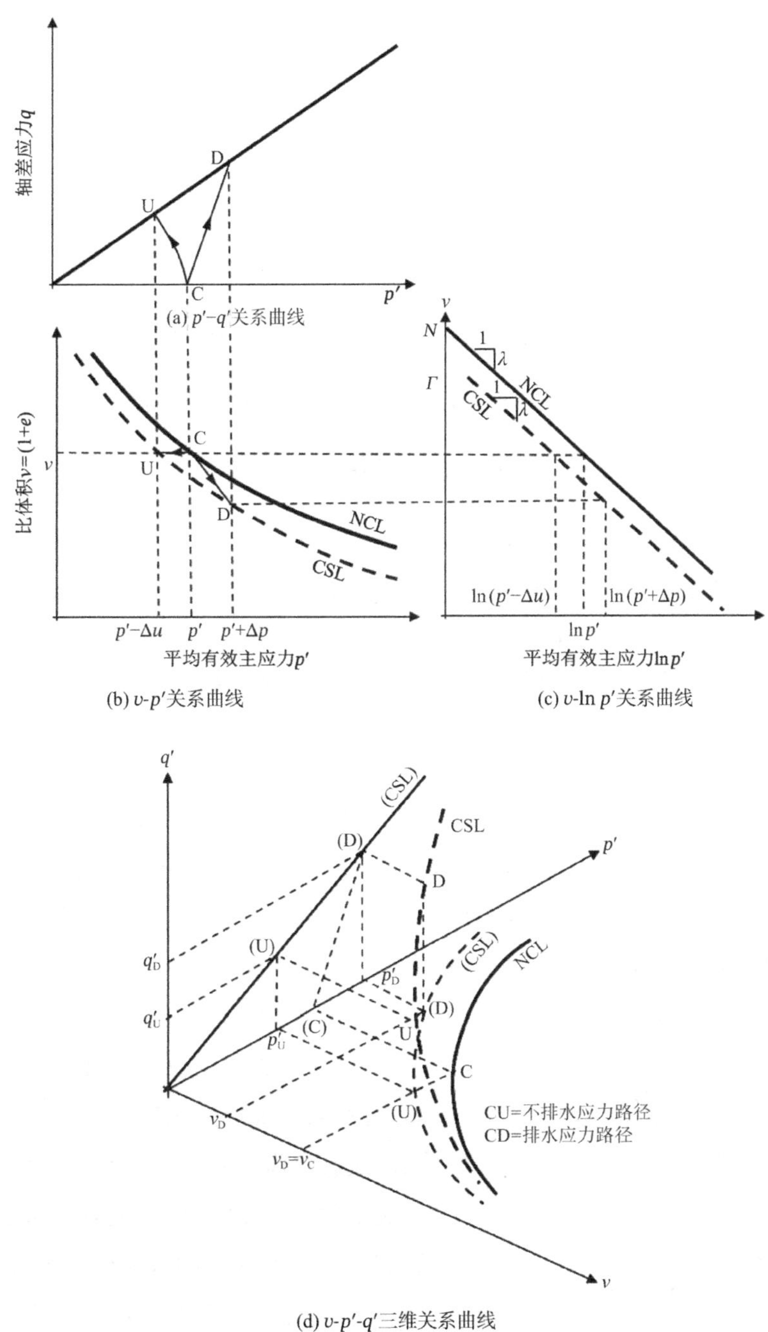


图 5-8　三轴试验结果：正常固结曲线与临界状态曲线

在$q$-$p'$平面上，材料在某些区域的变形表现为弹性。当材料进一步变形并达到某一状态时，其应力状态将维持在屈服面上。屈服面通常被定义为存在于三维应力空间中的一个曲面，而它与二维坐标平面相交的线被称为屈服轨迹。屈服面大多是基于理论模型构建的，因此不同的理论得到的屈服面也会有所差异。剑桥模型和修正剑桥模型所确定的屈服轨迹如图 5-9 所示。

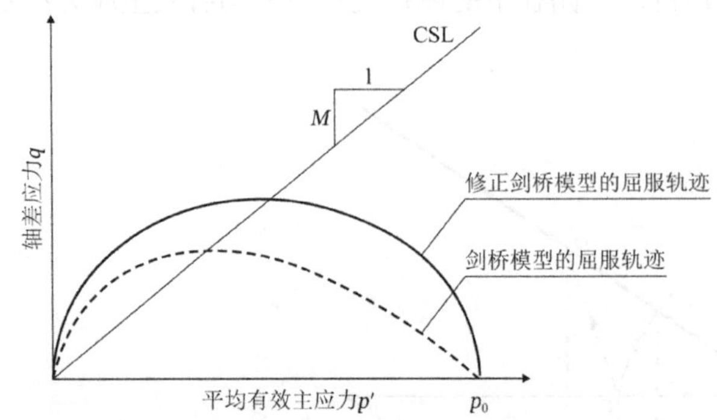


图 5-9 剑桥模型和修正剑桥模型假定的屈服面

剑桥模型的数学表达式详见式(5-30)，其曲线形态为子弹头形状：

$$q + Mp' \ln\left(\frac{p'}{p_0'}\right) = 0 \tag{5-30}$$

式中：$p_0'$——模型硬化参数，即在$q = 0$的情况下，屈服面所对应的最大平均有效主应力，可以通过正常固结曲线和式(5-27)进行计算；

$M$——临界状态线的斜率。

修正剑桥模型的数学表达式详见式(5-31)，其曲线形态为椭圆形状：

$$\frac{q^2}{p'^2} + M^2\left[1 - \frac{p_0'}{p'}\right] = 0 \tag{5-31}$$

$p_0'$会随比体积$v$的增大而减小。换而言之，不同的比体积对应着不同的屈服轨迹，如果我们将这些屈服轨迹共同绘制在$v$-$p'$-$q'$三维空间中，就可以得到修正剑桥模型的完整物态边界面，如图 5-10 所示。通过将图 5-9 中的剑桥模型的屈服轨迹沿$v$轴进行平移并适当收缩，可以得到与图 5-10 类似的剑桥模型的完整物态边界面。

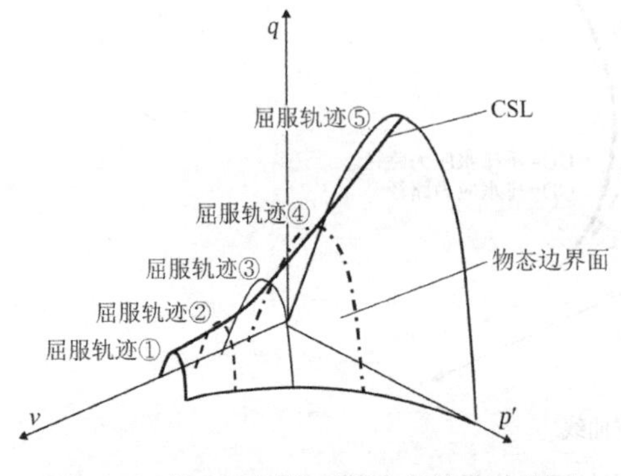


图 5-10 修正剑桥模型的完整物态边界面

如图 5-10 所示，物态边界面在不同的$v$值下，在$q$-$p'$平面上的投影（屈服轨迹①～⑤）展示在图 5-11（a）中。临界状态曲线（CSL）右侧的区域通常称之为次临界状态，而 CSL 的左侧区域则称为超临界状态。在次临界状态区域内，屈服轨迹①所围成的区域代表弹性区，其中应力-应变曲线表现为线性关系。当应力达到屈服轨迹①时，随着竖向应变的增加，比体积（$v$）逐渐减小，屈服轨迹从①逐渐演变至⑤。在这个过程中，广义剪应力也在持续增大，该过程通常被称为硬化过程，如图 5-11（b）所示。在超临界状态区域内，整个屈服轨迹⑤所围成的区域都是弹性区，其应力-应变曲线同样呈线性。当应力达到屈服轨迹⑤时，随着竖向应变的增大，比体积（$v$）持续增大，屈服轨迹从⑤逐渐演变至①。在这个过程中，广义剪应力持续减小，该过程通常被称为软化过程，如图 5-11（c）所示。

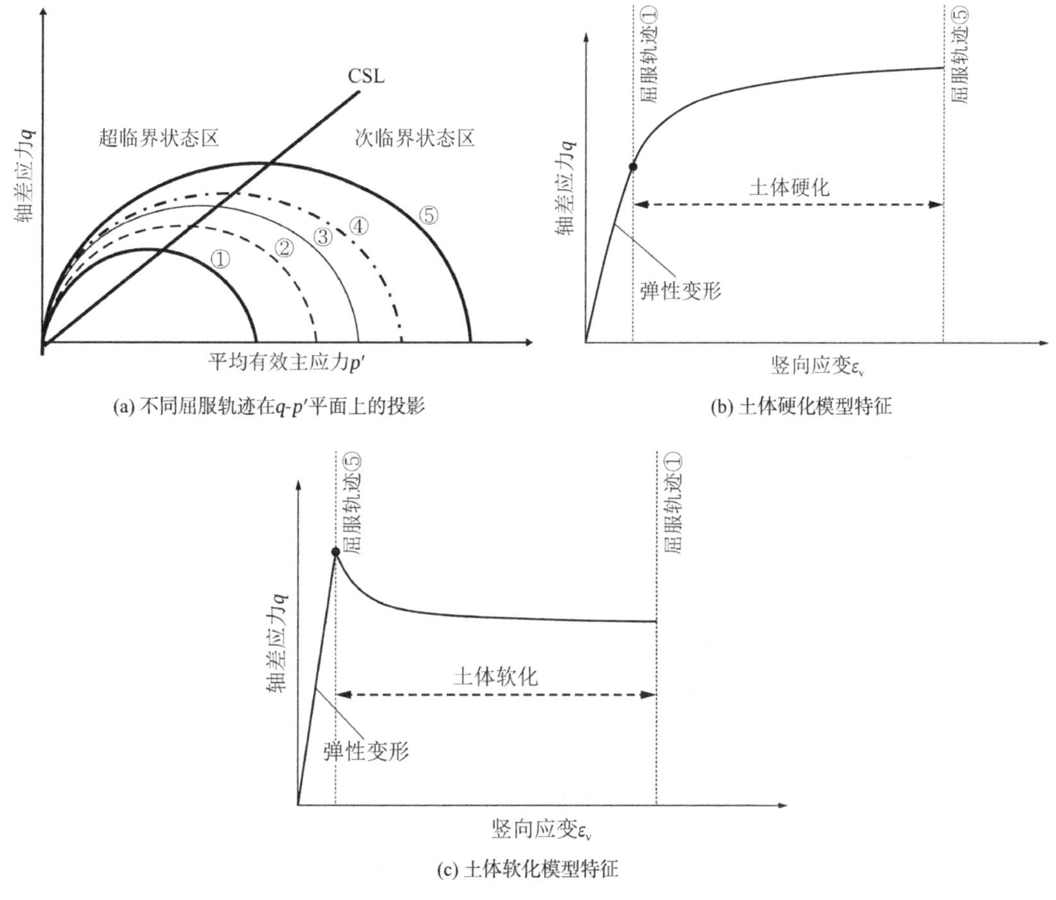


(a) 不同屈服轨迹在$q$-$p'$平面上的投影

(b) 土体硬化模型特征

(c) 土体软化模型特征

图 5-11　修正剑桥模型的硬化和软化特征

## 5.4　非饱和土的体积变形理论

本节将从以下三个维度深入探讨非饱和土的变形理论：首先，概述非饱和体积变形理论的基本框架；其次，探讨非饱和土体积变形模量的数学模拟；最后，介绍基于修正剑桥模型的非饱和土本构模型。

### 5.4.1　非饱和土体积变形理论的基本框架

Biot（1941）假设土体各向同性并遵循弹性理论，提出了非饱和土的三维固结理论。在该理论中，采用了两个本构关系，其中一个用于描述土体结构的行为，另一个用于描述土中水的行为。基于各向同性弹性体的应力-应变关系，如式(5-32)所示，Biot（1941）进一步提出了针对非饱和土结构的应力-应变本构关系，如式(5-33)所示，以及对非饱和土中水的应力-体积含水率的本构关系，如式(5-34)所示。

$$\begin{cases}\varepsilon_x=\dfrac{\sigma_x}{E}-\dfrac{\nu(\sigma_y+\sigma_z)}{E}\\ \varepsilon_y=\dfrac{\sigma_y}{E}-\dfrac{\nu(\sigma_z+\sigma_x)}{E}\\ \varepsilon_z=\dfrac{\sigma_z}{E}-\dfrac{\nu(\sigma_x+\sigma_y)}{E}\\ \gamma_{xy}=\dfrac{\tau_{xy}}{G}\\ \gamma_{yz}=\dfrac{\tau_{yz}}{G}\\ \gamma_{zx}=\dfrac{\tau_{zx}}{G}\end{cases} \tag{5-32}$$

式中：$\sigma_x$——垂直于$x$轴平面上的方向正应力；

$\tau_{xy}$——垂直于$x$平面，$y$方向上的剪切应力；

$\tau_{zx}$——垂直于$z$平面，$x$方向上的剪切应力；

$\varepsilon_x$——沿$x$轴方向与$\sigma_x$所对应的轴向应变；

$\gamma_{xy}$——与$\tau_{xy}$所对应的剪切应变；

$\gamma_{zx}$——与$\tau_{zx}$所对应的剪切应变，以此类推其他参数；

$E$——土结构的弹性模量；

$G$——土结构的剪切模量。

$$\begin{cases}\varepsilon_x=\dfrac{\sigma_x}{E}-\dfrac{\nu(\sigma_y+\sigma_z)}{E}+\dfrac{(u_a-u_w)}{3H}\\ \varepsilon_y=\dfrac{\sigma_y}{E}-\dfrac{\nu(\sigma_z+\sigma_x)}{E}+\dfrac{(u_a-u_w)}{3H}\\ \varepsilon_z=\dfrac{\sigma_z}{E}-\dfrac{\nu(\sigma_x+\sigma_y)}{E}+\dfrac{(u_a-u_w)}{3H}\\ \gamma_{xy}=\dfrac{\tau_{xy}}{G}\\ \gamma_{yz}=\dfrac{\tau_{yz}}{G}\\ \gamma_{zx}=\dfrac{\tau_{zx}}{G}\end{cases} \tag{5-33}$$

式中：$(u_a-u_w)$——基质吸力；

$H$——与基质吸力变化有关的土结构的弹性模量。

$$\varepsilon_\theta=\frac{dV_w}{V_0}=\frac{dV_{w,x}+dV_{w,y}+dV_{w,z}}{V_0}=\frac{d(\sigma_x+\sigma_y+\sigma_z)}{E_w}+\frac{d(u_a-u_w)}{H_w} \tag{5-34}$$

式中：$\varepsilon_\theta$——与土结构的应变类似，$\varepsilon_\theta$定义了土中体积含水率的变化率；

$E_w$——与应力（$\sigma$）相关的土中水的体积模量；

$H_w$——与基质吸力$(u_a - u_w)$相关的土中水的体积模量。

式(5-33)和式(5-34)共同构成了非饱和土体积变形理论的基本框架。Bishop 和 Blight（1963）通过对一系列试验结果的分析，指出使用单一的有效应力变量描述非饱和土的变形行为存在一定的局限性，应变与两个应力分量［即：$(\sigma - u_a)$和$(u_a - u_w)$之间的变形关系需要分别进行考虑］。Burland（1965）进一步强调，非饱和土的体积变形应分别和$(\sigma - u_a)$和$(u_a - u_w)$建立对应关系。Fredlund（1974）、Fredlund 和 Morgenstern（1977）在总结前人研究成果和相关试验数据的基础上，提倡采用$(\sigma - u_a)$和$(u_a - u_w)$这两个变量来描述非饱和土的体积变形特性。

在考虑非饱和土三轴试验中施加的气压（$u_a$）对围压和竖向压力的平衡后，Fredlund（1979），Fredlund 和 Rahardjo（1993）对式(5-33)和式(5-34)进行了相应的修改，提出了新的表达式，即式(5-35)和式(5-36)。

$$\begin{cases}\varepsilon_x = \dfrac{\sigma_x}{E} - \dfrac{\nu(\sigma_y + \sigma_z - 2u_a)}{E} + \dfrac{(u_a - u_w)}{3H} \\ \varepsilon_y = \dfrac{\sigma_y}{E} - \dfrac{\nu(\sigma_z + \sigma_x - 2u_a)}{E} + \dfrac{(u_a - u_w)}{3H} \\ \varepsilon_z = \dfrac{\sigma_z}{E} - \dfrac{\nu(\sigma_x + \sigma_y - 2u_a)}{E} + \dfrac{(u_a - u_w)}{3H} \\ \gamma_{xy} = \dfrac{\tau_{xy}}{G} \\ \gamma_{yz} = \dfrac{\tau_{yz}}{G} \\ \gamma_{zx} = \dfrac{\tau_{zx}}{G}\end{cases} \tag{5-35}$$

$$\varepsilon_\theta = \frac{dV_w}{V_0} = \frac{d(\sigma_x + \sigma_y + \sigma_z - 3u_a)}{E_w} + \frac{d(u_a - u_w)}{H_w} \tag{5-36}$$

参考经典土力学中对体积压缩系数的定义［式(5-2)］，将式(5-36)整理为式(5-37)。

$$\varepsilon_\theta = \frac{dV_w}{V_0} = m_1^w d(\sigma_{mean} - u_a) + m_2^w d(u_a - u_w) \tag{5-37}$$

式中：$\sigma_{mean}$——净正应力的平均值，$\sigma_{mean} = \frac{\sigma_x+\sigma_y+\sigma_z}{3}$；

$m_1^w$——与净正应力相关的土中水的体积压缩系数，$m_1^w = \frac{3}{E_w}$；

$m_2^w$——与基质吸力相关的土中水的体积变化系数，$m_2^w = \frac{1}{H_w}$。

参考压缩系数的定义，Fredlund 和 Rahardjo（1993）将孔隙比的微增量和含水率的微增量表达为式(5-38)和式(5-39)，压缩系数$a_t$、$a_m$，以及$b_t$、$b_m$的定义如图 5-12 所示。

$$de = a_t d(\sigma_{mean} - u_a) + a_m d(u_a - u_w) \tag{5-38}$$

式中：$a_t$——与净正应力相关土结构的压缩系数；

$a_m$——与基质吸力相关土结构的压缩系数。

$$\mathrm{d}\theta = b_{\mathrm{t}}\mathrm{d}(\sigma_{\mathrm{mean}} - u_{\mathrm{a}}) + b_{\mathrm{m}}\mathrm{d}(u_{\mathrm{a}} - u_{\mathrm{w}}) \tag{5-39}$$

式中：$b_{\mathrm{t}}$——与净正应力相关土中水的变化系数；

$b_{\mathrm{m}}$——与基质吸力相关土中水的变化系数。

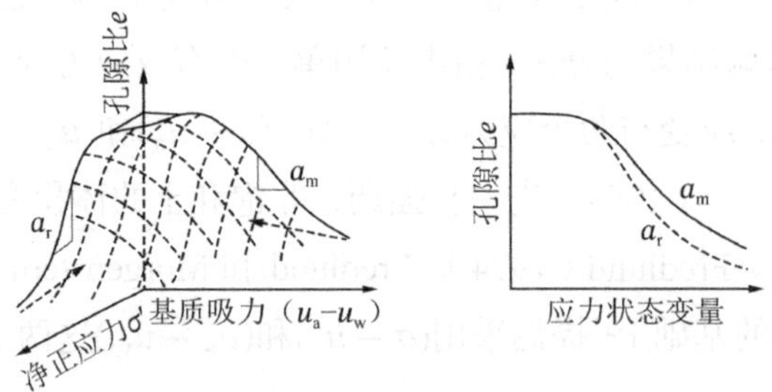


(a) 孔隙比随净正应力和基质吸力的变化关系

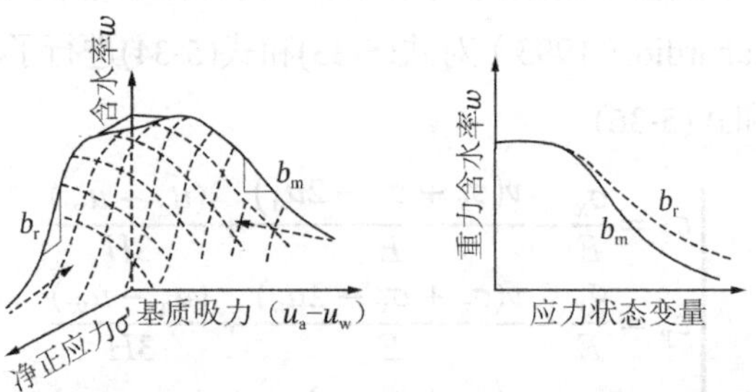


(b) 重力含水率随净正应力和基质吸力的变化关系（引自 Fredlund 和 Rahardjo，1993）

图 5-12　非饱和孔隙比和重力含水率随净正应力和基质吸力的变化关系

### 5.4.2 非饱和土体积变形模量的数学模拟

Sawangsuriya 等（2009）参考了 Oloo（1998）提出的饱和土切线模量公式和 Vanapalli 等（1996）提出的非饱和土抗剪强度公式，发展出了描述非饱和土剪切模量的数学模型，如式(5-40)所示。

$$G_{\text{非饱和}} = Af(e){\sigma_0}^{0.5} + B(u_{\mathrm{a}} - u_{\mathrm{w}})S^{\kappa} \tag{5-40}$$

式中：$G_{\text{非饱和}}$——非饱和土剪切模量；

$A$、$B$、$\kappa$——模型参数；

$S$——饱和度；

$\sigma_0$——围压；

$e$——孔隙比；

$f(e)$——与孔隙比相关的函数，Sawangsuriya 等（2009）建议$f(e) = \frac{1}{0.3+0.7e^2}$。

通过对一系列饱和土和非饱和土的剪切试验结果进行深入分析，Oh 和 Vanapalli（2014）提出了一个用于描述非饱和剪切模量的数学表达式，如式(5-41)所示。

$$G_{\text{非饱和}} = G_{\text{饱和}}\left[1 + \zeta\left(\frac{u_{\mathrm{a}} - u_{\mathrm{w}}}{P_{\mathrm{a}}/101.3}\right)S^{\xi}\right] \tag{5-41}$$

式中：$G_{饱和}$——饱和土剪切模量；

$P_a$——标准大气压；

$\zeta$和$\xi$——模型参数。

通过采用一个参考剪切模量，Han 和 Vanapalli（2016）把 Sawangsuriya 等（2009）进行了简化，得到了式(5-42)：

$$\frac{G_{非饱和}-G_{饱和}}{G_{ref}-G_{饱和}}=\frac{(u_a-u_w)}{(u_a-u_w)_{ref}}\left(\frac{S}{S_{ref}}\right)^{\lambda} \tag{5-42}$$

式中：$G_{ref}$——对应参考基质吸力$(u_a-u_w)_{ref}$的参考剪切模量；

$(u_a-u_w)_{ref}$——参考基质吸力；

$S_{ref}$——对应参考基质吸力$(u_a-u_w)_{ref}$的饱和度；

$\lambda$——模型参数。

Lu 和 Kaya（2014）选取干燥状态下的剪切模量作为参考剪切模量，并采用体积含水率的幂函数形式，从而提出了一个描述非饱和土剪切模量的数学模型，如式(5-43)所示。

$$\frac{G_{非饱和}-G_{干}}{G_{饱和}-G_{干}}=\left(\frac{\theta-\theta_{干}}{\theta_{饱和}-\theta_{干}}\right)^{m} \tag{5-43}$$

式中：$G_{干}$——干燥状态下土的剪切模量；

$\theta_{干}$——干燥状态下的土的体积含水率；

$\theta_{饱和}$——饱和状态下的土的体积含水率；

$\theta$——非饱和状态下的土的体积含水率；

$m$——模型参数。

Zhai 等（2024）通过对比分析现有的多种非饱和土剪切模量数学模型，发现影响非饱和土剪切模量的关键因素包括：围压、饱和剪切模量、干燥剪切模量（或干燥状态与饱和状态下剪切模量的比值）以及土吸力（或饱和度）。考虑土体单元的剪切模量与围压之间的密切联系，Zhai 等（2024）将非饱和土视为由饱和碎片单元和干燥碎片单元组合而成，并基于此提出了非饱和土剪切模量的数学模型，如式(5-44)所示。

$$G_{非饱和}=G_{饱和}\frac{\left(1+\dfrac{u_a-u_w}{\sigma_0}\right)^{n}}{S_e+C\cdot(1-S_e)\cdot\left(1+\dfrac{u_a-u_w}{\sigma_0}\right)^{n}} \tag{5-44}$$

式中：$C$——和干燥状态下土的剪切模量和饱和剪切模量比值有关的一个参数；

$n$——模型参数；

$S_e$——有效饱和度。

$$S_e=\begin{cases}\dfrac{S-S'}{1-S'} & S>S'\\ 0 & S\leqslant S'\end{cases}$$

式中：$S'$——Zhai 等（2019）建议$S'$为基质吸力为 3100kPa 对应的饱和度。

Janbu（1963）对各向同性的土样开展了一系列试验研究，发现初始切线模量$E_i$和围压$\sigma_3$的关系曲线呈幂函数形式，如式(5-21)所示。

$$E_i = KP_{\mathrm{atm}}\left(\frac{\sigma_3}{P_{\mathrm{atm}}}\right)^n \tag{5-45}$$

然而，Janbu（1963）的结论是基于土样本身是均匀的假设下提出的，在非饱和土中空气的分布通常是不均匀的——随着吸力的增大，空气往往会先填充较大的孔隙，然后逐渐进入到小孔隙中。当非饱和土体单元受到围压$\sigma_0$作用时，同时也会受到基质吸力的影响。Lu 和 Likos（2006）提出了吸力应力（$\sigma_{\mathrm{s}}$）这一概念，用以描述基质吸力的作用，并指出随着基质吸力的增大，$\sigma_{\mathrm{s}}$与$(u_{\mathrm{a}} - u_{\mathrm{w}})$之间存在非线性关系。基于此，Zhai 等（2019）建议采用式(5-45)来表示基质吸力的作用，并据此构建了非饱和土抗剪强度公式。

$$\sigma_{\mathrm{s}} = S_{\mathrm{e}}(u_{\mathrm{a}} - u_{\mathrm{w}}) = (u_{\mathrm{a}} - u_{\mathrm{w}})\frac{S - S'}{1 - S'} \tag{5-46}$$

如果采用非饱和土体单元作为构建非饱和土剪切模量数学模型的最小单元，Janbu（1963）模型无法充分考虑不均匀气泡分布对土体剪切模量的影响。如图 5-13（a）所示，非饱和土单元中空气的分布是不均匀的，其围压状态由$\sigma_0$加上吸力作用$\sigma_{\mathrm{s}}$组成。为了使 Janbu（1963）模型的基本假定仍然适用，我们可以将图 5-13（a）中的非饱和土体单元进行碎片化处理，形成湿碎片单元［图 5-13（b）］和干碎片单元［图 5-13（c）］。在湿碎片单元中，所有孔隙都填充满水，碎片单元被水气分界面包裹，其围压状态为$\sigma_0 + (u_{\mathrm{a}} - u_{\mathrm{w}})$；而在干碎片单元中，所有孔隙都被空气填充，由于缺乏水气分界面，其吸力作用为 0，围压状态仅为$\sigma_0$。这种碎片化处理的方法解决了空气在非饱和土中不均匀分布与 Janbu（1963）模型基本假定之间的矛盾。换言之，无论是湿碎片单元还是干碎片单元，都可以用 Janbu（1963）模型进行描述。此外，湿碎片单元和干碎片单元都是从非饱和土体单元中切割而来的，它们应该继承母体的一些基本物理属性。如果非饱和土的孔隙比为$e$，湿碎片单元和干碎片单元的孔隙比也应保持为$e$。这样，湿碎片单元和干碎片单元的体积就可以通过孔隙体积来确定。

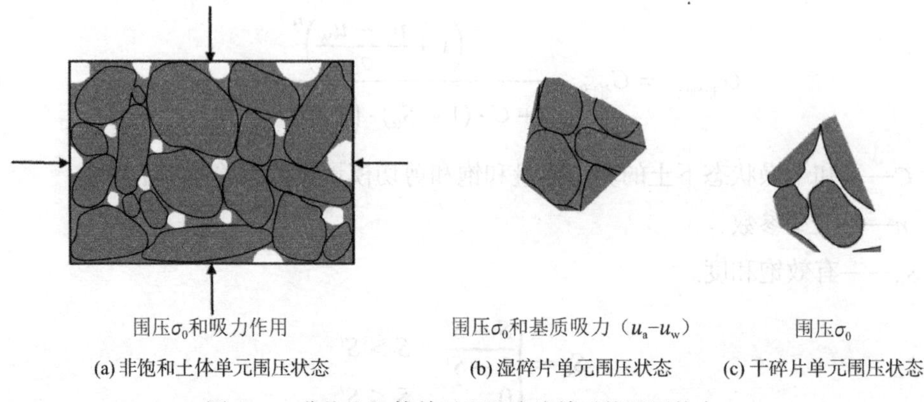


(a) 非饱和土体单元围压状态　(b) 湿碎片单元围压状态　(c) 干碎片单元围压状态

图 5-13　非饱和土体单元以及碎片单元的围压状态

基于毛细管模型，Zhai 和 Rahardjo（2015）以及 Zhai 等（2018）提出了计算非饱和土的渗水系数和渗气系数的数学模型。Zhai 等（2019）以及 Zhai 等（2020）进一步利用毛细管模型，分别提出了计算非饱和土抗剪强度和抗拉强度预测模型。在毛细管模型中，通常采用饱和度形式的土-水特征曲线（$S$-SWCC）来反映土体中的孔隙情况。如图 5-14 所示，低吸力区对应的是孔径较大的孔隙，而高吸力区对应的是孔径较小的孔隙。

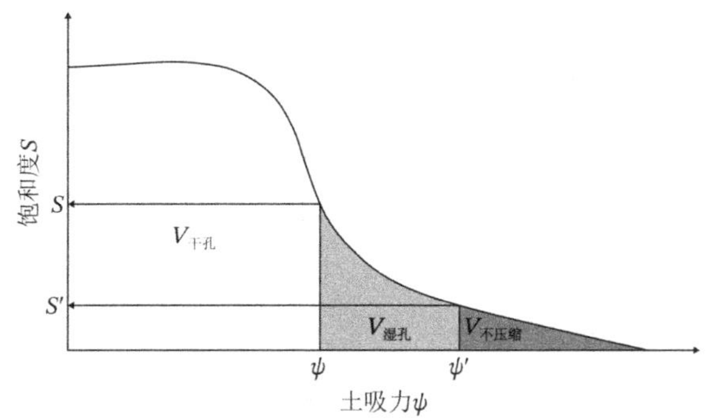


图 5-14　毛细模型中不同孔径空隙的分布

毛细管模型假定土中水在孔隙中的分布遵循毛细定律，如式(5-46)所示。当吸力增加到某一特定值$\psi$时，所有孔径大于$r$的孔隙都处于干燥状态；而孔径小于$r$的孔隙都呈饱和状态。显然，该毛细管模型只适用于模拟非饱和土的脱湿过程，因为在浸润过程，由于“雨滴效应”和“墨水瓶效应”以及截留空气等现象的影响，土中水在孔隙中的分布无法严格遵循毛细定律。

$$r = \frac{2T_s \cos\alpha}{\psi} \tag{5-47}$$

式中：$r$——对应土吸力$\psi$的等效孔径；

$T_s$——水的表面张力；

$\alpha$——水气分界面与土颗粒表面的接触角。

另外，Delage 等（1996），Romero 和 Simms（2008），以及 Kuila 和 Prasad（2013）研究指出黏聚体内部孔隙（Intra-aggregate pores）在外荷载条件不会产生变形。Zhai 等（2019）建议将土吸力超过$\psi' = 3100\text{kPa}$ 所对应的孔隙归类为黏聚体内部孔隙，该类孔隙的变形受外界荷载的影响较小。若将土中孔隙总体积记为$V_{孔}$，孔径大于$r$的孔隙体积记为$V_{干孔}$，孔径小于$r$的孔隙体积记为$V_{湿孔}$。则孔隙的总体积等于干孔体积和湿孔体积的总和，其关系式如式(5-48)所示。

$$V_{孔} = V_{干孔} + V_{湿孔} \tag{5-48}$$

若将不可压塑的孔隙体积记为$V_{不压缩}$，则可压缩的孔隙体积为$V_{孔} - V_{不压缩}$，干孔和湿孔的体积以及不可压缩孔隙的体积分别可用式(5-49)、式(5-50)和式(5-51)表示。

$$V_{干孔} = \frac{1-S}{1-S'}(V_{孔} - V_{不压缩}) \tag{5-49}$$

$$V_{湿孔}=\frac{S-S'}{1-S'}(V_{孔}-V_{不压缩}) \tag{5-50}$$

$$V_{不压缩}=S'V_{孔} \tag{5-51}$$

式中：$S'$——对应$\psi'$的饱和度。

如图 5-13 所示，碎片单元中同时包含了干孔和湿孔，同时还继承非饱和土单元的孔隙比。因此，可压缩的干碎片和湿碎片单元体积可用式(5-52)和式(5-53)进行计算。

$$V_{干碎片}=\frac{1+e}{e}V_{干孔}=\frac{1+e}{e}\frac{1-S}{1-S'}(V_{孔}-V_{不压缩}) \tag{5-52}$$

$$V_{湿碎片}=\frac{1+e}{e}V_{湿孔}=\frac{1+e}{e}\frac{S-S'}{1-S'}(V_{孔}-V_{不压缩}) \tag{5-53}$$

这样，土样体积（$V_{土}$）可分割为三部分：干碎片单元体积、湿碎片单元体积以及不可压缩单元体积，如式(5-54)所示。

$$V_{土}=V_{干碎片}+V_{湿碎片}+V_{不压缩} \tag{5-54}$$

根据体积模量的定义，我们可以将剪切模量用式(5-55)来表达：

$$\frac{G}{V_{土}-V_{不压缩}}=\frac{G}{(1-S')V_{土}}\frac{3(1-2\nu)}{2(1+\nu)}\frac{\mathrm{d}p}{\mathrm{d}V_{土}} \tag{5-55}$$

将式(5-54)代入式(5-55)可以得到：

$$G=\frac{3(1-2\nu)}{2(1+\nu)}\frac{(1-S')V_{土}}{\frac{\mathrm{d}V_{土}}{\mathrm{d}p}}=\frac{3(1-2\nu)}{2(1+\nu)}\frac{(1-S')V_{土}}{\frac{\mathrm{d}V_{干碎片}}{\mathrm{d}p}+\frac{\mathrm{d}V_{湿碎片}}{\mathrm{d}p}+\frac{\mathrm{d}V_{不压缩}}{\mathrm{d}p}} \tag{5-56}$$

剪切模量的定义不但适用土体单元，同样也适用干、湿碎片单元，如式(5-57)和式(5-58)所示。

$$\frac{\mathrm{d}V_{干碎片}}{\mathrm{d}p}=\frac{1}{G_{干碎片}}\frac{3(1-2\nu)}{2(1+\nu)}V_{干碎片} \tag{5-57}$$

$$\frac{\mathrm{d}V_{湿碎片}}{\mathrm{d}p}=\frac{1}{G_{湿碎片}}\frac{3(1-2\nu)}{2(1+\nu)}V_{湿碎片} \tag{5-58}$$

$V_{不压缩}$不会随着外荷载的改变而变化，因此$V_{不压缩}$对$p$的导数应该等于 0，如式(5-59)所示。

$$\frac{\mathrm{d}V_{不压缩}}{\mathrm{d}p}=0 \tag{5-59}$$

将式(5-57)、式(5-58)代入式(5-56)，可以得到式(5-60)：

$$G=\frac{1}{\frac{1}{G_{干碎片}}\frac{V_{干碎片}}{(1-S')V_{土}}+\frac{1}{G_{湿碎片}}\frac{V_{湿碎片}}{(1-S')V_{土}}} \tag{5-60}$$

再将式(5-49)～式(5-54)代入式(5-60)，可以得到式(5-61)：

$$G=\frac{1}{\frac{1}{G_{干碎片}}\frac{(1-S)}{1-S'}+\frac{1}{G_{湿碎片}}\frac{(S-S')}{1-S'}} \tag{5-61}$$

如前文所述，干碎片的围压状态为$\sigma_0$，而湿碎片的围压状态为$\sigma_0+(u_a-u_w)$。采用Janbu（1963）模型，$G_{干碎片}$和$G_{湿碎片}$分别可表达为式(5-62)和式(5-63)。

$$G_{干碎片}=A_{干}(\sigma_0)^{n_{干}} \tag{5-62}$$

$$G_{湿碎片}=A_{湿}[\sigma_0+(u_a-u_w)]^{n_{湿}} \tag{5-63}$$

对于饱和土的剪切模量$G_{饱和}$，可采用式(5-64)计算：

$$G_{饱和}=A_{湿}(\sigma_0)^{n_{湿}} \tag{5-64}$$

将式(5-62)～式(5-64)代入式(5-61)可以得到：

$$\begin{aligned}G&=\frac{A_{湿}[\sigma_0+(u_a-u_w)]^{n_{湿}}A_{干}(\sigma_0)^{n_{干}}}{A_{湿}[\sigma_0+(u_a-u_w)]^{n_{湿}}\frac{(1-S)}{1-S'}+A_{干}(\sigma_0)^{n_{干}}\frac{(S-S')}{1-S'}}\\&=\frac{A_{湿}(\sigma_0)^{n_{湿}}\left[1+\frac{(u_a-u_w)}{\sigma_0}\right]^{n_{湿}}}{\frac{(S-S')}{1-S'}+\frac{A_{湿}[\sigma_0+(u_a-u_w)]^{n_{湿}}}{A_{干}(\sigma_0)^{n_{干}}}\frac{(1-S)}{1-S'}}\end{aligned} \tag{5-65}$$

记$A_{湿}$和$A_{干}$的系数为$C$，非饱和土的剪切模量为$G_{非饱和}$，式(5-65)可整理为：

$$G_{非饱和}=\frac{G_{饱和}\left[1+\frac{(u_a-u_w)}{\sigma_0}\right]^{n_{湿}}}{\frac{(S-S')}{1-S'}+C\frac{(1-S)}{1-S'}\frac{[\sigma_0+(u_a-u_w)]^{n_{湿}}}{\sigma_0^{n_{干}}}} \tag{5-66}$$

如果考虑干碎片的$n_{干}$与湿碎片的$n_{湿}$相等，且都等于$n$时，式(5-65)可以简化为：

$$G_{非饱和}=G_{饱和}\frac{\left[1+\frac{(u_a-u_w)}{\sigma_0}\right]^{n}}{\frac{(S-S')}{1-S'}+C\frac{(1-S)}{1-S'}\left[1+\frac{(u_a-u_w)}{\sigma_0}\right]^{n}} \tag{5-67}$$

因此,非饱和土的剪切模量可以用含有三个模型参数的式(5-66)或者只含两个模型参数的式(5-66)来描述。为了验证模型的有效性,选用 Sawangsuriya 等(2009)的压实土、Khosravi 等（2018）的砂土以及 Dong 和 Lu（2016）的黏性土的试验数据，并依据这几类土的土-水特征曲线采用式(5-66)来计算非饱和土的剪切模量。Sawangsuriya 等（2009）的压实土的土-水特征曲线如图 5-15（a）所示，Khosravi 等（2018）的砂土的土-水特征曲线如图 5-16（a）所示，Dong 和 Lu（2016）的黏性土的土-水特征曲线如图 5-17（a）所示。采用式(5-66)

对三类非饱和土的剪切模型估算结果和试验数据如图 5-15（b）、图 5-16（b）和图 5-17（b）所示。

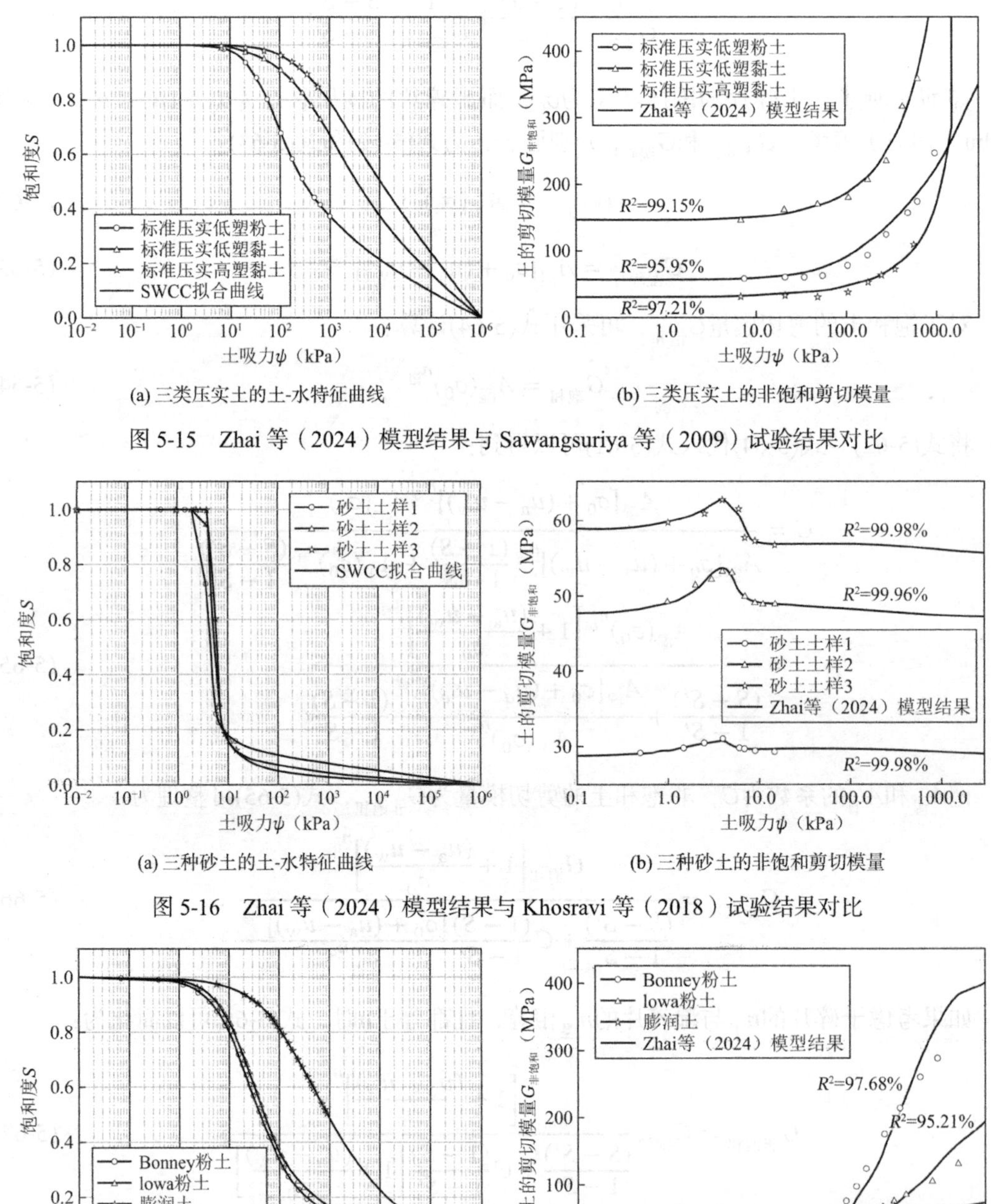


(a) 三类压实土的土-水特征曲线 (b) 三类压实土的非饱和剪切模量

图 5-15 Zhai 等（2024）模型结果与 Sawangsuriya 等（2009）试验结果对比

(a) 三种砂土的土-水特征曲线 (b) 三种砂土的非饱和剪切模量

图 5-16 Zhai 等（2024）模型结果与 Khosravi 等（2018）试验结果对比

(a) 三种塑性土的土-水特征曲线 (b) 三种塑性土的非饱和剪切模量

图 5-17 Zhai 等（2024）模型结果与 Dong 和 Lu 等（2016）试验结果对比

图 5-15～图 5-17 揭示采用式(5-66)估算结果与试验数据吻合度较高，估算非饱和土的剪切模量具有较高的可靠性。

### 5.4.3　基于修正剑桥模型的非饱和土本构模型

Alonso 等（1990）将修正剑桥模型理论扩展到非饱和土领域，提出在等吸力条件下，土体的临界状态曲线的坡度$\lambda(\psi)$小于饱和状态下临界状态曲线的坡度$\lambda(0)$，如图 5-18 所示。

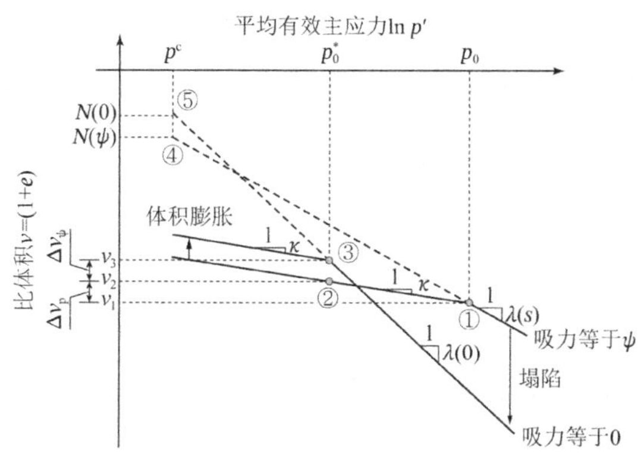


图 5-18　饱和土和非饱和土的临界状态曲线

①号点和③号点的比体积分别可用式(5-68)和式(5-69)表示。

$$v_1 = N(\psi) - \lambda(\psi)\ln\left(\frac{p_0}{p^c}\right) \tag{5-68}$$

$$v_3 = N(0) - \lambda(0)\ln\left(\frac{p_0^*}{p^c}\right) \tag{5-69}$$

式中：$N(0)$——当$p' = 1\text{kPa}$时，饱和土的比体积；

$N(\psi)$——当$p' = 1\text{kPa}$时，吸力值为$\psi$时非饱和土的比体积；

$\lambda(0)$——饱和土临界状态曲线的坡度；

$\lambda(\psi)$——吸力值为$\psi$时非饱和土临界状态曲线的坡度；

$p_0^*$——饱和土的模型硬化参数；

$p_0$——吸力值为$\psi$时非饱和土的模型硬化参数。

假设点①到点③的体积变化与应力路径无关，那么①号点和③号点的比体积差可表示为①号点和②号点的比体积差（$v_1 - v_2$）加上②号点和③号点的比体积差（$v_2 - v_3$）。①号点和②号点的比体积差（$\Delta v_p$）是由平均有效应力的差异造成的，可以用式(5-70)表示。

$$\Delta v_p = v_1 - v_2 = -\kappa\ln\left(\frac{p_0}{p_0^*}\right) \tag{5-70}$$

式中：$\kappa$——回弹曲线的坡度，Alonso 等（1990）认为饱和土和非饱和土的回弹曲线坡度是一致的，与吸力值无关。

②号点和③号点的比体积差（$\Delta v_\psi$）是由土吸力的差异造成的，Alonso 等（1990）认为$\Delta v_\psi$可以通过式(5-71)进行求解。

$$\Delta v_\psi = v_2 - v_3 = -\kappa_\psi\ln\left(\frac{\psi + p_{at}}{p_{at}}\right) \tag{5-71}$$

式中：$\kappa_{\psi}$——非饱和土因土吸力减少而产生体积膨胀的膨胀曲线的斜率；

$p_{\text{at}}$——大气压。

如式(5-71)所示，Alonso 等（1990）认为由吸力引起的体积变化与土体的应力状态无关。然而，当前的试验结果表明，吸力引起的体积变化与土样的应力状态有着密切关系。

最终，可以利用饱和土的临界状态曲线来计算非饱和土的临界状态曲线，如式(5-72)所示。

$$N(\psi)-\lambda(\psi)\ln\left(\frac{p_0}{p^{\text{c}}}\right)+\kappa\ln\left(\frac{p_0}{p_0^*}\right)+\kappa_{\psi}\ln\left(\frac{\psi+p_{\text{at}}}{p_{\text{at}}}\right)=N(0)-\lambda(0)\ln\left(\frac{p_0^*}{p^{\text{c}}}\right) \tag{5-72}$$

④号点和⑤号点的比体积差代表了在平均有效正应力$p^{\text{c}}$条件下，土体因土吸力由$\psi$减小为 0 所产生的体积膨胀，可以由式(5-73)来定义。

$$N(\psi)-N(0)=-\kappa_{\psi}\ln\left(\frac{\psi+p_{\text{at}}}{p_{\text{at}}}\right) \tag{5-73}$$

将式(5-73)代入式(5-72)，可以得到定义 LC（Loading Collapse）曲线如图 5-18（b）所示的数学表达，如式(5-74)所示。

$$\left(\frac{p_0}{p^{\text{c}}}\right)=\left(\frac{p_0^*}{p^{\text{c}}}\right)^{\frac{\lambda(0)-\kappa}{\lambda(\psi)-\kappa}} \tag{5-74}$$

在$q$-$p'$平面上和平面（$\psi$-$p'$）上，饱和土和非饱和土的屈服轨迹如图 5-19（a）、（b）所示。在$q$-$p'$-$\psi$三维空间中的屈服面如图 5-19（c）所示。从图 5-19（a）可以看到，在$q$-$p'$平面上，饱和土和非饱和土的屈服轨迹都呈椭圆形。对于饱和土，其屈服轨迹由$p'=0$，$p'=p_0^*$，最大剪应力$q$到原点的坡度$M$定义；而对于非饱和土，其屈服轨迹由$p'=-p_{\text{s}}$，$p'=p_0$，最大剪应力$q$到椭圆最左侧点的坡度$M$定义。

在$q$-$p'$平面上非饱和土的屈服轨迹可以由式(5-75)所定义。

$$q^2+M^2(p-p_{\text{s}})(p-p_0)=0 \tag{5-75}$$

Alonso 等（1990）认为，$p_{\text{s}}$与吸力呈线性关系，如式(5-76)所示。

$$p_{\text{s}}=k\psi \tag{5-76}$$

式中：$p_{\text{s}}$——在$q$-$p'$平面上非饱和土屈服轨迹在平均有效主应力轴上的最小值；

$k$——定义了$p_{\text{s}}$随吸力$\psi$增大而增大的系数。

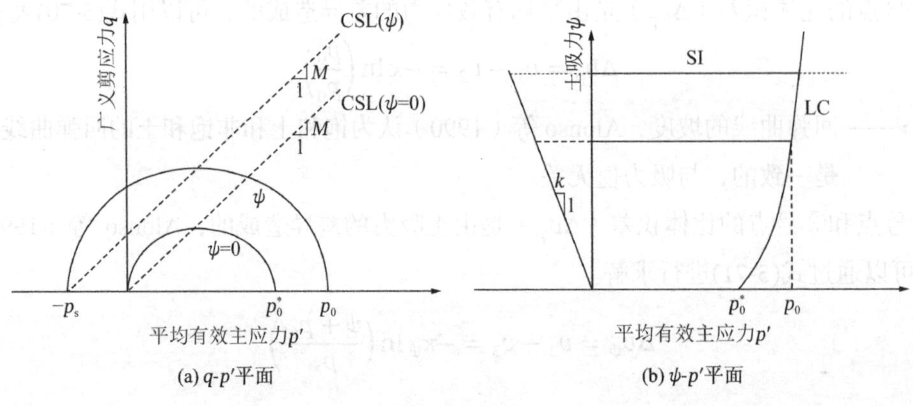


(a) $q$-$p'$平面　　(b) $\psi$-$p'$平面

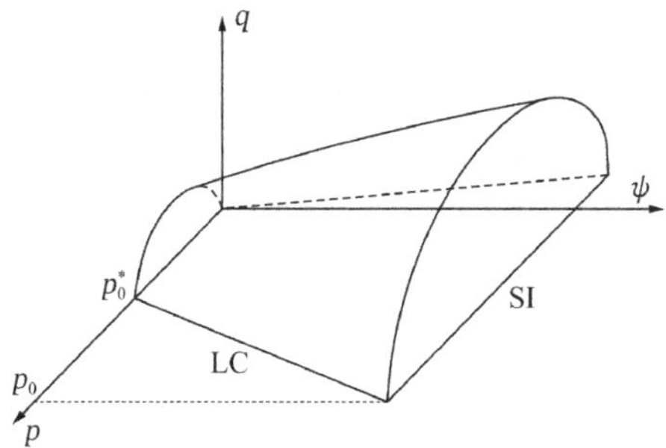


(c) $q$-$p'$-$\psi$三维空间［修正于 Alonso 等（1990）］

图 5-19　饱和土和非饱和土子在$q$-$p'$平面、$\psi$-$p'$以及$q$-$p'$-$\psi$三维空间的屈服面

# 参考文献


[1] Alonso E E, Gens A, Josa A. A constitutive model for partly saturated soils[J] Geotechnique, 1990, 40, (3): 405-430.

[2] Biot M A. General theory for three-dimensional consolidation[J]. Journal of Applied Physics, 1941, 12(2): 155-164.

[3] Bishop A W, Blight G E. Some aspects of effective stress in saturated and unsaturated soils[J]. Géotechnique, 1963, 13(3): 177-197.

[4] Burland J B. Some aspects of the mechanical behaviour of party saturated soils[J]. Moisture Equilibria and Moisture Changes in Soils Beneath Covered Areas, 1965: 270-278.

[5] Casagrande A.The determination of the pre-consolidation load and its practical significance[C]//Proceedings of the first international conference on soil mechanics and foundation engineering, Harvard University, 1936, 60-64.

[6] Delage P, Audiguier M, Cui Y J, et al. Microstructure of a compacted silt[J]. Canadian Geotechnical Journal, 1996, 33(1): 150-158.

[7] Dong Y, Lu N. Correlation between small-strain shear modulus and suction stress in capillary regime under zero total stress conditions[J]. Journal of Geotechnical and Geoenvironmental Engineering, 2016, 142(11): 04016056.

[8] Duncan J M, Chang C Y. Nonlinear analysis of stress and strain in soils[J]. Journal of the Soil Mechanics and Foundations Division, 1970, 96(5): 1629-1653.

[9] Fredlund D G, Morgenstern N R. Stress state variables for unsaturated soils[J]. Journal of the Geotechnical Engineering Division, 1977, 103(5): 447-466.

[10] Fredlund D G. Appropriate concepts and technology for unsaturated soils, second canadian geotechnical colloquium[J]. Canadian Geotechnical Journal, 1979, 16(1): 121-139.

[11] Fredlund D G, Rahardjo H. Soil Mechanics for Unsaturated Soils[M]. New York: Wiley, 1993.

[12] Han Z, Vanapalli S K. Stiffness and shear strength of unsaturated soils in relation to soil-water characteristic curve[J]. Géotechnique, 2016, 66(8): 627-647.

[13] Holtz R D, Kovacs W D, Sheahan T C. An introduction to geotechnical engineering[M]. Englewood Cliffs, NJ: Prentice-hall, 1981.

[14] Khosravi A, Shahbazan P, Pak A. Impact of hydraulic hysteresis on the small strain shear modulus of unsaturated sand[J]. Soils and Foundations, 2018, 58(2): 344-354.

[15] Kondner R L. Hyperbolic stress-strain response: cohesive soils[J]. Journal of the Soil Mechanics and Foundations Division, 1963, 89(1): 115-143.

[16] Kondner R L, Zelasko J S. A hyperbolic stress-strain formulation for sands[C]//Proceedings, 2nd Pan-American conference on soil mechanics and foundations engineering, Brazil, 1963 (I): 289-324.

[17] Kondner R L, Zelasko J S. Void ratio effects on the hyperbolic stress-strain response of a sand[J]. ASTM International, 1963,361.

[18] Kondner R L, Horner J M. Triaxial compression of a cohesive soils with effective octahedral stress control[J]. Canadian Geotechnical Journal, 1965, 2(1): 40-52.

[19] Kuila U, Prasad M. Specific surface area and pore-size distribution in clays and shales[J]. Geophysical Prospecting, 2013, 61(2): 341-362.

[20] Lu N, Kaya M. Power law for elastic moduli of unsaturated soil[J]. Journal of Geotechnical and Geoenvironmental Engineering, 2014, 140(1): 46-56.

[21] Lu N, Likos W. Suction stress characteristic curve for unsaturated soil[J]. Journal of Geotechnical and Geoenvironmental Engineering, 2006, 132(2): 131-142.

[22] Janbu, N. Soil compressibility as determined by Oedometer and triaxial tests[C]//European conference on soil mechanics & foundations engineering, Wiesbaden, Germany, 1963, 1: 19-25.

[23] 李广信. 高等土力学[M]. 2 版. 北京: 清华大学出版社, 2016.

[24] Oh W T, Vanapalli S K. Semi-empirical model for estimating the small-strain shear modulus of unsaturated non-plastic sandy soils[J]. Geotechnical and Geological Engineering, 2014, 32: 259-271.

[25] Oloo S Y. The application of unsaturated soil mechanics theory to the design of pavements[C]//In paper presented at the proceedings of the first international conference on the bearing capacity of roads and airfields,1998, 3: 1419-1428.

[26] Romero E, Simms P H. Microstructure investigation in unsaturated soils: a review with special attention to contribution of mercury intrusion porosimetry and environmental scanning electron microscopy[J]. Geotechnical and Geological Engineering, 2008, 26: 705-727.

[27] Sawangsuriya A, Edil T B, Bosscher P J. Modulus-suction-moisture relationship for compacted soils in post compaction state[J]. Journal of Geotechnical and Geoenvironmental Engineering, 2009, 135(10): 1390-1403.

[28] Vanapalli S, Fredlund D, Pufahl D E,et al. Model for the prediction of shear strength with respect to soil suction[J]. Canadian Geotechnical Journal, 1996, 33: 379-392.

[29] Zhai Q, Rahardjo H. Estimation of permeability function from the soil-water characteristic curve[J]. Engineering Geology, 2015, 199: 148-156.

[30] Zhai Q, Rahardjo H, Satyanaga A, et al. Estimation of unsaturated shear strength from soil-water characteristic curve[J]. Acta Geotechnica, 2019, 14(6): 1977-1990.

[31] Zhai Q, Rahardjo H, Satyanaga A, et al. Estimation of tensile strength of sandy soil from soil-water characteristic curve[J]. Acta Geotechnica, 2020, 15: 3371-3381.

[32] Zhai Q, Zhang R, Rahardjo H, et al. A new mathematical model for the estimation of shear modulus for unsaturated compacted soils[J]. Canadian Geotechnical Journal, 2024, 61(10): 2124-2137.

# 第 6 章

# 非饱和土抗剪强度理论

## 6.1 概述

在非饱和区域，准确评估地基承载力、桩基承载力、侧向土压力、边坡稳定性等关键工程特性，首先需要深入理解非饱和土的抗剪强度。根据太沙基的有效应力原理，土的抗剪强度与其应力状态（有效应力，$\sigma - u_w$）有着密不可分的联系。然而，非饱和土的抗剪强度不仅与有效应力有关，还与含水率密切相关。Donald（1956）对非饱和细砂和粗粉土进行了系列直剪试验，发现剪切应力随基质吸力的增加呈先增大后减小的趋势，如图 6-1 所示。进一步地，Blight（1967）在对非饱和粉土进行的三轴试验中发现，随着基质吸力（$u_a - u_w$）的增加，轴差应力（$\sigma_1 - \sigma_3$）的最大值也呈现出增加的趋势，如图 6-2 所示。

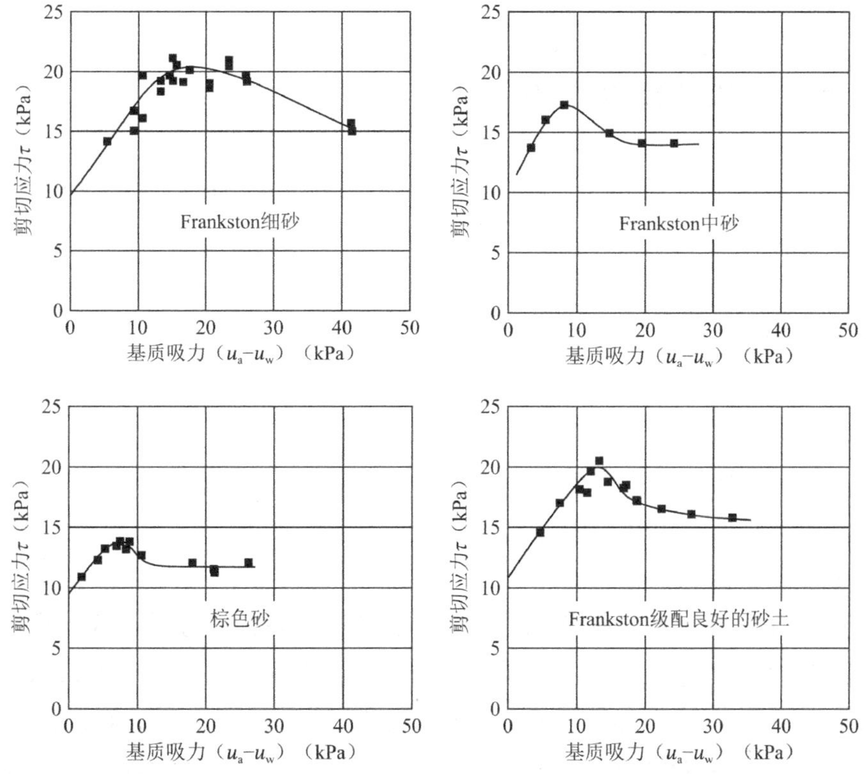


图 6-1　低吸力条件下非饱和土砂土直剪试验结果［根据 Donald（1956）试验成果整理得到］

由于非饱和土的抗剪强度特性与饱和土存在显著差异，一些岩土工程师会认为非饱和土力学理论与经典土力学理论是两套独立的体系。然而，这种观点并不正确。实际上，非饱和土抗剪强度理论并非对经典饱和土力学抗剪强度理论的否定，而是在经典饱和土力学抗剪强度理论的基础上进行的拓展和延伸。因此，要深入理解非饱和土抗剪强度理论，首先必须牢固掌握饱和土力学中的抗剪强度理论。

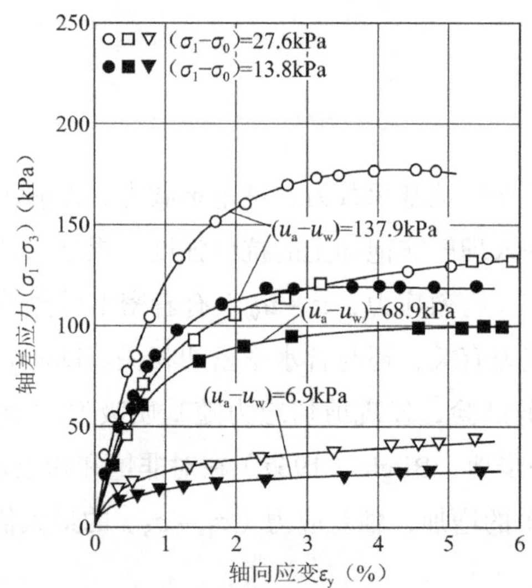


图 6-2 非饱和粉土的三轴剪切结果［根据 Blight（1967）试验成果整理得到］

## 6.2 饱和土抗剪强度表达

Terzaghi（1936）采用莫尔-库仑破坏准则和有效应力概念，提出了饱和土的抗剪强度公式，如式(6-1)所示。

$$\tau_f = c' + (\sigma_f - u_{wf})_f \tan\varphi' \tag{6-1}$$

式中：$\tau_f$——破坏时破坏面上的剪应力；

$c'$——有效黏聚力；

$(\sigma_f - u_{wf})_f$——破坏时破坏面上的法向有效应力；

$\sigma_f$——破坏时破坏面上的法向总应力；

$u_{wf}$——破坏时破坏面上的孔隙水压力；

$\varphi'$——有效内摩擦角。

通过饱和土的直剪试验，我们可以很容易地得到不同法向应力$\sigma$条件下的剪切应力$\tau$数据。通过将这些数据点连接起来，我们可以绘制出土体的抗剪强度破坏包线，如图 6-3 所示。Terzaghi（1936）提出的抗剪强度公式基本参数$c'$、$\varphi'$可以通过图 6-3 确定。在三轴试验中，可以通过围压$\sigma_3$和最大正应力$\sigma_1$也确定一个莫尔圆，2 个以上的莫尔圆就可以确定图 6-3 中的破坏包络线。

三轴试验允许土样控制侧向应力的条件下产生破坏，其破坏面的形成取决于土样自身的应力边界条件和抗剪强度，这和直剪试验的固定破坏面有所不同。因此，三轴试验因其能够提供更全面的应力状态分析而受到岩土工程师的青睐。值得注意的是，三轴试验直接测量得到的试验数据并非$\tau$和$\sigma$，而是轴差有效应力$q'$和总平均有效应力$p'$。依据莫尔-库仑破坏准则，破坏包线在$q'$-$p'$平面上的表示如图 6-4 所示。

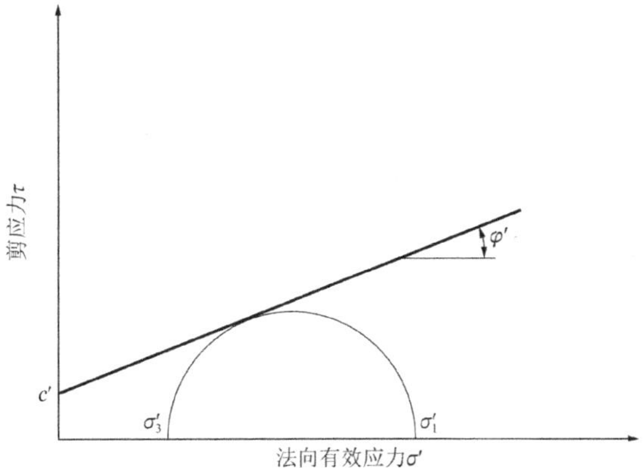


图 6-3　在$\tau$-$\sigma$平面上饱和土的莫尔-库仑破坏包络线

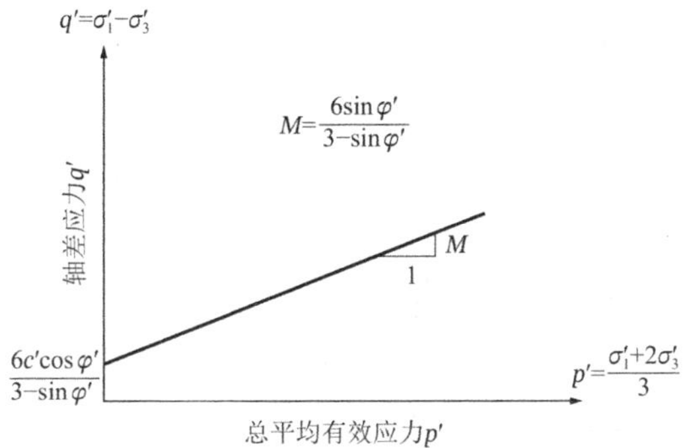


图 6-4　在$q'$-$p'$平面上饱和土的莫尔-库仑破坏包络线

对比图 6-3 和图 6-4，在$q'$-$p'$平面上，Terzaghi（1936）抗剪强度公式可表达如式(6-2)所示。

$$q' = \frac{6c' \cos\varphi'}{3-\sin\varphi'} + Mp' \tag{6-2}$$

式中：$M = \frac{6\sin\varphi'}{3-\sin\varphi'}$，$p' = \frac{\sigma_1'+\sigma_2'+\sigma_3'}{3}$，真三轴才能实现$\sigma_2' \neq \sigma_3'$，普通三轴试验$\sigma_2' = \sigma_3'$，所以$p'$可表达为$p' = \frac{\sigma_1'+2\sigma_3'}{3}$，$q' = (\sigma_1' - \sigma_3')$。

式(6-2)可以采用图 6-5 和式(6-1)进行转换。

在直角三角形 ABO 中：

$$\sin\varphi' = \frac{\mathrm{AO}}{\mathrm{BO}} = \frac{(\sigma_1' - \sigma_3')/2}{\frac{(\sigma_1' - \sigma_3')}{2} + c' \cot\varphi'} \tag{6-3}$$

由$p' = \frac{\sigma_1'+2\sigma_3'}{3}$，$q' = (\sigma_1' - \sigma_3')$可得：

$$\begin{cases} \sigma_1' = p' + \dfrac{2q'}{3} \\ \sigma_3' = p' - \dfrac{q'}{3} \end{cases} \tag{6-4}$$

将式(6-4)代入式(6-3)即可得到：

$$\frac{q'}{\left(2p'+\frac{q'}{3}\right)+2c'\cot\varphi'}=\sin\varphi' \tag{6-5}$$

整理式(6-5)，可得式(6-2)。

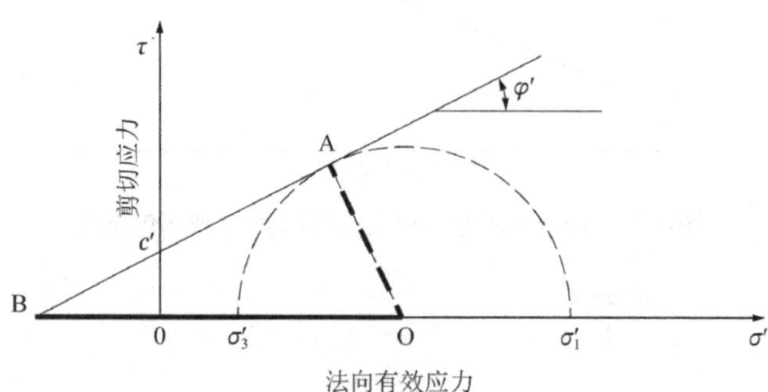


图 6-5 $\tau$-$\sigma$平面和$q'$-$p'$平面相互转换关系

## 6.3 非饱和土抗剪强度表达

Bishop（1959）将 Terzaghi（1936）提出的饱和土的抗剪理论延伸到非饱和土领域，并提出非饱和土抗剪强度公式如下：

$$\tau=c'+[(\sigma-u_a)+\chi(u_a-u_w)]\tan\varphi' \tag{6-6}$$

式中：$\chi$——与土样饱和度相关的一个经验参数。

Bishop（1959）尝试将基质吸力进行适当折减，以将其等效为有效应力。这一过程中使用的折减系数$\chi$是通过试验结果与式(6-6)进行拟合得到的。然而，Jennings 和 Burland（1962）指出，仅采用有效应力原理来解释非饱和土体积变形存在明显的局限性。例如，在非饱和土的浸润过程中，其有效应力逐渐减小，根据有效应力原理，非饱和土的体积应该增大。但众多试验结果表明，非饱和土在浸润过程中通常会发生湿陷。这与有效应力的传统理解相矛盾。Biot（1941）首次采用总应力$(\sigma-u_a)$和基质吸力$(u_a-u_w)$的双变量模型来解释非饱和土的固结理论。Fredlund（1977）对不同的有效应力模型进行了深入探讨，包括 Croney 等（1958）、Bishop（1959）、Lambe（1960）、Aitchison（1961）、Jennings（1961）和 Richards（1966）的模型，并指出了双应力变量在解释非饱和土抗剪特性和变形特性的必要性。Fredlund 等（1978）通过对大量非饱和土剪切试验数据的分析，提出了非饱和土的双变量抗剪强度公式，如下：

$$\tau=c'+(\sigma-u_a)\tan\varphi'+(u_a-u_w)\tan\varphi^b \tag{6-7}$$

式中：$(u_a-u_w)$——破坏时在破坏面上的基质吸力；

$\tan\varphi^{b}$——表示抗剪强度随基质吸力增加的变化率。

对比式(6-6)和式(6-7)，可以得到 Bishop（1959）抗剪强度公式中的$\chi$与 Fredlund 等（1978）抗剪强度公式中的$\varphi^{b}$之间关系如下：

$$\chi = \frac{\tan\varphi^{b}}{\tan\varphi'} \tag{6-8}$$

Fredlund 等（1978）提出的非饱和土抗剪强度理论是在传统莫尔-库仑强度理论基础上的引申，如图 6-6 所示。传统莫尔-库仑强度理论主要定义了二维应力状态下剪切应力（$\tau$）与法向应力（$\sigma'$）之间的关系，如图 6-3 所示。而引申后的莫尔-库仑强度理论将这种二维应力关系扩展到三维，引入了基质吸力（$\psi$），从而形成了三维应力关系（$\tau$-$\sigma'$-$\psi$），并继续沿用了内摩擦角和黏聚力的传统定义。在固定基质吸力的条件下，破坏包线随有效应力增大的变化率决定了土体的有效内摩擦角（$\varphi'$）；破坏包线在剪切应力轴上的截距则确定了土体的表观黏聚力（Apparent cohesion）；在固定法向应力的条件下，破坏包线随土吸力增大的变化率定义了参数$\varphi^{b}$。需要注意的是，$\varphi^{b}$仅用于描述破坏包线（即抗剪强度）随土吸力增大的变化率，并非土样的物理属性，其值与土的矿物组成及吸力大小有关。换句话讲，参数$\varphi^{b}$定义了表观黏聚力随土吸力变化的一个趋势，如式(6-9)所示，并非定义了土的某一摩擦角。一般情况下，$\varphi^{b} \leqslant \varphi'$。在工程设计中，如果没有具体的试验数据作为参考，可以近似地取$\varphi^{b} = 0.5\varphi'$。

$$c = c' + \tan\varphi^{b}(u_{a} - u_{w}) \tag{6-9}$$

式中：$c'$——有效黏聚力；

$c$——表观黏聚力。

引申的莫尔-库仑破坏包络线是在恒定的土吸力平面上进行定义的，如图 6-6 所示，其中莫尔圆①和②，③和④，以及⑤和⑥均处于相同的基质吸力水平。大量试验数据［例如 Escario（1980）、Ho 和 Fredlund（1982）、Escario 和 Saez（1986）、Vanapalli 等（1996），Gallage 和 Uchimura（2006），Goh 等（2010）］研究显示，莫尔圆①和②，③和④，以及⑤和⑥定义的破坏包络线斜率几乎相等，但不同吸力条件下破坏包线在剪切应力轴的截距有所差异，这一点在图 6-7 中得到了体现。一般情况下，非饱和土应力的破坏包线在剪切应力轴的截距要大于饱和土样。也就是说，非饱和土的黏聚力（也称为表观黏聚力），其计算公式为$c'_{\text{非饱和}} = c'_{\text{饱和}} + (u_{a} - u_{w})\tan\varphi^{b}$，通常会大于饱和土的黏聚力$c'_{\text{饱和}}$。

一些文献提出，非饱和土的内摩擦角可能会随吸力的变化而变化。这种结论主要是在绘制破坏包线时，误用了不同土吸力状态下的莫尔圆（图 6-8）。例如，如果采用图 6-6 中的莫尔圆⑤和④来绘制破坏包线，所得到的内摩擦角就会比饱和土样的内摩擦角大，而相应的黏聚力则会比饱和土样的黏聚力小。相反，如果我们采用莫尔圆③和⑥来绘制破坏包线，所得到的内摩擦角就会比饱和土样的内摩擦角小，而黏聚力则会偏大。然而，如果未将土吸力作为应力状态进行考虑，莫尔圆中③和⑤、④和⑥的配对将是任意的，这可能导致得到的土样黏聚力和摩擦角存在不确定性（可能大于或小于饱和状态相关参数）。因此，在相同的土吸力条件下，使用引申的莫尔-库仑理论来确定内摩擦角和黏聚力是十分必要的。

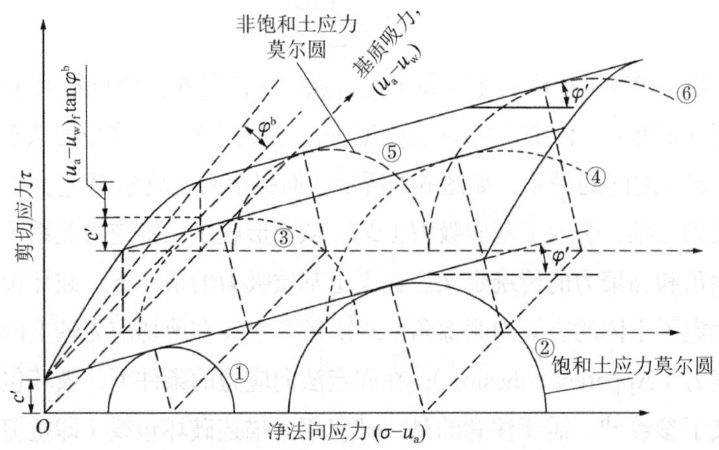


图 6-6 非饱和土引申的莫尔-库仑破坏包络线

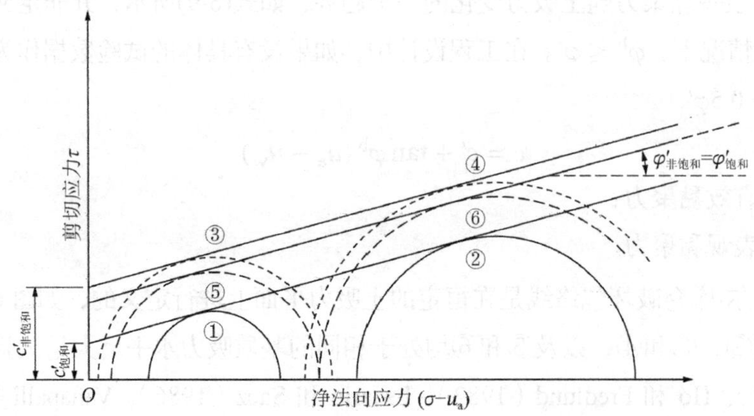


图 6-7 相同土吸力状态下莫尔圆定义的破坏包络线

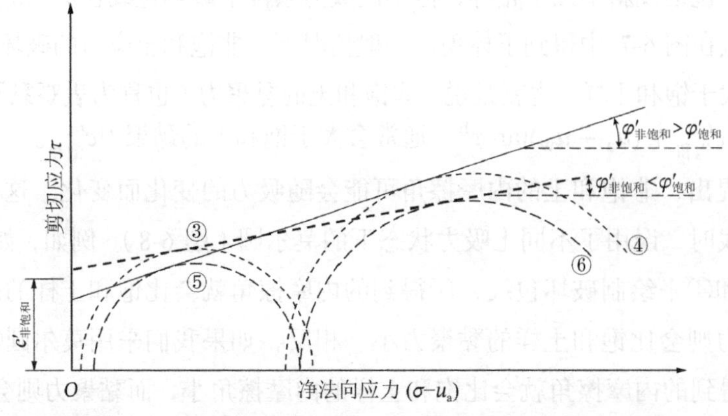


图 6-8 采用不同土吸力状态下莫尔圆定义的破坏包络线

## 6.4 非饱和土抗剪强度数学模型

在过去的几十年中，除了 Bishop（1959）和 Fredlund 等（1978）提出的抗剪强度公式之外，众多学者还开发了多种数学模型来描述和预测非饱和土的剪切特性，这些模型可见于表 6-1。

表 6-1 中所列的公式主要可以分为两大类：拟合模型和预测模型。拟合模型依赖于试验数据，采用数学公式描述剪切应力与法向应力即土吸力之间的关系。这类模型中通常包含经验参数，并且这些参数通常通过与试验数据的拟合来确定。预测模型则不依赖于经验参数，而是利用土-水特征曲线来预测剪切应力与法向应力及土吸力之间的相互作用。需要注意的是，不同预测模型的预测精度存在差异。另外，大多数预测模型仅针对脱湿过程的非饱和土抗剪强度，而对于浸润过程的抗剪强度预测，当前的研究仍有待进一步探索。

**非饱和土抗剪强度数学模型汇总**　**表 6-1**

| 参考文献 | 数学模型 | 模型类别 |
|---|---|---|
| Escario 和 Juca（1989） | $\left[\frac{c_1-(u_a-u_w)}{a_1}\right]^{2.5}+\left(\frac{\tau-d_1}{b_1}\right)^{2.5}=1$<br>式中：$a_1$、$b_1$、$c_1$和$d_1$为模型参数 | 拟合模型 |
| Fredlund 等（1996） | $\tau=c'+(\sigma-u_a)\tan\varphi'+\left[(u_a-u_w)\Theta^k\right]\tan\varphi'$<br>式中：$\Theta=\frac{\theta-\theta_r}{\theta_s-\theta_r}$，$k$为模型参数 | 拟合模型 |
| 沈珠江（1996）式 1 | $\tau=c'+(\sigma-u_a)\tan\varphi'+(u_a-u_w)\left(\frac{1}{1+(u_a-u_w)d}\right)\tan\varphi'$<br>式中：$d$为模型参数 | 拟合模型 |
| 沈珠江（1996）式 2 | $\tau=c'+(\sigma-u_a)\tan\varphi'+(u_a-u_w)\left(\frac{1}{\cot\alpha+\frac{(u_a-u_w)}{\beta}}\right)\tan\varphi'$<br>式中：$\alpha$、$\beta$为模型参数 | 拟合模型 |
| 党进谦和李靖（1997） | $\tau=c'+\sigma\tan\varphi'+bS^d$<br>式中：$c'$为黏聚力；$\sigma\tan\varphi'$为摩擦力；$bS^d$为吸附强度；$b$、$d$为模型参数 | 拟合模型 |
| Rassam 和 Williams（1999） | $\tau=c'+[(\sigma-u_a)+(u_a-u_w)]\tan\varphi'$　当$(u_a-u_w)\leqslant \mathrm{AEV}$<br>$\tau=c'+[(\sigma-u_a)+(u_a-u_w)]\tan\varphi'-$<br>$[(u_a-u_w)-\mathrm{AEV}]^{\beta}[\gamma+\lambda(\sigma-u_a)]$　当$(u_a-u_w)>\mathrm{AEV}$<br>式中：$\beta$、$\gamma$和$\lambda$为模型参数；AEV是净围压的一次函数。<br>$\mathrm{AEV}=\mathrm{AEV}_1+\mathrm{AEV}_s(\sigma_3-u_a)$，$\mathrm{AEV}_1$为净围压等于 0 所对应的进气值；$\mathrm{AEV}_s$为进气值随净围压增大的系数；（$\sigma_3-u_a$）为净围压 | 拟合模型 |
| Miao 等（2002） | $\tau=c'+(\sigma-u_a)\tan\varphi'+\left(\frac{(u_a-u_w)}{a+\frac{(a-1)(u_a-u_w)}{p_{at}}}\right)$<br>式中：$a$为模型参数；$p_{at}$为标准大气压 | 拟合模型 |

**续表**

| 参考文献 | 数学模型 | 模型类别 |
|---|---|---|
| Rassam 和 Cook（2002） | $\tau = c' + (\sigma - u_a)\tan\varphi' + \psi\tan\varphi' - \phi(\psi - \psi_e)^{\beta}$<br>$\varphi = \dfrac{\psi_r \tan\varphi' - \tau_{S_r}}{(\psi_r - \psi_e)^{\beta}} \quad \beta = \dfrac{\tan\varphi'(\psi_r - \psi_e)}{\psi_r \tan\varphi' - \tau_{S_r}}$<br>式中：$\psi_e$为进气值；$\psi_r$为残余吸力；$\tau_{S_r}$为残余饱和度对应的剪切应力；$\phi$和$\beta$为模型参数 | 拟合模型 |
| Lee 等（2003） | $\tau = c' + (\sigma - u_a)\tan\varphi' + \dfrac{(u_a - u_w)}{a + b(u_a - u_w)}$<br>式中：$a = 1/\tan\varphi'$；$b = 1/c_{ult}$ | 拟合模型 |
| Xu（2004） | $\tau = c' + (\sigma - u_a)\tan\varphi' + (\text{AEV})^{1-\zeta}(u_a - u_w)^{\zeta}\tan\varphi'$<br>式中：AEV为进气值；$\zeta$为模型参数 | 拟合模型 |
| Lee 等（2005） | $\tau = c' + [(\sigma - u_a) + (u_a - u_w)]\tan\varphi' \quad$ 当$(u_a - u_w) \leqslant \text{AEV}$<br>$\tau = c' + [(\sigma - u_a) + \text{AEV}]\tan\varphi' +$<br>$[(u_a - u_w) - \text{AEV}]\Theta^{k}[1 + \lambda(\sigma - u_a)]\tan\varphi' \quad$ 当$(u_a - u_w) > \text{AEV}$<br>式中：$\lambda$、$k$为模型参数 | 拟合模型 |
| Vilar（2006） | $\tau = c' + (\sigma - u_a)\tan\varphi' + \dfrac{(u_a - u_w)}{a + b(u_a - u_w)}$<br>式中：$a = 1/\tan\varphi'$；$b = 1/(c_{ult} - c')$ | 拟合模型 |
| Houston 等（2008） | $\tau = c' + [(\sigma - u_a) + (u_a - u_w)]\tan\varphi' \quad$ 当$(u_a - u_w) \leqslant \text{AEV}$<br>$\tau = c' + [(\sigma - u_a)]\tan\varphi' +$<br>$(u_a - u_w)\tan\left\{\varphi' - \dfrac{(u_a - u_w) - \text{AEV}}{a + b[(u_a - u_w) - \text{AEV}]}\right\} \quad$ 当$(u_a - u_w) > \text{AEV}$<br>式中：$a$、$b$为模型参数 | 拟合模型 |
| 李培勇和杨庆（2009） | $\tau = (\sigma - u_a)\tan\varphi' + c'^{\left[1 + \frac{(u_a - u_w)}{c'\cot\varphi'}\right]^{\frac{1}{m}}}$<br>式中：$m$为模型参数 | 拟合模型 |
| Satyanaga 和 Rahardjo（2019） | $\tau = c' + [(\sigma - u_a) + (u_a - u_w)]\tan\varphi' \quad$ 当$(u_a - u_w) \leqslant \text{AEV}$<br>$\tau = c' + [(\sigma - u_a) + \text{AEV}_1]\tan\varphi' +$<br>$[2(u_a - u_w) - \text{AEV}_1 - \text{AEV}_2]\tan(b\varphi')$<br>$+[\text{AEV}_2 - (u_a - u_w)]\tan(k\varphi') \quad$ 当 $\text{AEV}_1 < (u_a - u_w) \leqslant \text{AEV}_2$<br>式中：$k$、$b$为模型参数，该公式可用以拟合具有双峰土水特征曲线的非饱和土 | 拟合模型 |
| Lamborn（1986） | $\tau = c' + (\sigma - u_a)\tan\varphi' + (u_a - u_w)\theta_w\tan\varphi'$ | 预测模型 |
| Vanapalli 等（1996） | $\tau = c' + (\sigma - u_a)\tan\varphi' + \left[(u_a - u_w)\dfrac{\theta_w - \theta_r}{\theta_s - \theta_r}\right]\tan\varphi'$ | 预测模型 |
| Oberg 和 Sallfors（1997） | $\tau = c' + (\sigma - u_a)\tan\varphi' + (u_a - u_w)S\tan\varphi'$ | 预测模型 |
| Bao 等（1998） | $\tau = c' + (\sigma - u_a)\tan\varphi' + (u_a - u_w)\zeta\tan\varphi'$<br>式中：$\zeta = \frac{\lg(u_a - u_w)_r - \lg(u_a - u_w)}{\lg(u_a - u_w)_r - \lg(u_a - u_w)_b}$；$(u_a - u_w)_r$为残余吸力；$(u_a - u_w)_b$为进气值 | 预测模型 |
| Khalili 和 Khabbaz（1998） | $\tau = c' + (\sigma - u_a)\tan\varphi' + (u_a - u_w)\lambda'\tan\varphi'$<br>式中：$\lambda' = \left\{\frac{(u_a - u_w)}{(u_a - u_w)_b}\right\}^{-0.55}$ | 预测模型 |
| Tekinsoy 等（2004） | $\tau = c' + (\sigma - u_a)\tan\varphi' + \tan\varphi'(\psi_e + P_{at})\ln\left(\dfrac{\psi + P_{at}}{P_{at}}\right)$<br>式中：$\psi_e$为进气值；$P_{at}$为标准大气压 | 预测模型 |

续表

| 参考文献 | 数学模型 | 模型类别 |
|---|---|---|
| Garven 和 Vanapalli（2006） | $\tau = c' + (\sigma - u_a)\tan\varphi' + \left[(u_a - u_w)\Theta^k\right]\tan\varphi'$<br>式中：$\Theta^k = -0.0016 I_P^2 + 0.0975 I_P + 1$；$I_P$为塑性指数 | 预测模型 |
| Zhou 和 Sheng（2009） | $\tau = c' + [(\sigma - u_a) + (u_a - u_w)]\tan\varphi'$　当$(u_a - u_w) \leqslant \mathrm{AEV}$<br>$\tau = c' + \left[\psi_{sat} + (\psi_{sat} + 1)\ln\left(\frac{\psi + 1}{\psi_{sat} + 1}\right)\right]\tan\varphi'$　当$(u_a - u_w) > \mathrm{AEV}$<br>式中：$\psi_{sat}$为饱和基质吸力，其定义可参考 Sheng 等（2008） | 预测模型 |
| Hossain 和 Yin（2010） | $\tau = c' + (\sigma_n - u_a)\tan(\varphi' + \psi) + (u_a - u_w)\Theta^k\tan(\varphi' + \psi)$<br>式中：$\psi$为剪胀角 | 预测模型 |
| 马少坤等（2010） | $\tau = c' + (\sigma - u_a)\tan\varphi' +$<br>$\tan\varphi'(\psi_e + P_{at})\ln\left(\frac{\psi + P_{at}}{P_{at}}\right)\left[1 - \frac{\ln\left(1 + \frac{u_a - u_w}{b}\right)}{\ln\left(1 + \frac{10^7}{b}\right)}\right]^2$<br>式中：$b$为与残余含水量所对应的基质吸力相关参数，黏性土$b$取 1500kPa；砂土、粉土、片石或其混合物，$b$取 200kPa | 预测模型 |
| Zhai 等（2019） | $\tau = c' + (\sigma - u_a)\tan\varphi' + \frac{S - S'}{1 - S'}(u_a - u_w)\tan\varphi' +$<br>$\sum_{i=m}^{N}\frac{1}{\pi}\left[\left(\frac{\psi_i}{\psi_m}\right)^2\alpha_i - \sqrt{\left(\frac{\psi_i}{\psi_m}\right)^2 - 1}\right](u_a - u_w)[S(\psi_i + 1) - S(\psi_i)]$<br>式中：$S$为饱和度；$S'$为土吸力为 3100kPa 对应的饱和度；$\psi_m$为当前土吸力 | 预测模型 |
| Zhai 等（2019）简化模型 | $\tau = c' + (\sigma - u_a)\tan\varphi' + \frac{S - S'}{1 - S'}(u_a - u_w)\tan\varphi'$ | 预测模型 |

## 6.5　非饱和土应力分析及抗剪强度预测模型构建

Iwata 等（1994）对土水相互作用进行了系统而深入的研究，并引入了自由能的概念来描述水的能量状态，以此反映土颗粒对水分子的吸附作用。Iwata 等（1994）认为，影响土中水自由能的因素主要包括：表面张力、盐分溶度（渗透吸力）、土颗粒表面的电场、土颗粒表面的范德华力场、土体内部的温度场以及外部荷载的作用。其中，土颗粒表面的电场和范德华力场决定了土颗粒对水分子的吸附作用，而吸附作用的强弱直接影响附着在土颗粒表面的水分子数量，这些水分子主要以结合水形式存在。当水气分界面发生弯曲时，分界面两侧的空气压力（$u_a$）和孔隙水压力（$u_w$）之间的压力差主要由表面张力来平衡。Zhai 等（2019）通过对弯液面和土骨架进行应力分析，揭示了水气分界面的表面张力如何对土骨架产生反作用力，如图 6-9 所示。从图 6-9（a）中可以看到，由于空气压力（$u_a$）和孔隙水压（$u_w$）的不相等，水气分界面产生的张力$T_s$会对与之接触的土颗粒产生一个反作用力$F$。将$F$沿$x$和$y$两个方向分解，可以得到一个与弯液面投影方向垂直的分量$F_c$和平行的分量$F_p$。$F_c$会对整个土骨架产生一个附加的压应力，而$F_p$则会对与弯液面接触的土颗粒产生相互牵引靠近的力。

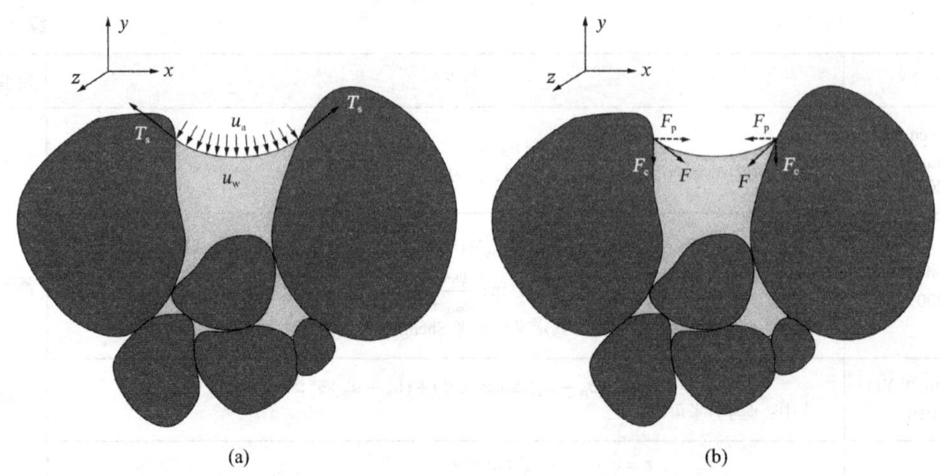


图 6-9 弯液面对土颗粒及土骨架的作用

$F_c$和$F_p$的数值大小为与弯液面在$x$-$z$平面方向和$z$方向上的投影密切相关。弯液面在$x$方向上的投影是一个半径为$r$的圆，投影面积为$S_x$，在$z$方向上的投影为半径为$R$弦长为 $2r$的弓形，投影面积为$S_z$，如图 6-10 所示。

$$S_x = \pi r^2 \tag{6-10}$$

$$S_z = \arcsin\left(\frac{r}{R}\right)R^2 - r\sqrt{R^2 - r^2} \tag{6-11}$$

式中：$r$——孔隙的等效半径；

$R$——土吸力所对应的弯液面半径。

可采用开尔文定律求得：

$$R = \frac{2T_s}{(u_a - u_w)} \tag{6-12}$$

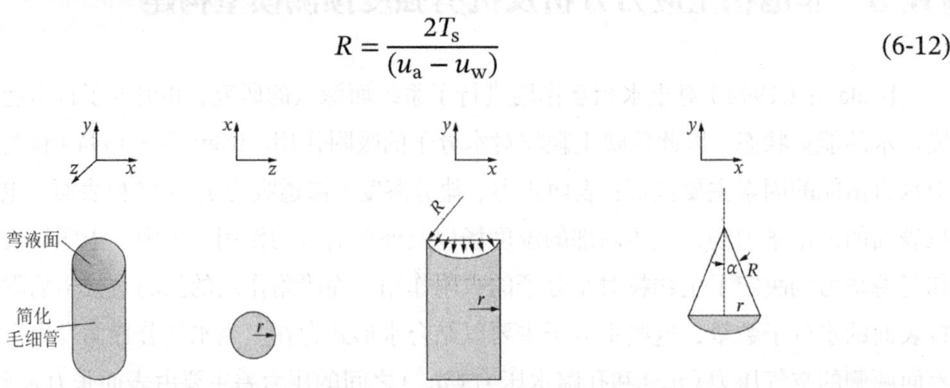


图 6-10 弯液面在简化毛细管以及在$xz$和$xy$平面上的投影

由此可知，某一吸力条件下弯液面对土骨架产生的附加压应力$F_{con}$和颗粒间的毛细黏聚力$F_{bon}$分别为：

$$F_{con} = (u_a - u_w)S_x = (u_a - u_w)\pi r^2 \tag{6-13}$$

$$F_{bon} = 2rT_s\cos\alpha = (u_a - u_w)Rr\cos\alpha = (u_a - u_w)r\sqrt{R^2 - r^2} \tag{6-14}$$

由式(6-13)和式(6-14)可知，毛细黏聚力$F_{\mathrm{bon}}$与附加压应力$F_{\mathrm{con}}$并不是孤立存在的，定义$F_{\mathrm{bon}}$与$F_{\mathrm{con}}$的比值为$\lambda$，如式(6-15)所示。

$$\lambda = \frac{F_{\mathrm{bon}}}{F_{\mathrm{con}}} = \frac{\sqrt{\left(\frac{R}{r}\right)^2 - 1}}{\pi} \tag{6-15}$$

对于某一土样，当土吸力小于进气值时，土样内部尚未发生气体的进入，而土样表面与空气接触的孔隙则会形成相同曲率半径的弯液面，即处于相同的吸力状态。在这种情况下，土样不仅承受正应力$\sigma$，也会受到附加压应力$F_{\mathrm{con}}$的作用，如图 6-11 所示。当土吸力超过进气值时，弯液面的平衡状态会被打破，水分从较大的孔隙中排出，导致较大孔隙中不再存在弯液面，因此周围也不会产生附加压应力$F_{\mathrm{con}}$。假设破坏面上孔隙中弯液面的面积与这个破坏面的面积之比与土样饱和度一致，可以得到：

$$S = \frac{\sum_{i=1}^{N} A_i}{A_{\mathrm{f}}} \tag{6-16}$$

式中：$A_i$——孔径为$r_i$的孔隙在$x$-$z$平面上的投影面积；

$A_{\mathrm{f}}$——破坏面在$x$-$z$平面上的投影面积。

值得注意的是，当土样发生滑移破坏时，并未考虑土颗粒的破碎，因此$A_{\mathrm{f}}$实际上代表了所有孔隙在$x$-$z$平面上的投影总面积。

因此，当土吸力大于进气值时，作用在破坏面上的额外压应力$\sigma_{\mathrm{s}}$和毛细黏聚力$\sigma_{\mathrm{c}}$等于：

$$\sigma_{\mathrm{s}} = \frac{\sum_{i=1}^{N} A_i (u_{\mathrm{a}} - u_{\mathrm{w}})}{A_{\mathrm{f}}} = S(u_{\mathrm{a}} - u_{\mathrm{w}}) \tag{6-17}$$

$$\sigma_{\mathrm{c}} = \lambda \sigma_{\mathrm{s}} \tag{6-18}$$

基于这些理论基础，Zhai 等（2019）最初提出的非饱和土抗剪强度公式如式(6-19)所示。

$$\begin{aligned} \tau = {} & c' + (\sigma - u_{\mathrm{a}})\tan\varphi' + S(u_{\mathrm{a}} - u_{\mathrm{w}})\tan\varphi' + \\ & \sum_{i=m}^{N} \frac{1}{\pi}\left[\left(\frac{\psi_i}{\psi_m}\right)^2 \alpha_i - \sqrt{\left(\frac{\psi_i}{\psi_m}\right)^2 - 1}\right](u_{\mathrm{a}} - u_{\mathrm{w}})[S(\psi_{i+1}) - S(\psi_i)] \end{aligned} \tag{6-19}$$

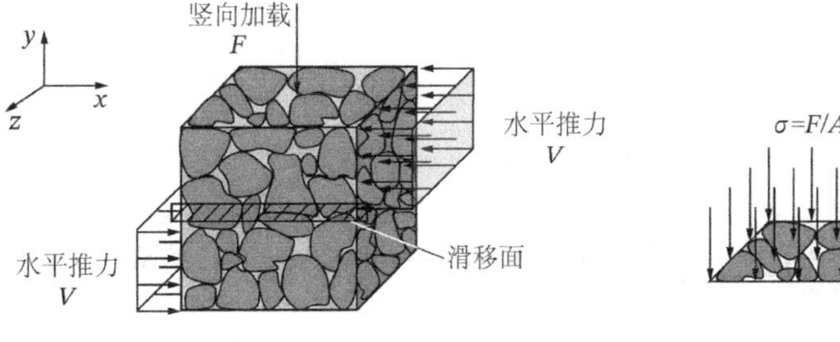

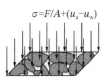

(a) 饱和土样剪切示意图　　(b) 滑移面上z方向应力

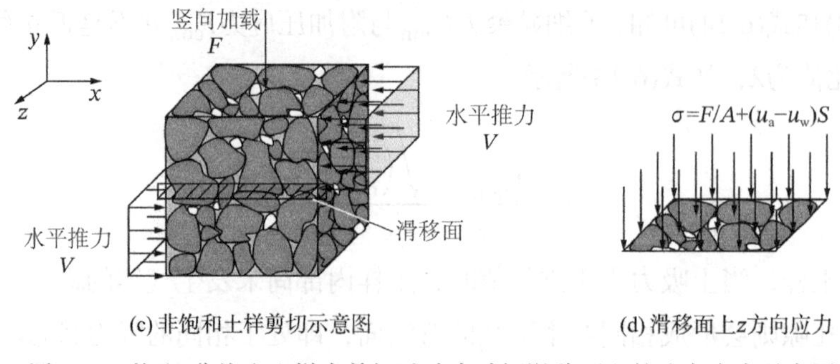


(c) 非饱和土样剪切示意图 (d) 滑移面上z方向应力

图 6-11 饱和/非饱和土样在剪切试验中破坏滑移面上的法向应力示意图

在前文中，我们主要探讨了弯液面对土颗粒及土骨架的作用力。然而土中水不仅受到表面张力的影响，还可能受到颗粒表面电荷场（图 6-12）和范德华力场的作用，而吸附在土颗粒表面（图 6-13）。然而，这些吸附在颗粒表面的水分并不对土骨架产生任何附加压应力或者毛细黏聚力。另外，传统土-水特征曲线并未明确区分毛细水和吸附水这两种不同类型的水分，而这一点对于深入理解土体中水分的行为至关重要。

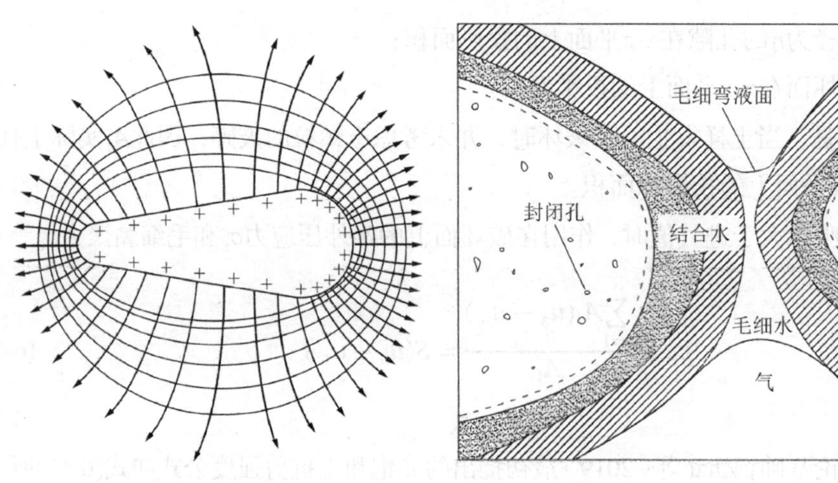


图 6-12 土颗粒表面电场势示意图　　图 6-13 土中水的形态示意图

因此，Zhai 等（2019）建议将吸力等于 3100kPa 时对应的饱和度$S'$作为吸附水的残留值，并采用$S_e$［式(6-20)］，对传统土-水特征曲线$y$轴进行修正，如图 6-14 所示。

$$S_e = \frac{S - S'}{1 - S'} \tag{6-20}$$

由此，式(6-19)可修正为：

$$\tau = c' + (\sigma - u_a)\tan\varphi' + \frac{S - S'}{1 - S'}(u_a - u_w)\tan\varphi' + \sum_{i=m}^{N}\frac{1}{\pi}\left[\left(\frac{\psi_i}{\psi_m}\right)^2\alpha_i - \sqrt{\left(\frac{\psi_i}{\psi_m}\right)^2 - 1}\right](u_a - u_w)[S(\psi_i + 1) - S(\psi_i)] \tag{6-21}$$

考虑毛细黏聚力对非饱和土抗剪强度贡献值较小，Zhai 等（2022）建议将式(6-21)简化为：

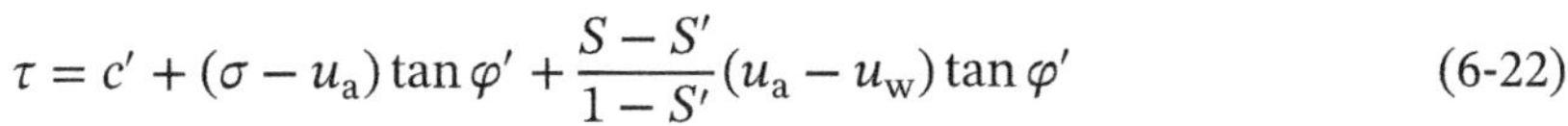

$$\tau = c' + (\sigma - u_a)\tan\varphi' + \frac{S - S'}{1 - S'}(u_a - u_w)\tan\varphi' \tag{6-22}$$

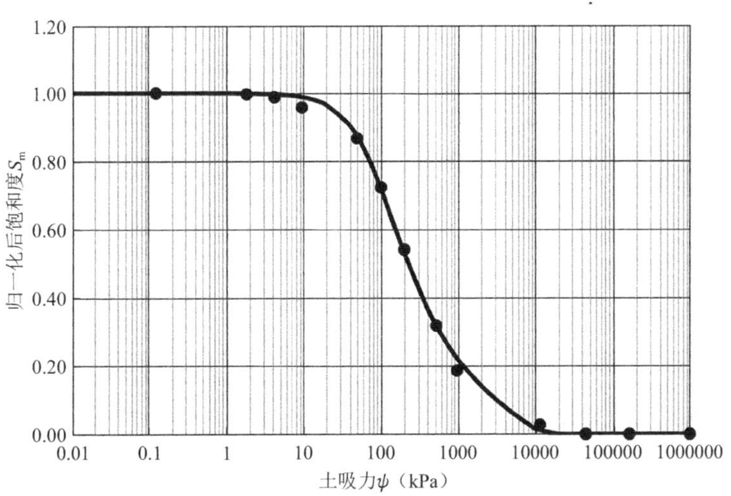


图 6-14　考虑移除结合水的土-水特征曲线的修正

式(6-22)与 Vanapalli 等（1996）的公式表达形式较为相似。式(6-22)采用$S'$粗略估算吸附结合水的含量，因该部分水分对非饱和土抗剪强度影响不明显，需要从土-水特征曲线中剔除。Vanapalli 等（1996）采用了类似思路，只是采用了残余体积含水率代替了式(6-22)中的$S'$。因 6.6 小节主要介绍土水特征曲线对非饱和土强度的预估结果的影响，对式(6-21)和式(6-22)的验证就直接包含在第 6.6 章节。

## 6.6　土-水特征曲线对非饱和土抗剪强度预估结果的影响

Zhai 等（2020）指出在很多情况下，土-水特征曲线试验的土样和用于非饱和土剪切试验的土样并非同一土样。因此，土-水特征曲线试验得到的 SWCC 不一定能真正代表剪切试验中土样的实际行为。Lee 等（2005）对风化花岗岩土在不同围压条件下开展土-水特征曲线和非饱和剪切试验，试验结果分别展示在图 6-15（a）和图 6-16 中。同样，Vanapalli 等（1996）对印度头山土在不同先期固结压力条件下开展了土-水特征曲线和非饱和剪切试验，试验结果如图 6-15（b）和图 6-17 所示。从图 6-15 可以看到，当土样对的围压条件或者制样过程中的先期固结压力不同，会导致测定的土-水特征曲线出现差异。对于同一土样，如果仅使用单一的土水特征曲线来预测不同围压状态或者不同前期固结压力条件下的剪切强度，其预测结果精度可能会受到限制，如图 6-16（a）和图 6-17（a）所示。而采用与剪切试样相对应的土-水特征曲线，预测结果的精度将显著提高，如图 6-16（b）和图 6-17（b）所示。

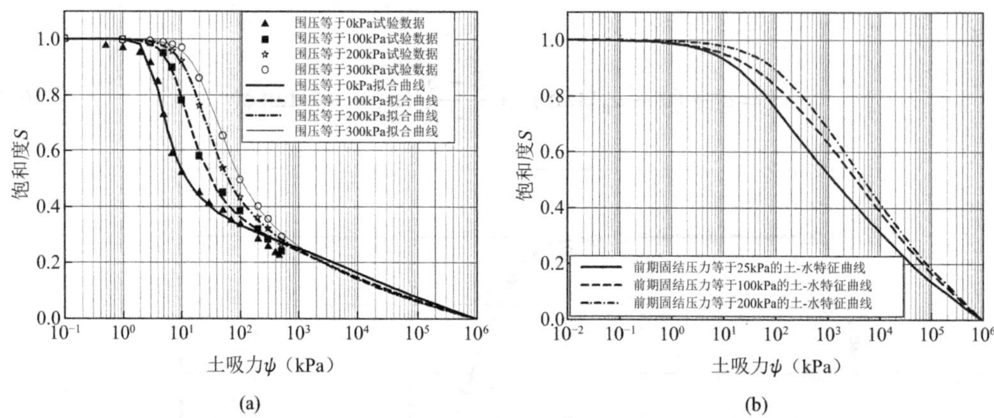


图 6-15 在不同围压条件下风化花岗岩土和在不同前期固结压力条件下印度头山土的土-水特征曲线

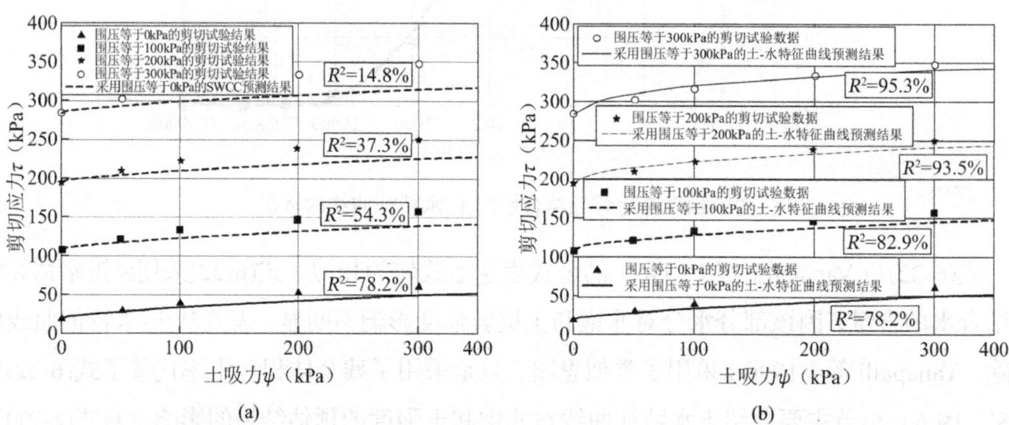


图 6-16 在不同围压条件下风化花岗岩土剪切试验结果及采用不同土-水特征曲线的预测结果对比

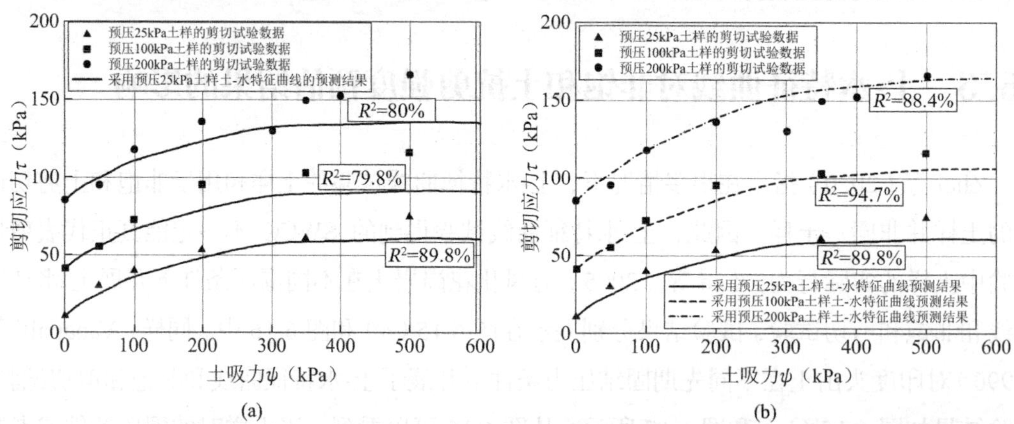


图 6-17 在不同前期固结压力条件下印度头山土剪切试验结果及采用不同土-水特征曲线的预测结果对比

# 参考文献

[1] Aitchison G D. Relationships of moisture stress and effective stress functions in unsaturated soils[J]. Golden Jubilee of the International Society for Soil Mechanics and Foundation Engineering: Commemorative

Volume, 2020: 20-25.

[2] Bao C G, Gong B, Zhan L. Properties of unsaturated soils and slope stability of expansive soils[C]//Keynote Lecture, Proceedings of the 2nd International Conference on Unsaturated Soils (UNSAT 98). Beijing, China. 1998, 1: 71-98.

[3] Bishop A W. The principle of effective stress[J]. Teknisk Ukeblad, Norwegian Geotechnical Institute, 1959, 106(39): 859-863.

[4] Blight G E. Effective stress evaluation for unsaturated soils[J]. Journal of the Soil Mechanics and Foundations Division, 1967, 93(2): 125-148.

[5] Croney D, Coleman J D, Black W P. Movement and distribution of water in soil in relation to highway design and performance[J]. Highway Research Board Special Report, 1958 (40): 226-252.

[6] 党进谦, 李靖. 非饱和黄土的强度特征[J]. 岩土工程学报, 1997(2): 59-64.

[7] Escario V. Suction controlled penetration and shear tests[C]//Expansive Soils. ASCE, 1980: 781-797.

[8] Escario V, Sáez J. The shear strength of partly saturated soils[J]. Géotechnique, 1986, 36(3): 453-456.

[9] Fredlund D. Relationship between modulus and stress conditions for cohesive subgrade soils[J]. Transportation Research Record, 2020: 73-81.

[10] Fredlund D G, Morgenstern N R, Widger R A. The shear strength of unsaturated soils[J]. Canadian Geotechnical Journal, 1978, 15(3): 313-321.

[11] Fredlund D G, Xing A, Fredlund M D,et al. The relationship of the unsaturated soil shear strength to the soil-water characteristic curve[J]. Canadian Geotechnical Journal, 1996, 33(3): 440-448.

[12] Guan G S, Rahardjo H, Choon L E. Shear strength equations for unsaturated soil under drying and wetting[J]. Journal of Geotechnical and Geoenvironmental Engineering, 2010, 136(4): 594-606.

[13] Ho D Y F, Fredlund D G. Increase in strength due to suction for two Hong Kong soils[C]//Proceedings of the ASCE specialty conference on engineering and construction in tropical and residual soils, Hawaii. 1982: 263-296.

[14] Hossain M A, Yin J H. Shear strength and dilative characteristics of an unsaturated compacted completely decomposed granite soil[J]. Canadian Geotechnical Journal, 2010,47(10): 1112-1126.

[15] Houston S L, Perez-Garcia N, Houston W N. Shear strength and shear-induced volume change behavior of unsaturated soils from a triaxial test program[J]. Journal of Geotechnical and Geoenvironmental Engineering, 2008, 134(11): 1619-1632.

[16] Iwata S. Soil-water interactions: mechanisms applications, revised expanded[M]. New York:CRC Press, 2020.

[17] Jennings J E. A revised effective stress law for use in the prediction of the behaviour of unsaturated soils[J]. Pore Pressure and Suction in Soils, 1961: 26-30.

[18] Jennings J E B, Burland J B. Limitations to the use of effective stresses in partly saturated soils[J]. Géotechnique, 1962, 12(2): 125-144.

[19] Khabbaz M H , Khalili N. A unique relationship for the determination of the shear strength of unsaturated soils[J]. Geotechnique, 1998, 48(5): 681-687.

[20] Lee S J, Lee S R, Kim Y S. An approach to estimate unsaturated shear strength using artificial neural network and hyperbolic formulation[J]. Computers and Geotechnics, 2003, 30(6): 489-503.

[21] Lee I M, Sung S G, Cho G C. Effect of stress state on the unsaturated shear strength of a weathered granite[J]. Canadian Geotechnical Journal, 2005, 42(2): 624-631.

[22] 李培勇，杨庆．非饱和土抗剪强度的非线性分析[J]．大连交通大学学报，2009, 30(1): 1-4.

[23] 马少坤，黄茂松，扈萍，等．吸力强度修正对数模型在地基承载力中的应用[J]．岩土力学，2010, 31(6): 1853-1857+1864.

[24] Miao L, Liu S, Lai Y. Research of soil-water characteristics and shear strength features of Nanyang expansive soil[J]. Engineering Geology, 2002, 65(4): 261-267.

[25] Öberg A L, Sällfors G. Determination of shear strength parameters of unsaturated silts and sands based on the water retention curve[J]. Geotechnical Testing Journal, 1997, 20(1): 40-48.

[26] Rassam D W, Cook F. Predicting the shear strength envelope of unsaturated soils[J]. Geotechnical Testing Journal, 2002, 25(2): 215-220.

[27] Rassam D W, Williams D J. A relationship describing the shear strength of unsaturated soils[J]. Canadian Geotechnical Journal, 1999, 36(2): 363-368.

[28] Satyanaga A, Rahardjo H. Unsaturated shear strength of soil with bimodal soil-water characteristic curve[J]. Géotechnique, 2019, 69(9): 828-832.

[29] 沈珠江．当前非饱和土力学研究中的若干问题[C]//区域性土的岩土工程问题学术讨论会论文集，南京，1996: 1-9.

[30] Tekinsoy M A, Kayadelen C, Keskin M S, et al. An equation for predicting shear strength envelope with respect to matric suction[J]. Computers and Geotechnics, 2004, 31(7): 589-593.

[31] Terzaghi K. The shear strength of saturated soils[C]//Proceedings of the first international conference on soil mechanics and foundation engineering, Cambridge, MA. 1936, 1: 54-56.

[32] Vanapalli S K, Fredlund D G, Pufahl D E. The relationship between the soil-water characteristic curve and the unsaturated shear strength of a compacted glacial till[J]. Geotechnical Testing Journal, 1996, 19(3): 259-268.

[33] Vilar O M. A simplified procedure to estimate the shear strength envelope of unsaturated soils[J]. Canadian Geotechnical Journal, 2006, 43(10): 1088-1095.

[34] Xu Y F. Fractal approach to unsaturated shear strength[J]. Journal of Geotechnical and Geoenvironmental engineering, 2004, 130(3): 264-273.

[35] Zhai Q, Rahardjo H, Satyanaga A, et al. Estimation of unsaturated shear strength from soil-water characteristic curve[J]. Acta Geotechnica, 2019, 14: 1977-1990.

[36] Zhai Q, Tian G, Ye W, et al. Evaluation of unsaturated soil slope stability by incorporating soil-water characteristic curve[J]. Geomechanics and Engineering, 2022, 28(6): 637-644.

[37] Zhou A , Sheng D .Yield stress, volume change, and shear strength behaviour of unsaturated soils: validation of qthe SFG model[J].Canadian Geotechnical Journal, 2009, 46(9): 1034-1045.